Linux编程基础

黑马程序员/编著

清华大学出版社
北京

内 容 简 介

本书分 11 章，首先介绍 Linux 的背景、开发环境、网络配置与远程操作及管理；其次讲解 Linux 系统操作中的基本命令以及基础开发中使用的工具；然后讲解 Shell 编程的基本语法、Linux 系统中的用户和用户组以及 Linux 文件系统与操作；之后对 Linux 程序开发涉及的进程、信号、线程、网络编程等重点难点知识进行讲解；最后介绍 Linux 系统中高并发服务器的几种模型。本书中的每个章节都采用理论与案例结合的模式，在理论知识后通过切实可行的案例帮助学生在学习的同时实践并巩固所学知识。

本书的大纲结构主要借鉴传智播客 C/C++ 学院所用的课程体系，也参考了市面上多本 Linux 教材，力求在构造完整知识体系的基础上能够系统、全面且精准。

本书附有配套视频、源代码、习题、教学课件等资源。同时，为了帮助初学者及时地解决学习过程中遇到的问题，黑马程序员还专门提供了免费的在线答疑平台。

本书可作为高等院校本专科计算机相关专业的 Linux 课程教材。

图书在版编目(CIP)数据

Linux 编程基础/黑马程序员编著. —北京：清华大学出版社，2017(2024.9重印)
ISBN 978-7-302-47738-9

Ⅰ. ①L… Ⅱ. ①黑… Ⅲ. ①Linux 操作系统—程序设计 Ⅳ. ①TP316.85

中国版本图书馆 CIP 数据核字(2017)第 164903 号

责任编辑：袁勤勇
封面设计：马　丹
责任校对：时翠兰
责任印制：沈　露

出版发行：清华大学出版社
网　　址：https://www.tup.com.cn，https://www.wqxuetang.com
地　　址：北京清华大学学研大厦 A 座　　**邮　　编**：100084
社 总 机：010-83470000　　**邮　　购**：010-62786544
投稿与读者服务：010-62776969，c-service@tup.tsinghua.edu.cn
质量反馈：010-62772015，zhiliang@tup.tsinghua.edu.cn
课件下载：https://www.tup.com.cn，010-83470236
印 装 者：大厂回族自治县彩虹印刷有限公司
经　　销：全国新华书店
开　　本：185mm×260mm　　**印　　张**：19　　**字　　数**：458 千字
版　　次：2017 年 10 月第 1 版　　**印　　次**：2024 年 9 月第 18 次印刷
定　　价：58.00 元

产品编号：075647-05

序言

本书的创作公司——江苏传智播客教育科技股份有限公司(简称"传智教育")作为我国第一个实现A股IPO上市的教育企业,是一家培养高精尖数字化专业人才的公司,主要培养人工智能、大数据、智能制造、软件开发、区块链、数据分析、网络营销、新媒体等领域的人才。传智教育自成立以来贯彻国家科技发展战略,讲授的内容涵盖了各种前沿技术,已向我国高科技企业输送数十万名技术人员,为企业数字化转型、升级提供了强有力的人才支撑。

传智教育的教师团队由一批来自互联网企业或研究机构,且拥有10年以上开发经验的IT从业人员组成,他们负责研究、开发教学模式和课程内容。传智教育具有完善的课程研发体系,一直走在整个行业的前列,在行业内树立了良好的口碑。传智教育在教育领域有2个子品牌:黑马程序员和院校邦。

一、黑马程序员——高端IT教育品牌

黑马程序员的学员多为大学毕业后想从事IT行业,但各方面的条件还达不到岗位要求的年轻人。黑马程序员的学员筛选制度非常严格,包括严格的技术测试、自学能力测试、性格测试、压力测试、品德测试等。严格的筛选制度确保了学员质量,可在一定程度上降低企业的用人风险。

自黑马程序员成立以来,教学研发团队一直致力于打造精品课程资源,不断在产、学、研3个层面创新自己的执教理念与教学方针,并集中黑马程序员的优势力量,有针对性地出版了计算机系列教材百余种,制作教学视频数百套,发表各类技术文章数千篇。

二、院校邦——院校服务品牌

院校邦以"协万千院校育人、助天下英才圆梦"为核心理念,立足于中国职业教育改革,为高校提供健全的校企合作解决方案,通过原创教材、高校教辅平台、师资培训、院校公开课、实习实训、协同育人、专业共建、"传智杯"大赛等,形成了系统的高校合作模式。院校邦旨在帮助高校深化教学改革,实现高校人才培养与企业发展的合作共赢。

(一)为学生提供的配套服务

1. 请同学们登录"传智高校学习平台",免费获取海量学习资源。该平台可以帮助同学们解决各类学习问题。

2. 针对学习过程中存在的压力过大等问题,院校邦为同学们量身打造了IT学习小助手——邦小苑,可为同学们提供教材配套学习资源。同学们快来关注"邦小苑"微信公众号。

(二)为教师提供的配套服务

1. 院校邦为其所有教材精心设计了"教案+授课资源+考试系统+题库+教学辅助案例"的系列教学资源。教师可登录"传智高校教辅平台"免费使用。

2. 针对教学过程中存在的授课压力过大等问题,教师可添加"码大牛"QQ(2770814393),或者添加"码大牛"微信(18910502673),获取最新的教学辅助资源。

前 言

随着互联网的发展，计算机新技术如雨后春笋，层出不穷，这也促使越来越多的学子投入到计算机的学习与研发中；而二十多年来，Linux 操作系统已逐渐被越来越多的人接受和认可，并被众多企业广泛应用到服务器以及嵌入式开发等领域。因此，Linux 操作系统的使用以及基于 Linux 的应用开发成为计算机专业学子应掌握的必备技能。

然而，黑马程序员在近些年的观察和研究中发现：面临就业的高校学子虽已经学习了编程语言与操作系统等的相关课程，但缺乏动手能力，难以将理论联系到实际。这皆因他们所用教材不是体系结构不够系统，就是知识不够全面，再加上讲解的知识较深奥，以至于学子难以掌握切实可用的实质。

针对这种现象，黑马程序员决定推出一本更符合学生实际需求的教材。为保障学生在学习的过程中能学有所得，在学习之后能学以致用，黑马程序员经过大量调研与长期编写，推出了本书，作为 Linux 课程的初级教材。

为什么要学习本书

Linux 操作系统自诞生至今逐步发展并日渐完善，因其开源、安全、稳定等特性，成为众多企业与政府部门搭建服务器的首选平台。此外，Linux 在移动应用与嵌入式开发领域也被广泛采用，因此掌握 Linux 系统的使用与 Linux 平台下的程序开发方法成为众多计算机从业人员需要掌握的必备技能。

本书在大纲制定上参照了传智播客 C/C++ 学院数年来结合计算机发展趋势及企业需求所研发课程体系中的 Linux 系统编程部分，涵盖了 Linux 基本操作、常用工具、系统管理与网络编程等使用 Linux 系统以及在 Linux 环境下进行开发所需的必要知识；在内容安排上，由 Linux 环境搭建入手，逐步讲解了 Linux 的基本操作、常用工具、系统管理以及程序开发等知识，由浅入深，由易到难，循序渐进；在讲解方式上，将理论与实践相结合，为大多知识点都配备相应案例，保障读者能在掌握理论知识的同时强化动手能力。

如何使用本书

本书以与企业中所用环境（Red Hat Enterprise Linux）较为接近的 Linux 版本（CentOS 6.8）为开发环境，主要介绍 Linux 系统的使用与 Linux 环境下的程序开发。本书中涉及的命令、语法与系统调用都配备了具体的案例，旨在让读者了解 Linux 平台下的常用服务器模型。

若本书用于课堂教学,建议教师在讲解理论知识后,先引导学生自主动手实现教材中提供的案例,培养学生思考问题、分析问题、解决问题的能力,以期学生可更深刻地理解、掌握相应知识。

若读者为自主学习者,建议您勤思考、勤练习、勤总结,尽量完成并熟练掌握教材中配备的案例,并通过章节配套测试题进行自我检测和查漏补缺。若您在学习的过程中遇到困难或者有疑惑,可向问答精灵咨询。

本教材共分 11 章,每章的大体内容如下。

- 第 1 章首先介绍 Linux 系统的背景,包括 Linux 的起源、发展、应用领域、常用版本,以及 GNU 项目计划和 POSIX 版本;之后介绍 Linux 环境搭建过程;最后介绍 VMware 虚拟网络配置、Linux 的远程终端访问和远程文件管理。通过本章的学习,读者可对 Linux 系统的背景有所了解,并能顺利搭建 Linux 环境,掌握 Linux 的远程终端访问方式及远程文件的管理。
- 第 2 章讲解 Linux 系统中的基本命令与开发工具,其中基本命令部分介绍与文件、网络、通信、压缩解压及帮助相关的命令,开发工具部分介绍 vi 编辑器、GCC 编译器与 GDB 调试工具。掌握本章所讲的知识,可提高 Linux 系统使用与 Linux 环境开发的效率。
- 第 3 章讲解 Linux 系统中与用户、用户组管理相关的知识。Linux 是一个支持多用户的操作系统,通过本章的学习,读者应能掌握 Linux 系统中管理用户、用户组的命令,以及用户切换的方法。
- 第 4 章讲解 Linux 的内核——Shell 的相关知识、Shell 应用技巧以及 Shell 脚本编程的相关语法。其中 Shell 编程语法包括 Shell 变量、条件语句、循环语句、函数,4.6 节还给出了 Shell 脚本的调试方法。
- 第 5 章讲解磁盘与目录、Linux 文件系统、Linux 文件类型与文件操作,其中重点为磁盘的逻辑分区方式、文件系统的结构、文件操作。通过本章的学习,读者应掌握以上重点知识,并熟悉磁盘分区、挂载、卸载的方式与创建文件系统的方法。
- 第 6 章讲解 Linux 进程管理相关的知识,包括进程处理机制、进程属性、进程控制以及进程管理命令。通过本章的学习,读者应熟练掌握进程的处理机制,以及控制进程的方法,包括创建进程、退出进程与进程同步等。
- 第 7 章讲解 Linux 系统中的信号机制,包括信号来源、产生方式、信号阻塞、信号捕获和时序竞态等知识。通过本章的学习,读者应能在终端与程序中使用信号管理和控制进程。
- 第 8 章讲解进程间通信的方式,包括管道通信、消息队列通信、信号量通信与共享内存通信。通过本章的学习,读者应熟悉 Linux 系统中进程通信的这几种机制,并能在程序中使用这些机制实现进程通信。
- 第 9 章主要讲解 Linux 系统中的线程,包括线程的定义、线程相关操作、线程的属性,以及实现线程同步的机制。线程操作包括创建线程、退出线程、终止线程、挂起线程和线程分离,通过设置线程的属性亦可实现其中的部分操作。线程同步可通过互斥锁、条件变量、信号量实现。学习本章之后,读者应能在 Linux 环境开发中熟练操作线程、掌握线程同步机制，并熟悉线程的属性、可通过线程属性设置线程的状态。

- 第 10 章主要讲解 socket 编程，即 Linux 系统中的网络编程。其中首先简述计算机网络的协议与体系结构，之后讲解了 socket 编程中用到的系统调用、基于 TCP 和 UDP 两种协议的通信流程并补充网络编程中所需的知识，通过实际案例展示了不同协议下基于 C/S 模型的通信方式，最后对 socket 本地通信作了简单介绍。
- 第 11 章对 Linux 系统中涉及的几种并发服务器模型作了讲解，包括多进程并发服务器、多线程并发服务器、I/O 多路转接服务器、线程池，最后对 epoll 的工作模式进行了补充。通过本章的学习，读者应对 Linux 系统中的服务器有所了解。

读者若不能完全理解教材中所讲知识，可登录高校学习平台，配合平台中的教学视频进行学习。此外读者在学习的过程中，务必要勤于练习，确保真正掌握所学知识。若在学习的过程中遇到无法解决的困难，建议读者莫要纠结于此，继续往后学习，或可豁然开朗。

致谢

本教材的编写和整理工作由传智播客教育科技股份有限公司完成，主要参与人员有吕春林、高美云、薛蒙蒙、郑瑶瑶、韩冬、王晓娟、刘传梅、朱景尧、王保明、刘宗伟等。全体人员在这近一年的编写过程中付出了很多辛勤的汗水。

意见反馈

尽管我们尽了最大的努力，但教材中难免会有不妥之处，欢迎各界专家和读者朋友们来信来函给予宝贵意见，我们将不胜感激。您在阅读本书时，如发现任何问题或有不认同之处，可以通过电子邮件与我们取得联系。

请发送电子邮件至：itcast_book@vip.sina.com。

黑马程序员

2017 年 6 月于北京

目 录

第1章 初识Linux

学习目标

- 了解 Linux 的发展历史
- 熟悉 Linux 的特点与应用领域
- 掌握 Linux 网络配置方法
- 熟练使用远程终端访问 Linux 系统
- 熟练使用 SFTP 远程文件管理工具

Linux 操作系统支持多用户、多任务、多线程及多 CPU。从诞生到现在，经过世界各地无数计算机爱好者的修改与完善，其功能越来越强大，性能越来越稳定，逐渐成为企业机构和政府部门中首选的服务器平台。

1.1 Linux 概述

Linux 是一种开放源代码和可自由传播的计算机操作系统，其目的是建立不受任何商品化软件版权制约且全世界都能自由使用的 UNIX 兼容产品。实质上，Linux 这个词本身只表示 Linux 内核，但是人们已经习惯使用 Linux 来形容整个基于 Linux 内核并且使用 GNU 计划中众多外围程序的操作系统。

1.1.1 Linux 的起源与发展

Linux 内核由 Linus Torvalds(林纳斯・托瓦兹)在 1991 年 10 月 5 日首次发布，最初是作为 Intel x86 架构个人计算机的一个自由操作系统，后来被移植到更多的计算机硬件平台，在服务器、超级计算机、嵌入式系统等领域都有广泛应用。在互联网和智能设备高速发展的今天，围绕人们生活的手机、平板电脑、路由器、电视机等智能设备都可能搭载了 Linux 系统。例如，在移动设备上广泛使用的 Android 操作系统就是建立在 Linux 内核之上的。目前，Linux 内核由 https://www.kernel.org 网站对其进行维护。

Linux 系统是开源和自由的，因此发展出了各种各样的版本，同时也遵循一定的规范。Linux 有许多发行版，即由一些团体、公司或个人为了不同目的而制作的版本，通常由 Linux 内核和许多外围软件组成。在规范上，Linux 属于类 UNIX 系统(与传统 UNIX 操作系统相似)，各种版本在一定程度上都遵守 POSIX(Portable Operating System Interface，可移植操作系统接口)规范。

对于普通用户而言，要想使用 Linux 系统，首先应该选择一个符合需要的 Linux 发行版。目前被普遍使用的 Linux 发行版主要有 Debian、Ubuntu 和 CentOS 等，下面对常见的

Linux 发行版本进行介绍。

1. Debian

Debian 是由 GPL(General Public License,通用公共许可证)等自由软件许可协议授权的软件组成的操作系统,由非营利组织 Debian 项目(Debian Project)维护。Debian 项目是一个独立、分散的组织,由来自世界各地的志愿者组成,利用互联网进行协作开发。Debian 的官方网站是 https://www.debian.org,任何人都可以免费下载使用。

2. Ubuntu

Ubuntu 是一个以桌面应用为主的 Linux 发行版,基于 Debian 发展而来,其目的是让 Linux 系统对于新手和非专业人员更加友好和易用。Ubuntu 加入了 GNOME 桌面环境(后来更换为 Unity),相比 Debian 稳健的升级策略,Ubuntu 的更新速度很快。在服务器领域,Ubuntu 也发布了服务器版本,是目前被广泛使用的服务器操作系统之一。Ubuntu 的中文官方网站是 http://cn.ubuntu.com,可以免费下载使用。

3. Red Hat Enterprise Linux

Red Hat Enterprise Linux 是 Red Hat 公司开发的一款面向商业市场的 Linux 发行版,属于商业软件。与免费下载使用的 Linux 系统不同的是,购买 Red Hat Enterprise Linux 操作系统可以获得 Red Hat 公司的商业性的技术支持,对于需要付费服务的企业而言,可以考虑选择这款操作系统。

4. Fedora

Fedora 是知名度较高的 Linux 发行版之一,由 Fedora 项目社区开发,Red Hat 公司提供赞助。Fedora 基于 Red Hat Linux 操作系统发展而来,在 Red Hat Linux 终止发行后用来替代其在个人领域的应用。对于普通用户而言,Fedora 是一套功能完备、更新快速的免费操作系统,对于 Red Hat 公司而言,它是许多新技术的测试平台,被认可的技术会加入商业系统中。通过 Fedora 官方网站 https://getfedora.org 可以获取系统的下载地址。

5. CentOS

CentOS(Community Enterprise Operating System)是来自于 Red Hat Enterprise Linux 依照开放源代码规定所发布的源代码编译成的系统,因此上述两个系统都出自相同的源代码,不同之处在于 CentOS 不包含封闭源代码的软件,且没有 Red Hat 的商业技术支持。目前 CentOS 由 CentOS 项目(CentOS Project)组织负责维护,官方网站为 https://www.centos.org,可以免费下载使用。

1.1.2 Linux 的特点

Linux 之所以能被诸多企业广泛接受与普遍应用,离不开其自身的以下特点。

1. 完全免费

Linux 是一款免费的操作系统，用户可以通过网络或其他途径免费获得，并可以任意修改其源代码，这是其他操作系统所不具备的。正是由于这一点，来自世界各地的无数程序员参与到 Linux 的修改和编写工作中，并根据自己的兴趣和灵感对其进行完善，这让 Linux 操作系统不断进步与壮大。

2. 完全兼容 POSIX 1.0 标准

Linux 操作系统遵循 POSIX 标准，因此在 Linux 下可通过相应的模拟器运行常见的 DOS 和 Windows 程序。这为用户从 Windows 转到 Linux 奠定了基础。

3. 多用户、多任务

Linux 支持多用户，各个用户可以对自己的文件设备有特殊的权限，保证了各用户之间的独立性。多任务则是现代计算机最主要的一个特点，Linux 可以使多个程序同时并独立地运行。

4. 良好的界面

Linux 同时具有字符界面和图形界面。在字符界面中，用户可以通过键盘输入相应的指令来进行操作。它同时也提供了一个叫作 X-Windows 的类 Windows 图形界面，用户可以使用鼠标对其进行操作。

5. 强大的网络功能

Linux 继承了 UNIX 以网络为核心的设计思想，其网络功能非常出色。通过将网络功能和内核紧密相连，Linux 不仅可以轻松实现界面浏览、文件传输、远程登录等与网络相关的工作，也可作为网络服务器平台搭建支持多种网络协议的服务器环境，提供 Web、FTP、E-Mail 等多种类型的网络服务。

6. 安全稳定

Linux 操作系统是一个多用户、多任务的操作系统，但其中的用户一般为非系统管理员用户，只拥有一些相对安全的普通权限，即便系统被入侵，也能因入侵者权限不足使系统及其他用户文件的安全性得到保障；Linux 核心内容来源于经过长期实践考验的 UNIX 操作系统，本身就已相当稳定，且 Linux 采用源代码开放的开发模式，这保证了当 Linux 系统出现任何漏洞时都能被发现并很快得到改正。

7. 支持多平台

Linux 可以运行在多种硬件平台上，如具有 x86、680x0、SPARC、Alpha 等处理器的平台。此外，Linux 还是一种嵌入式操作系统，可以运行在掌上电脑、机顶盒或游戏机上。同时 Linux 也支持多处理器技术，系统中的多个处理器可同时运行，使系统中任务的执行效率得到良好的保障。

1.1.3 GNU 项目计划

Linux 操作系统也被称为 GNU/Linux，因此学习 Linux 操作系统时，就不得不提 GNU 项目计划。

1983 年，哈佛大学的学生 Richard Stallman 组织开发了一个完全基于自由软件的体系计划——GNU，并拟定了一份 GPL，后来被称为“公共版权”。GNU 是 GNU's Not UNIX 的递归缩写。这个项目的宗旨是试图创建一个与 UNIX 系统兼容，但并不受 UNIX 名字和源代码私有限制的操作系统和开发环境。也就是说，每一个人都可以在前人工作的基础上加以复用、修改或添加新内容，但必须公开源代码，允许其他人在这些基础上继续工作，以重现当年软件界合作互助的团结精神。

1985 年，Stallman 又创立了自由软件基金会(Free Software Foundation)来为 GNU 计划提供技术、法律及财政支持。当 GNU 计划开始逐渐获得成功时，一些商业公司开始介入开发和技术支持。

GNU 项目为软件社区提供了许多 UNIX 系统上应用程序的仿制品。所有这些程序(即 GNU 软件)都是在 GNU 通用公共许可证(GPL)的条款下发布的。下面是 GPL 条款下发布的一些主要的 GNU 项目软件。

- GCC：GNU 编译器集，它包括主要的 GNU 项目软件。
- G++：C++ 编译器，是 GCC 的一部分。
- GDB：源代码级的调试器。
- GNU make：UNIX make 命令的免费版本。
- Bison：与 UNIX yacc 兼容的语法分析程序生成器。
- bash：命令解释器(Shell)。
- GNU Emacs：文本编辑器及环境。

许多其他的软件包也是在遵守自由软件的原则和 GPL 条款的情况下开发和发行的，包括电子表格、源代码控制工具、编译器和解释器、因特网工具、图形图像处理工具等。

Linux 正是诞生在这样一个背景下，它自诞生之初便一直遵循“自由软件”的思想。正因如此，Linux 才得以迅速健康地发展。1994 年，Linus 发布的 Linux 1.0 便是按完全自由发布版权进行发布的。它要求所有的源代码必须公开，而且任何人均不得从 Linux 交易中获利。

但是后来 Linus 意识到这种纯粹的自由软件的方式并不利于 Linux 的发展，因为它限制了 Linux 以磁盘拷贝或者 CD-ROM 等媒体形式进行发布的可能，也限制了一些商业公司参与 Linux 的进一步开发并提供技术支持的良好愿望。于是 Linus 决定转向 GPL 版权，这一版权除了规定有自由软件的各项许可权之外，还允许用户出售自己的程序副本并从中营利。

这一版权上的转变对 Linux 后来的发展至关重要。此后，便有多家技术力量雄厚又善于市场运作的商业软件公司加入了这场原先完全由业余爱好者和网络黑客所参与的自由软件运动。它们开发出了多种 Linux 的发布版本，增加了更易于用户使用的图形界面和众多的软件开发工具，极大地拓展了 Linux 的性能与适用性。另外，也有多家著名的商业软件开发公司开发了基于 Linux 的商业软件，如 Oracle、Informix 等。

多学一招：POSIX 标准

POSIX 是由 IEEE 和 ISO/IEC 开发的关于信息技术的标准。它的初衷是为了提高 UNIX 环境下应用程序的可移植性，即用于保证应用程序的源代码可以移植到多种操作系统上并正常运行。

这套标准于 1980 年由一个早期的 UNIX 用户组（usr/group）在早期工作的基础上取得。该 UNIX 用户组原来试图将 AT&T 的 System V 和伯克利的 BSD 系统的调用接口之间的区别重新调用和集成，从而于 1984 年产生了/usr/group 标准。

1985 年，IEEE 操作系统技术委员会标准小组委员会（TCOS-SS）开始在 ANSI 的支持下责成 IEEE 标准委员会制定有关程序源代码可移植性操作系统服务接口的正式标准。

1988 年 9 月，第一个正式标准制定成功并获得批准，也就是后来经常提到的 POSIX.1 标准。POSIX.1 仅规定了系统服务应用程序编程接口（API），概括了基本的系统服务标准。

1989 年，POSIX 的工作被转移至 ISO/IEC 社团，由社团继续将其制作成 ISO 标准。

1990 年，POSIX.1 与已经通过的 C 语言标准联合，正式被批准为 IEEE 100 3.1-1990 和 ISO/IEC 99 45-1:1990 标准。

此后 POSIX 标准不断发展更新。1991—1993 年间，正是 Linux 刚刚起步的时候，POSIX 标准为 Linux 提供了极为重要的信息，使得 Linux 在标准的指导下开发，能够与绝大多数 UNIX 系统兼容。

1.2　安装 Linux

在 Linux 的各个发行版本中，Ubuntu 和 CentOS 是相对来说更为出色的两个版本，其中 CentOS 在国内的用户更多，且与 Red Hat Enterprise Linux 的使用习惯更为相似，因此本书选择 CentOS 6.8 作为通篇使用的开发环境。

1.2.1　前期准备

在安装 Linux 操作系统之前，首先需要获取 CentOS 6.8 的镜像包，即安装文件。

1. 获取 CentOS

CentOS 的版本非常多，本书拟定采用 CentOS 6.8 版本作为教学环境，读者可根据以下步骤，先获取 CentOS 6.8 的镜像包文件。

① 进入 CentOS 官网：https://www.centos.org/，单击上方的 GET CENTOS 选项，进入下载页。

② 进入下载页后，可看到三个选项：DVD ISO、Everything ISO、Minimal ISO。这三个选项都是最新版的 CentOS 安装版，其中第一个选项为标准安装版，一般选择这个安装即可；第二个在标准安装版的基础上集成了所有软件；第三个为迷你镜像版，只包含官方系统所需的软件包，若物理主机配置较低，可选择此版本进行安装。从这三个选项获取到的安装包都为最新版，若要安装历史版本，可在该界面下方的 Older Versions 中找到链接 then click here。

③ 点击以上链接，可在新页面中找到所需版本。每个版本一般有两个选项：i386 适用于 32 位操作系统，x86_64 适用于 64 位操作系统。本书使用 64 位（读者根据个人计算机的操作系统自行选择）、6.8 版本的文件，如图 1-1 所示。

Download - CentOS W

https://wiki.centos.org/Download

CentOS Linux Version	Minor release	CD and DVD ISO Images	Packages	Release Email	Release Notes	End-Of-Life
7	7 (1511)	Rolling: DVD, Minimal, Everything, LiveGNOME, LiveKDE (checksums) | Mirrors: x86_64	RPMs	CentOS	CentOS RHEL	30 June 2024
6	6.8	i386 x86_64	RPMs	CentOS	CentOS RHEL	30 Nov 2020
5	5.11	i386 x86_64	RPMs	CentOS	CentOS RHEL	31 Mar 2017**

图 1-1　获取 CentOS

点击选择与自己操作系统相符的镜像，将跳转到新的页面。

④ 新页面中的下载链接分为两部分：第一部分 Actual Country 之下的表示本地链接；第二部分 Nearby Countries 之后的表示附近国家的下载链接。一般选择本地链接即可。

⑤ 点击本地链接中的下载链接后，页面再次跳转，跳转后的新页面为镜像文件选择界面。点击选择界面中的 CentOS-6.8-x86_64-bin-DVD1.iso，将会弹出下载窗口；选择确认，开始下载镜像包。

每台计算机只能安装一个操作系统，但若直接在个人计算机上安装 CentOS，可能会对学习之余的计算机使用造成影响。因此，需要借助一些虚拟机软件，在一台计算机中虚拟出多台计算机（虚拟机），再为每个虚拟机安装不同的操作系统。

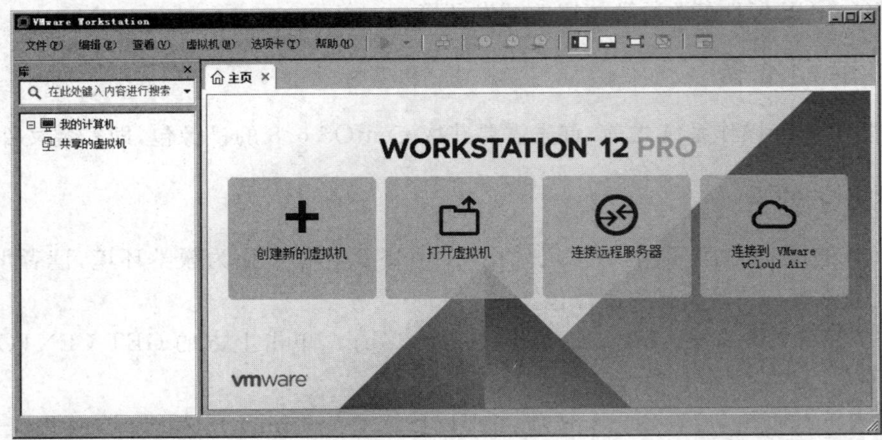

图 1-2　VMware 12 主界面

2. 虚拟机

本书使用 VMware Workstation（简称 VMware）搭建虚拟机环境，VMware 是一款非常优秀的、应用于 Windows 系统中的虚拟机软件，读者可自行通过网络下载该软件进行安装。由于此步骤比较简单，此处不再给出过程示例。本书使用 VMware 12，该软件的主界面如图 1-2 所示。

需要注意的是，虚拟机的性能取决于物理机，且虚拟化技术本身会使虚拟机的性能有所下降，因此虚拟机对物理机硬件的要求较高，否则易产生卡顿、死机等现象。

至此，前期准备工作便完成了。

1.2.2　安装 CentOS

准备好 VMware 虚拟机软件与 CentOS 6.8 版本的安装包后，便可开始搭建 CentOS 版本的 Linux 环境了。安装 CentOS 6.8 的具体操作步骤如下。

① 在如图 1-2 所示的 VMware 12 菜单栏中执行【文件】→【新建虚拟机】命令，新建一个虚拟机，如图 1-3 所示。

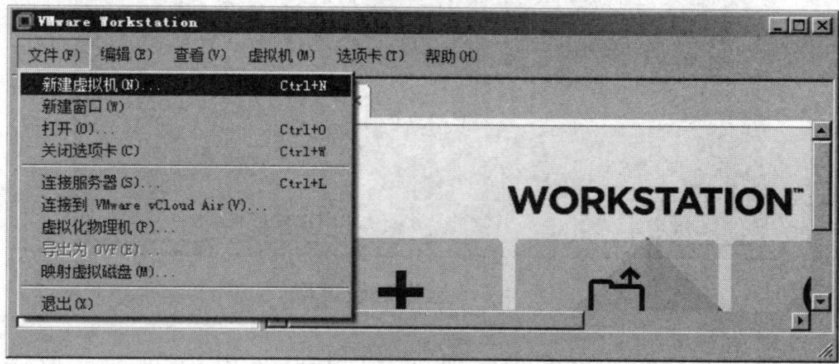

图 1-3　新建虚拟机

② 在弹出的“新建虚拟机向导”页面中选择【典型(推荐)】，然后单击【下一步】按钮继续，如图 1-4 所示。

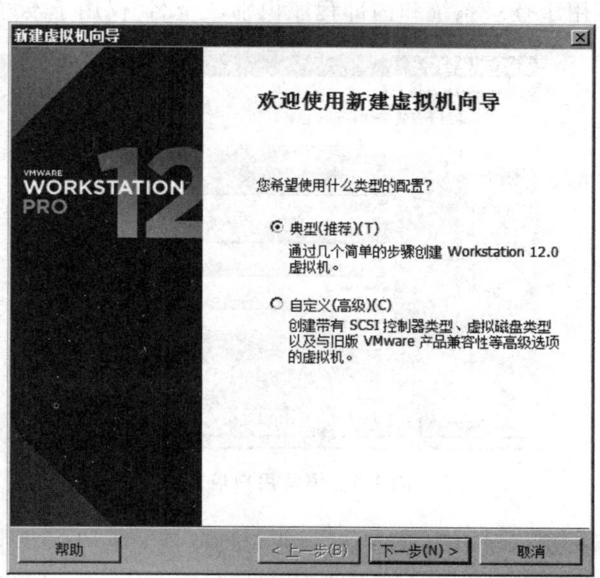

图 1-4　新建虚拟机向导

③ 在"安装客户机操作系统"页面中选择【安装程序光盘映像文件】,然后浏览找到 CentOS 的光盘镜像文件 CentOS-6.8-x86_64-bin-DVD1.iso,如图 1-5 所示。完成后单击【下一步】按钮继续。

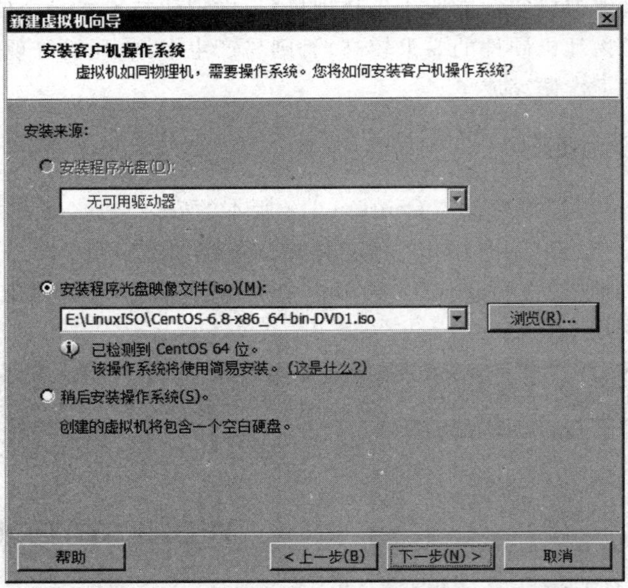

图 1-5 选择系统镜像

图 1-5 中光盘映像文件路径下的提示为"已检测到 CentOS 64 位。该操作系统将使用简易安装",其中简易安装是 VMware 提供的一个功能,该功能在虚拟机创建完成并开机后会自动安装系统,同时自动为 CentOS 系统安装 VMware Tools。

④ 在"简易安装信息"页面中,填写 CentOS 系统安装后自动创建的用户信息,如图 1-6 所示。其中"用户名"用于登录系统和内部程序识别,"全名"仅用于友好显示。

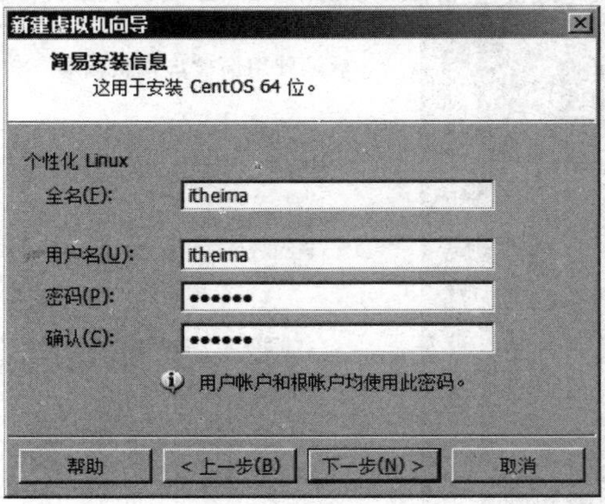

图 1-6 填写用户信息

图 1-6 中 VMware 提示了"用户账户和根账户均使用此密码",其中根账户是指 root 用户,它是系统中唯一的超级用户,具有系统中所有的权限。因 root 用户权限过于强大,在日

常使用时一般不会直接使用它，而是使用这里创建的普通用户 itheima，防止因高危操作导致的系统损坏。

⑤ 配置虚拟机的名称和保存位置，并且应选择一个较大的硬盘分区来保存虚拟机文件，如图 1-7 所示。

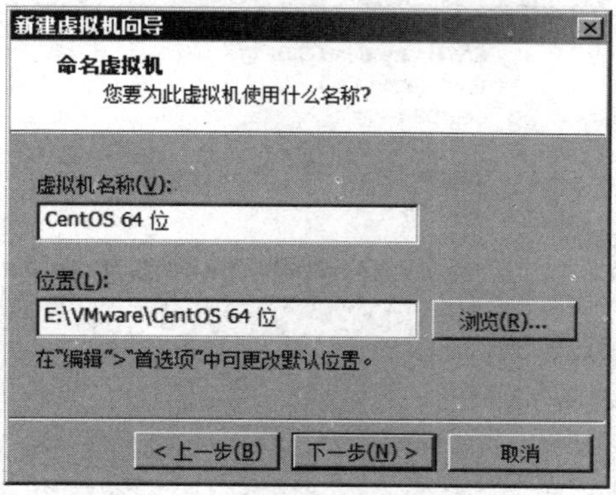

图 1-7 配置虚拟机的名称和保存位置

⑥ 指定磁盘容量大小。本课程并不需要很大的磁盘空间，因此将最大磁盘大小设置为 20 足矣。如果物理机的磁盘文件系统支持大于 4GB 以上的单文件(如 NTFS 文件系统)，则选择【将虚拟磁盘存储为单个文件】时虚拟机的性能会更好，如图 1-8 所示。

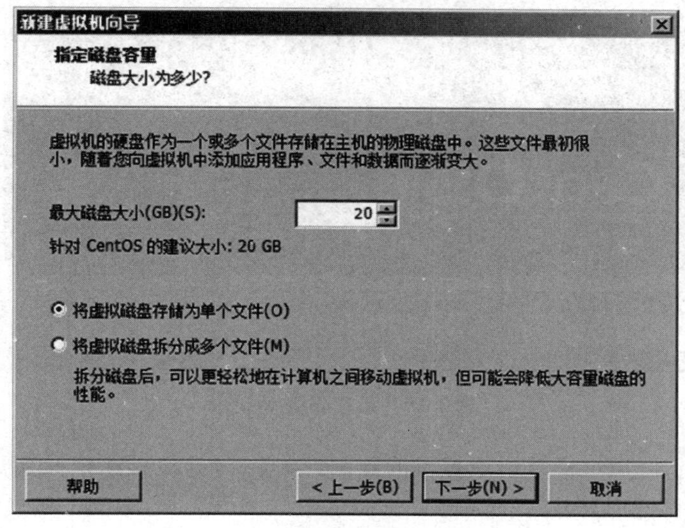

图 1-8 指定磁盘容量大小

⑦ 在“已准备好创建虚拟机”页面中可以进行硬件定制，如图 1-9 所示。

此处读者可以根据物理机的硬件能力定制虚拟机的硬件，建议保持虚拟机 CPU 核心数量与物理机中数量一致，以保证虚拟机性能；内存至少 1GB；其他可使用默认值。

⑧ 完成上述配置后，单击【完成】按钮开始创建虚拟机，创建后会自动开启并安装 CentOS，安装过程如图 1-10 所示。

图 1-10 中，“CentOS 64 位”选项卡的下方是虚拟机开机后显示的画面，此时 CentOS 系

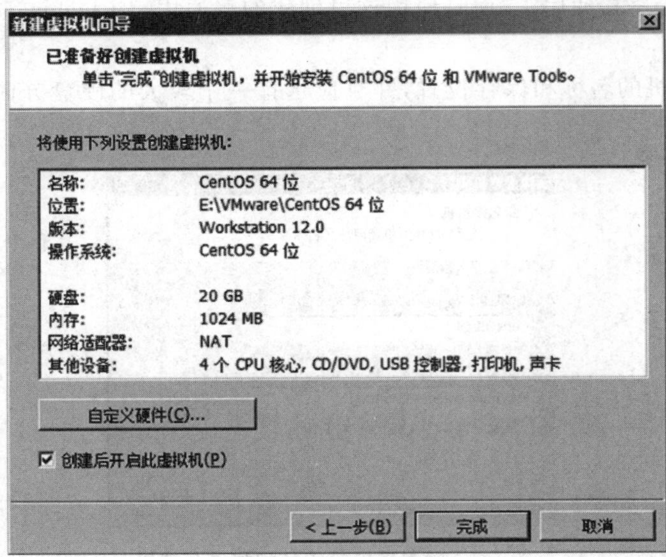

图 1-9　已准备好创建虚拟机

图 1-10　正在安装 CentOS

统正在进行安装。使用鼠标单击虚拟机的画面即可将键盘和鼠标定向到虚拟机内，若需要移出，按 Ctrl＋Alt 键即可。

⑨ CentOS 安装完成并自动重启之后，就会进入登录界面，选择之前创建的用户 itheima 并输入密码，如图 1-11 所示。另外，登录界面的左下角可以切换语言，默认是 English(英语)，可以选择 Other...，并在弹出的 Languages 语言列表中找到"汉语(中国)"进行切换。

⑩ 成功登录系统后，就会进入桌面。CentOS 自带的桌面程序为 GNOME 2.28，如图 1-12 所示。

和 Windows 系统不同的是，Linux 系统的桌面并非一个必要程序，即使没有桌面依然

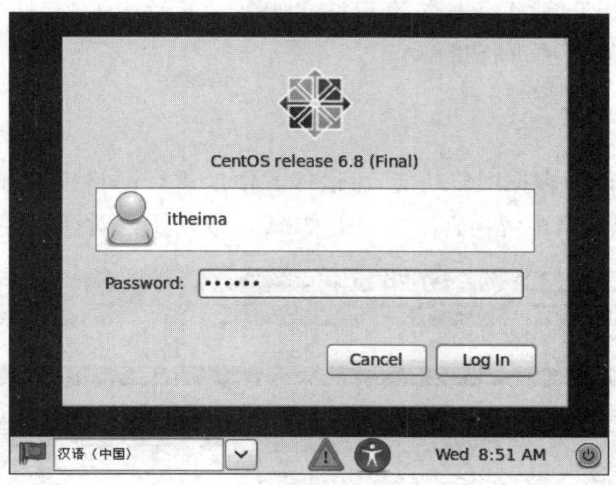

图 1-11　登录 CentOS

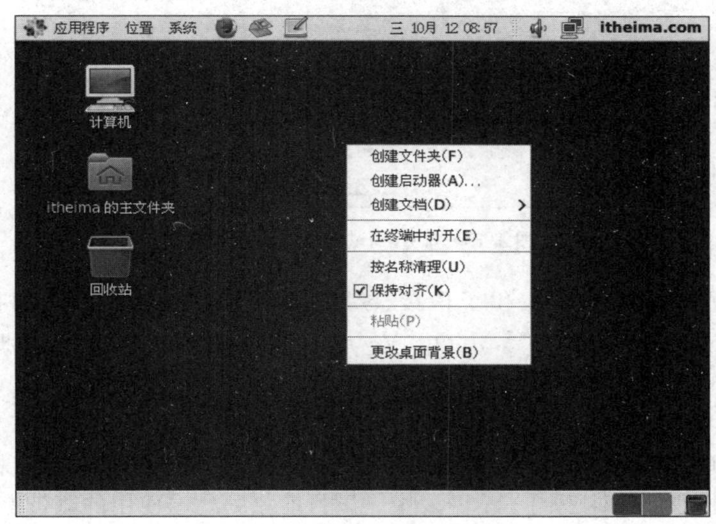

图 1-12　GNOME 桌面

可以用字符界面控制 Linux 系统。在桌面环境下使用操作系统非常简单方便，但对于 Linux 系统而言，桌面程序只是一个附加品，只用字符界面就可以完成所有的操作，而且比图形界面更稳定、更节省资源，有利于远程连接和网络传输。因此，许多 Linux 服务器不安装桌面，只通过远程终端进行操作。

另外，中文语言环境下的 CentOS 系统虽然简单易懂，但是并不利于学习，这里推荐读者切换到英文语言环境下，熟悉英文环境的使用。本书后面的讲解和案例都将在英文环境下进行。

1.3　网络配置

服务器是 Linux 最主要的应用领域，Linux 服务器可以提供包括 Web、FTP、DNS、DHCP、数据库和邮箱等多种类型的服务，但这些服务都离不开网络环境。因此，Linux 网络环境配置是 Linux 环境配置中必不可少的环节，下面将对基于 VMware 虚拟机配置 Linux 系统网络环境的方法进行讲解。

1. VMware 网络配置

通过 VMware 提供的虚拟网络功能，可以很方便地进行网络环境部署。在程序的菜单栏中执行【编辑】→【虚拟网络配置器】命令，打开如图 1-13 所示的对话框，便可查看网络配置。

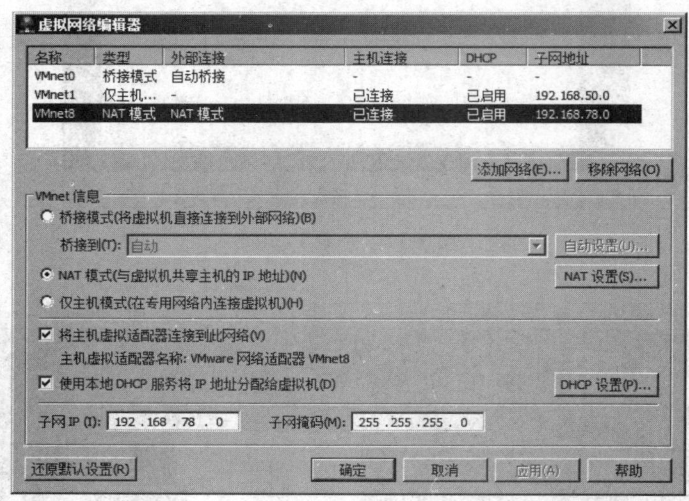

图 1-13　VMware 虚拟网络编辑器

由图 1-13 可知，VMware 提供了桥接、NAT（网络地址转换）和仅主机这三种网络模式，这些模式对应的名称分别为 VMnet0、VMnet8 和 VMnet1。关于这三种模式的具体介绍如下。

（1）桥接模式

当虚拟机的网络处于桥接模式时，相当于这台虚拟机与物理机同时连接到一个局域网，这两台机器的 IP 地址将处于同一个网段中。以目前家庭普遍使用的宽带上网环境为例，其网络结构如图 1-14 所示。

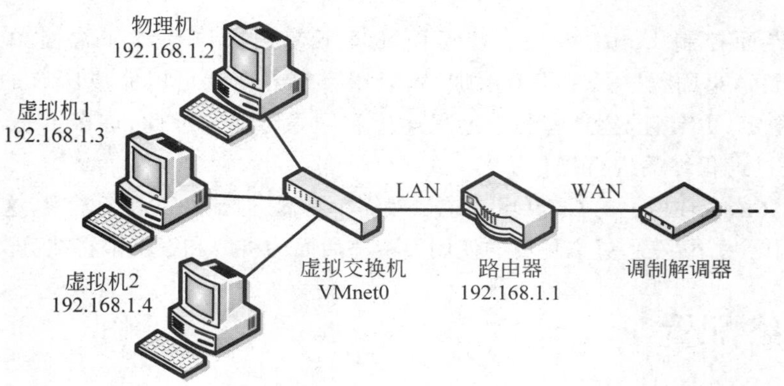

图 1-14　VMnet0 虚拟网络

图 1-14 中两台虚拟机和一台物理机同时处于一个局域网中(VMware 支持同时运行多个虚拟机),若路由器已经接入网络,则图中的三台计算机都可以访问外部网络。

(2) NAT 模式

NAT 是 VMware 虚拟机中默认使用的模式,其最大的优势是虚拟机接入网络非常简单,只要物理机可以访问网络,虚拟机就可以访问网络。其网络结构如图 1-15 所示。

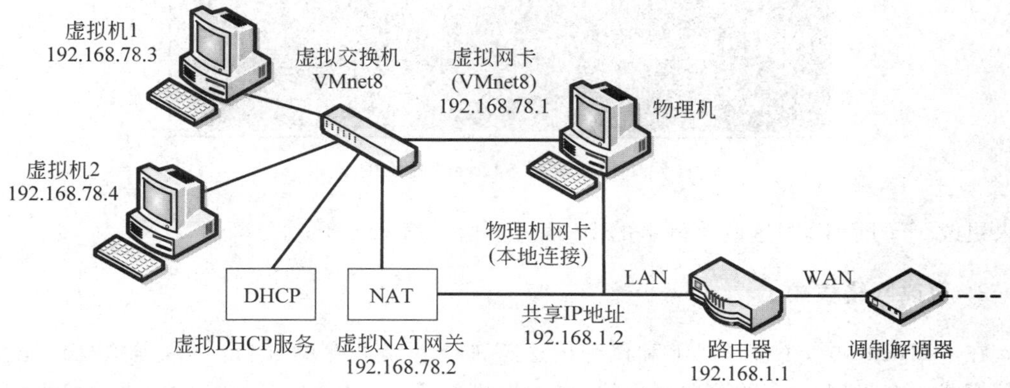

图 1-15　VMnet8 虚拟网络

图 1-15 中所示的物理机网卡和 VMnet8 虚拟网络中的 NAT(网络地址转换)网关共享同一个 IP 地址 192.168.1.2,因此只要物理机网络畅通,虚拟机便能上网。为了让物理机和虚拟机能够直接互访,需要在物理机中增加一个虚拟网卡接入 VMnet8 虚拟交换机中。

(3) 仅主机模式

仅主机模式与 NAT 模式相似,但是在该网络中没有虚拟 NAT,因此只有物理机能上网而虚拟机无法上网,只能在 VMnet1 虚拟网内相互访问。其网络结构如图 1-16 所示。

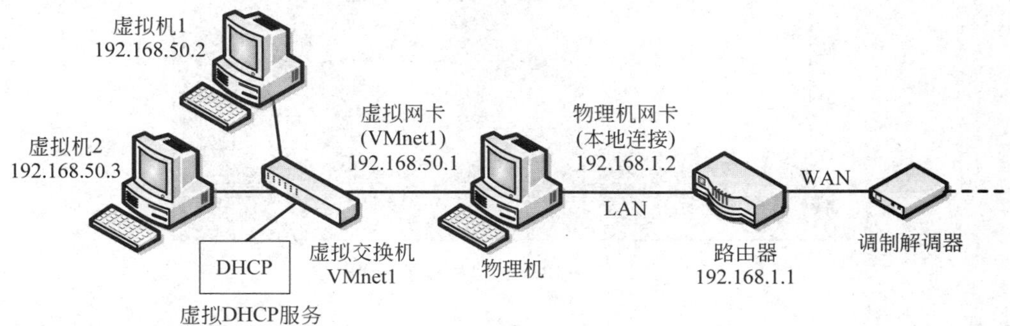

图 1-16　VMnet1 虚拟网络

VMnet8 和 VMnet1 这两种虚拟网络都需要虚拟网卡实现物理机和虚拟机的互访,VMware 在安装时自动为这两种虚拟网络安装了虚拟网卡。在物理机(Windows 系统)中打开命令提示符,输入命令 ipconfig 查看网卡信息,从这些信息中可以找到 VMnet8 和 VMnet1 虚拟网卡,如图 1-17 所示。

由图 1-17 可知,VMnet1 的 IP 地址为 192.168.50.1,VMnet8 的 IP 地址为 192.168.78.1。这两个 IP 地址是 VMware 根据 VMware 虚拟网络编辑器中的子网 IP 自动生成的,

```
命令提示符

以太网适配器 VMware Network Adapter VMnet1:

   连接特定的 DNS 后缀 . . . . . . . :
   本地链接 IPv6 地址. . . . . . . . : fe80::dc0e:df39:e71f:ee82%22
   IPv4 地址 . . . . . . . . . . . . : 192.168.50.1
   子网掩码  . . . . . . . . . . . . : 255.255.255.0
   默认网关. . . . . . . . . . . . . :

以太网适配器 VMware Network Adapter VMnet8:

   连接特定的 DNS 后缀 . . . . . . . :
   本地链接 IPv6 地址. . . . . . . . : fe80::90cf:1cf4:d624:7cbd%23
   IPv4 地址 . . . . . . . . . . . . : 192.168.78.1
   子网掩码  . . . . . . . . . . . . : 255.255.255.0
   默认网关. . . . . . . . . . . . . :
```

图 1-17　查看 VMware 虚拟网卡

如果更改了子网 IP，则这两个网卡的 IP 地址会由 VMware 自动更新。

2. 更改网络模式

在 VMware 中，桥接、NAT 和仅主机这三种模式是共存的，但是一台虚拟机只能使用一种模式。在 VMware 的菜单栏中执行【虚拟机】→【设置】命令，在弹出的“虚拟机设置”对话框中选择【网络适配器】，可以查看或更改虚拟机的网络模式，如图 1-18 所示。

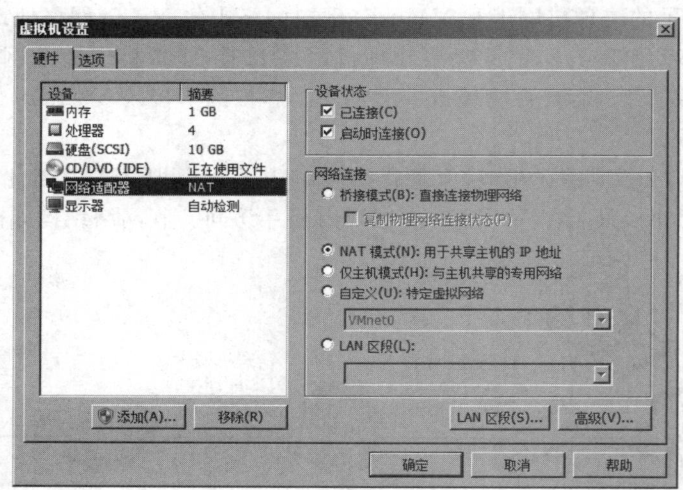

图 1-18　虚拟机设置

图 1-18 所示的窗口右下角有一个【高级】按钮，单击后可以打开“网络适配器高级设置”对话框，如果需要查看或更改虚拟机网卡的 MAC 地址，则可以在此处设置。

3. Linux 网络配置

在了解了 VMware 虚拟机的网络环境后，接下来对 Linux 服务器进行网络配置。在 Linux 系统中，通过 ifconfig -a 命令可以查看所有的网卡，如图 1-19 所示。

由图 1-19 可知，目前系统中共有两个网卡，第 1 个是 eth0（即编号为 0 的以太网卡），第 2 个是 lo（即本地回环网卡）。其中 eth0 网卡用于访问外部网络，默认情况下是关闭的；lo

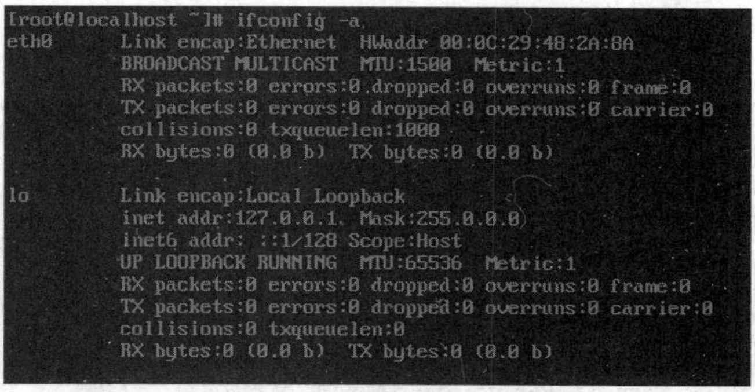

```
[root@localhost ~]# ifconfig -a
eth0      Link encap:Ethernet  HWaddr 00:0C:29:48:2A:8A
          BROADCAST MULTICAST  MTU:1500  Metric:1
          RX packets:0 errors:0 dropped:0 overruns:0 frame:0
          TX packets:0 errors:0 dropped:0 overruns:0 carrier:0
          collisions:0 txqueuelen:1000
          RX bytes:0 (0.0 b)  TX bytes:0 (0.0 b)

lo        Link encap:Local Loopback
          inet addr:127.0.0.1  Mask:255.0.0.0
          inet6 addr: ::1/128 Scope:Host
          UP LOOPBACK RUNNING  MTU:65536  Metric:1
          RX packets:0 errors:0 dropped:0 overruns:0 frame:0
          TX packets:0 errors:0 dropped:0 overruns:0 carrier:0
          collisions:0 txqueuelen:0
          RX bytes:0 (0.0 b)  TX bytes:0 (0.0 b)
```

图 1-19 查看网卡

网卡用于在本机内部访问,IP 地址为 127.0.0.1(即 Loopback Address,本机回送地址)。

如果使用 VMware 的 NAT 模式或仅主机模式,那么网络中的虚拟机可以通过 DHCP(动态主机配置协议)自动获取 IP 地址。但是在真实环境中,应为所有的服务器配置静态 IP 地址,以确保通过一个 IP 地址便能找到一台服务器。下面分别介绍如何配置动态和静态 IP 地址。

(1) 动态 IP

为了使 eth0 网卡工作,应通过 ifup eth0 命令临时启动该网卡,也可以修改 eth0 网卡的配置文件,使该网卡自动启动。接下来切换到网卡配置文件 ifcfg-eth0 所在的目录:

```
[root@localhost ~]#cd /etc/sysconfig/network-scripts
```

在修改配置文件之前,为了防止配置出错,建议提前备份该配置文件 ifcfg-eth0:

```
[root@localhost network-scripts]#cp ifcfg-eth0 ifcfg-eth0.bak
```

然后通过 vi 编辑器修改网卡配置文件:

```
[root@localhost network-scripts]#vi ifcfg-eth0
```

打开配置文件,具体内容如下所示。

```
DEVICE=eth0
HWADDR=00:0C:29:48:2A:8A
TYPE=Ethernet
UUID=de5dcf98-9e30-4d0e-a578-4ddcea528ae6
ONBOOT=no
NM_CONTROLLED=yes
BOOTPROTO=dhcp
```

在上述配置中,需要重点关注的是 ONBOOT 和 BOOTPROTO 这两个选项。其中 BOOTPROTO 用于设置获取 IP 的方式,分为动态与静态两种,默认方式为 dhcp,表示动态获取 IP;ONBOOT 用于设置网卡是否自动启动,默认值为 no,更改为 yes 即可实现自动启动。

修改完成后,保存并退出编辑,然后执行重新加载网络服务的命令 service network

reload 使配置生效。在配置生效之后，通过 ifconfig 命令查看 eth0 网卡的状态，如图 1-20 所示。

```
[root@localhost network-scripts]# service network reload
Shutting down interface eth0:                              [  OK  ]
Shutting down loopback interface:                          [  OK  ]
Bringing up loopback interface:                            [  OK  ]
Bringing up interface eth0:
Determining IP information for eth0... done.
                                                           [  OK  ]
[root@localhost network-scripts]# ifconfig
eth0      Link encap:Ethernet  HWaddr 00:0C:29:48:2A:8A
          inet addr:192.168.78.128  Bcast:192.168.78.255  Mask:255.255.255.0
          inet6 addr: fe80::20c:29ff:fe48:2a8a/64 Scope:Link
          UP BROADCAST RUNNING MULTICAST  MTU:1500  Metric:1
          RX packets:182 errors:0 dropped:0 overruns:0 frame:0
          TX packets:35 errors:0 dropped:0 overruns:0 carrier:0
          collisions:0 txqueuelen:1000
          RX bytes:17692 (17.2 KiB)  TX bytes:3942 (3.8 KiB)
```

图 1-20 查看网卡状态

从图 1-20 中可以看出，eth0 网卡已经获取 IP 地址 192.168.78.128，说明虚拟机已经成功连接到 NAT 网络中。如果在重新加载网络服务时报错，则可能是网卡配置文件更改有误或 VMware 虚拟网络配置有误，那么按照前面讲解的内容检查并更正即可。

(2) 静态 IP

静态 IP 是用户手动设置的 IP，设置后固定不变，因此只要将 ifcfg-eth0 配置文件中 BOOTPROTO 的值设置为 static，将 IPADDR(IP 地址)的值设置为其所在子网中正确的、无冲突的 IP 地址即可。

假设在 VMware 的 NAT 模式中，子网 IP 为 192.168.78.0、VMnet8 虚拟网卡 IP 为 192.168.78.1、NAT 网关 IP 为 192.168.78.2、DHCP 地址池为 192.168.78.128～192.168.78.254，则 192.168.78.3～192.168.78.127 范围内的 IP 都可以作为静态 IP 使用。

接下来打开 ifcfg-eth0 配置文件进行修改，修改后的配置文件如下所示。

```
…(此处省略了前面几行)
BOOTPROTO=static
IPADDR=192.168.78.3
NETMASK=255.255.255.0
GATEWAY=192.168.78.2
DNS1=192.168.78.2
```

上述配置将 BOOTPROTO 的值由 dhcp 修改为 static，然后增加了 IPADDR(IP 地址)、NETMASK(子网掩码)和 GATEWAY(网关)和 DNS1(首选域名服务器)。其中，若网关不设置，则虚拟机只能在局域网内访问，无法访问外部网络；若 DNS 不设置，则无法解析域名。

修改配置文件后执行 service network reload 命令使配置生效即可。在配置生效后，可以通过如下操作查看当前使用的默认网关和 DNS 服务器。

```
[root@localhost ~]#route | grep default
default         192.168.78.2    0.0.0.0         UG    0      0        0 eth0
[root@localhost ~]#cat /etc/resolv.conf
nameserver 192.168.78.2
```

4. 访问测试

无论是 Windows 还是 Linux 系统，都提供了 ping 命令用于检测网络是否连通。在物理机（Windows 系统）中打开命令提示符，执行“ping 虚拟机 IP 地址”命令，运行结果如图 1-21 所示。

```
命令提示符

C:\Users\www>ping 192.168.78.3

正在 Ping 192.168.78.3 具有 32 字节的数据:
来自 192.168.78.3 的回复: 字节=32 时间<1ms TTL=64
来自 192.168.78.3 的回复: 字节=32 时间<1ms TTL=64
来自 192.168.78.3 的回复: 字节=32 时间<1ms TTL=64
来自 192.168.78.3 的回复: 字节=32 时间<1ms TTL=64

192.168.78.3 的 Ping 统计信息:
    数据包: 已发送 = 4, 已接收 = 4, 丢失 = 0 (0% 丢失),
往返行程的估计时间(以毫秒为单位):
    最短 = 0ms, 最长 = 0ms, 平均 = 0ms
```

图 1-21　物理机 ping 虚拟机

由图 1-21 可知，物理机共向 IP 地址 192.168.78.3 发送了 4 次 ping 请求，且 4 次请求都发送成功，发送的数据包为 32 字节，响应时间小于 1 毫秒，TTL（生存时间）值为 64。其中 TTL 在发送时的默认值为 64，每经过一个路由 TTL 值减 1，此处显示的最终结果为 64，说明中间没有经过路由。

使用虚拟机 ping 物理机时，物理机（Windows 系统）的防火墙若为开启状态，ping 将会失败。我们可以临时关闭 Windows 防火墙，或者将防火墙入站规则中的“文件和打印机共享（回显请求-ICMPv4-In）”设置为“允许连接”。在解决防火墙问题后，虚拟机 ping 物理机的执行结果如图 1-22 所示。

```
[root@localhost network-scripts]# ping 192.168.78.1 -c4
PING 192.168.78.1 (192.168.78.1) 56(84) bytes of data.
64 bytes from 192.168.78.1: icmp_seq=1 ttl=64 time=0.615 ms
64 bytes from 192.168.78.1: icmp_seq=2 ttl=64 time=0.307 ms
64 bytes from 192.168.78.1: icmp_seq=3 ttl=64 time=0.308 ms
64 bytes from 192.168.78.1: icmp_seq=4 ttl=64 time=0.289 ms

--- 192.168.78.1 ping statistics ---
4 packets transmitted, 4 received, 0% packet loss, time 3006ms
rtt min/avg/max/mdev = 0.289/0.379/0.615/0.138 ms
```

图 1-22　虚拟机 ping 物理机

如图 1-22 所示，在 Linux 中使用 ping 命令时加上了参数“-c4”，该参数表示 ping 执行的次数为 4。如果省略该参数，ping 命令会一直执行，直到按 Ctrl+C 等组合键停止程序为止。

在测试了局域网内的访问后，还需要测试虚拟机能否访问外网。在物理机正确接入外网的前提下，用虚拟机 ping 外部主机（如 ping baidu.com）是可以 ping 通的。如果在正确配置后虚拟机仍然无法访问网络，则有可能是物理机中安装了多个网卡，而 VMware 会自动使用优先级较高的网卡（无论该网卡是否接入外网），此时更改网卡优先级或者禁用这些网卡可以解决问题。在默认情况下，新安装的网卡优先级高于原有网卡，但 VMnet1 和 VMnet8 这两个虚拟网卡的优先级低于本地连接网卡，这样可以避免影响用户正常使用网络。

1.4 远程终端访问

当 Linux 环境搭建完成以后，除了直接在虚拟机上进行操作，还可以通过网络进行远程连接访问。CentOS 6.8 默认支持 SSH(Secure Shell，安全 Shell 协议)，该协议通过高强度的加密算法提高了数据在网络传输中的安全性，可有效防止中间人攻击(Man-in-the-Middle Attack，一种黑客常用的攻击手段)。本节将针对如何通过 SSH 远程访问 Linux 进行详细讲解。

1. SSH 客户端

目前支持 SSH 的客户端有很多，在 Windows 中可以使用 Xshell、SecureCRT 等软件，通过这类软件可以在 Windows 系统上远程控制 Linux 系统。

本书以 Xshell 为例，该软件提供了家庭和学校授权版本，可以免费使用。在 Xshell 的官方网站 http://www.netsarang.com 上可以找到软件的下载地址。Xshell 的安装非常简单，按照提示进行操作即可，下面开始分步骤讲解 Xshell 的用法。

① 安装完成以后，打开 Xshell，会自动弹出一个“会话”对话框，如图 1-23 所示。如果关闭了此对话框，可通过在菜单栏中执行【文件】→【打开】命令再次打开此对话框。

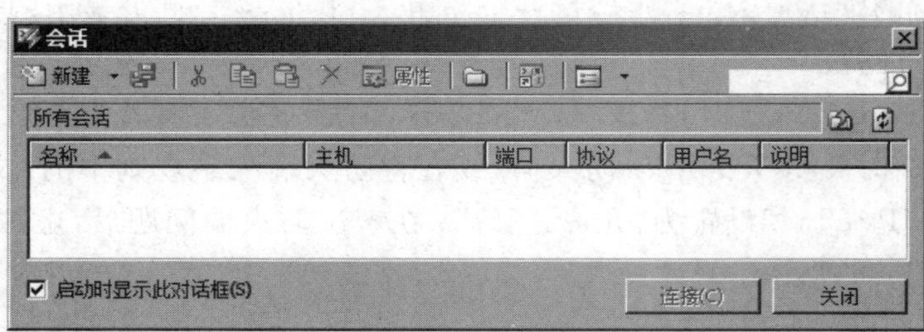

图 1-23 新建会话

② 在图 1-23 所示的对话框中，单击工具栏中的【新建】按钮，或在 Xshell 窗口的菜单栏执行【文件】→【新建】命令，会弹出一个“新建会话属性”对话框，如图 1-24 所示。

③ 在“常规”分组框中输入“名称”和“主机”，其中名称可以随意填写，主机填写服务器的 IP 地址。“协议”选择默认的 SSH 即可，“端口号”保持默认值 22。

④ 在左侧的“类别”列表中选择“用户身份验证”，然后输入 Linux 服务器的用户名(root)和密码(123456)，如图 1-25 所示。此处输入的用户名和密码会保存到客户端，用于快捷登录。如果考虑安全性，也可跳过此步骤，在每次登录时输入用户名和密码。

⑤ 在“类别”列表中选择“终端”，将“终端类型”修改为 linux，如图 1-26 所示。需要注意的是，此处使用默认值 xterm 亦可，但键盘中的 NumLock 数字小键盘区的映射会出现问题。

⑥ 设置完成后，单击【确定】按钮保存会话并返回原来的“会话”对话框，如图 1-27 所示。

⑦ 选中刚才保存的 192.168.78.3 会话并单击【连接】按钮，即可远程连接到服务器。在连接并登录成功后，效果如图 1-28 所示。

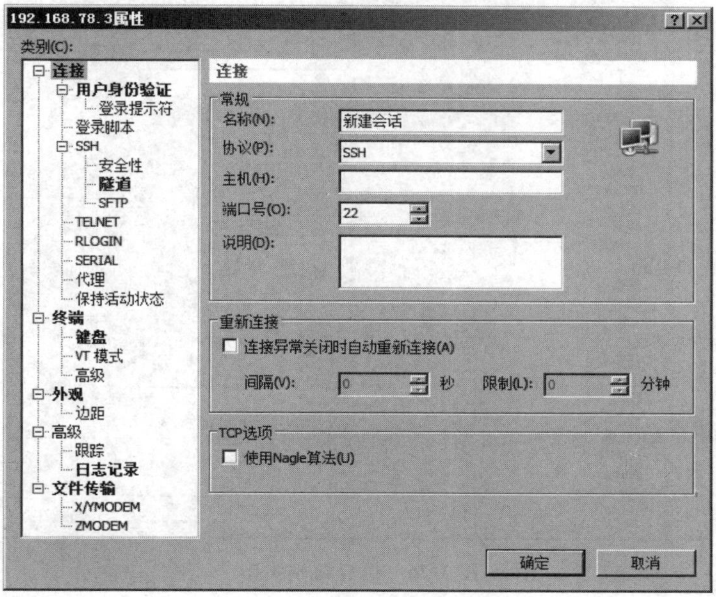

图 1-24　新建会话属性

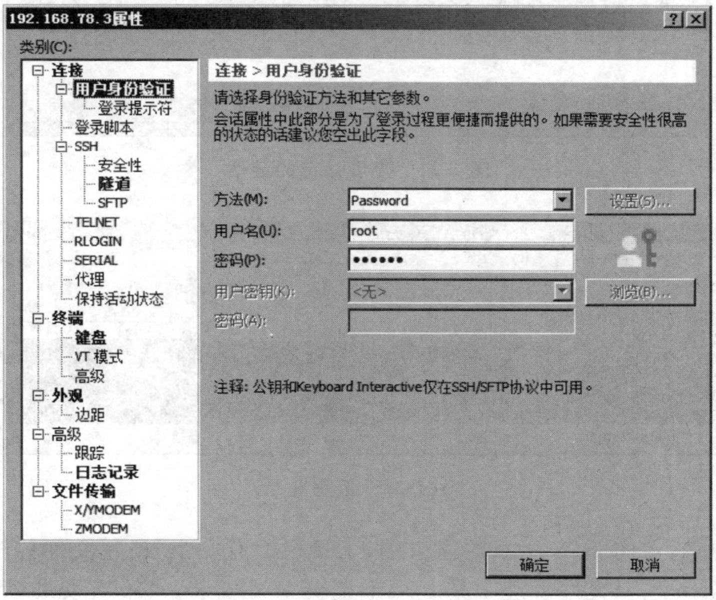

图 1-25　输入用户名和密码

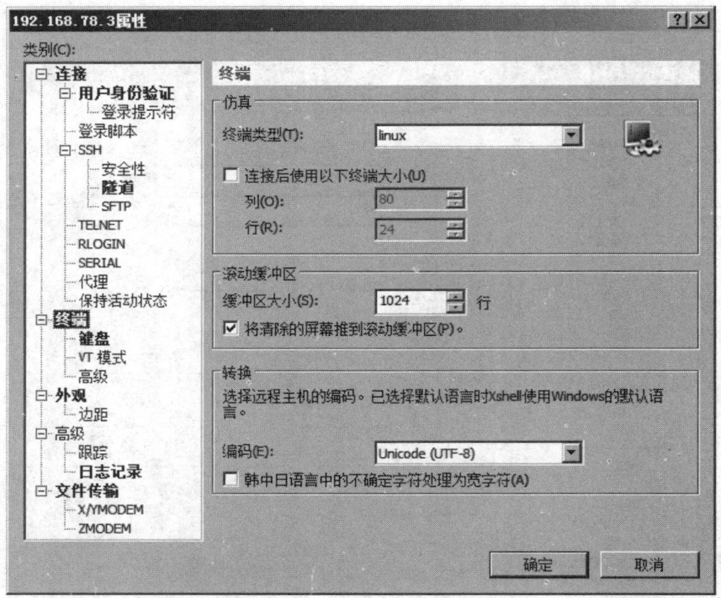

图 1-26　选择终端类型

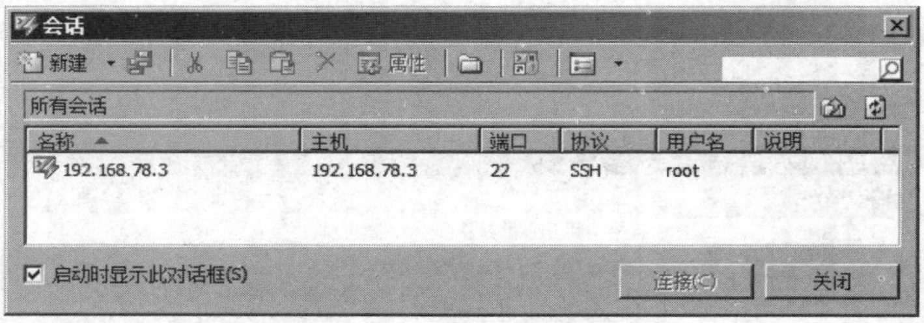

图 1-27　查看保存的会话

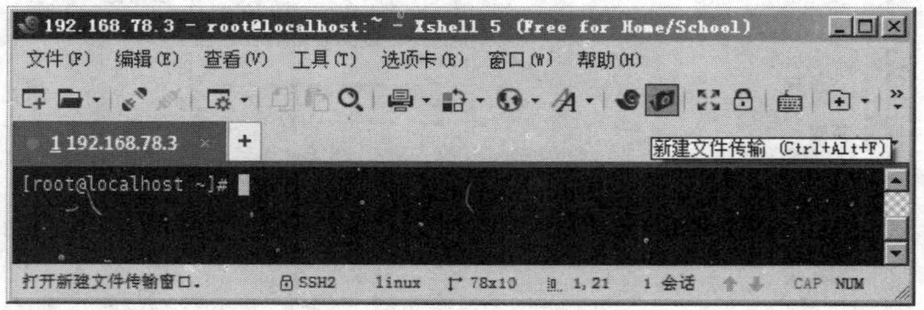

图 1-28　远程登录

值得一提的是，在图 1-28 所示的窗口中，工具栏中有一个“新建文件传输”按钮，通过该按钮可以打开 Xftp 远程文件管理工具。Xftp 需要额外安装，若没有安装，程序会提示到官方网站中进行下载。安装 Xftp 后，可以用图形化的方式远程管理服务器中的文件。

2. SFTP 远程文件管理

SFTP(Secure File Transfer Protocol，安全文件传送协议)是一种安全的远程文件传输协议，和 SSH 协议类似，在传输过程中会进行加密。前面提到的 Xftp 就是一种 SFTP 客户端，可以与 Xshell 配合使用。下面将以 Xftp 为例讲解远程文件管理的方法。

在使用 Xftp 之前需要先进行安装。安装 Xftp 后，在 Xshell 远程服务器登录成功的状态下单击工具栏中的“新建文件传输”按钮可以自动打开 Xftp 并登录服务器，如图 1-29 所示。

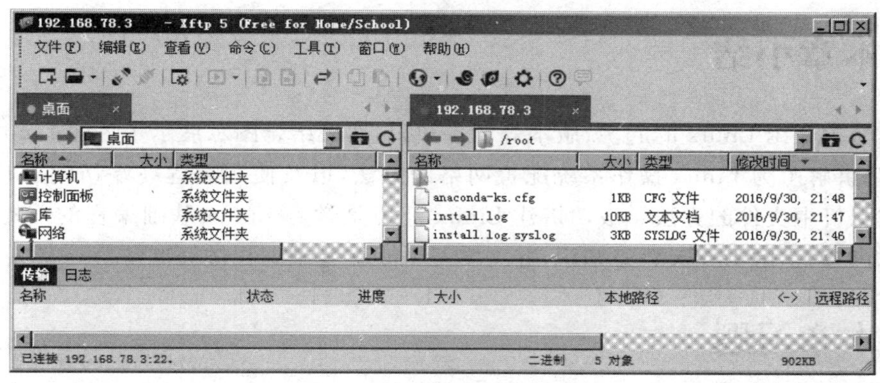

图 1-29　Xftp 远程文件管理

在图 1-29 所示的窗口中，左侧为客户端 Windows 系统的文件列表，右侧为 Linux 系统的文件列表。通过这个窗口，可以实现文件的上传、下载、复制、剪切、删除以及修改文件权限和属性等操作，此外该软件支持文件拖曳功能，使用非常方便。

① Xftp 支持为远程服务器中的文件关联文本编辑器，默认关联的是 Windows 记事本。本书以开源软件 Notepad++ 编辑器为例，在 Xftp 窗口中执行菜单栏中的【工具】→【选项】命令，切换到“高级”选项卡，将可执行文件 notepad++.exe 的路径添加到“编辑器路径”中，如图 1-30 所示。

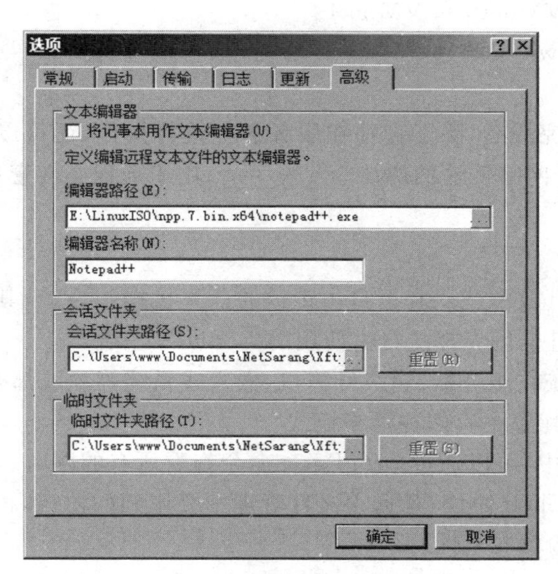

图 1-30　关联文本编辑器

② 关联之后，在远程服务器的文件列表中选中一个文件并右击，就会出现“以 Notepad++ 编辑”菜单项，单击后即可调用 Notepad++ 编辑器自动打开文件。值得一提的是，在使用 Notepad++ 创建 Linux 系统中的文件时，推荐将文件的编码格式设置为“UTF-8 无 BOM 格式编码”，并且将换行符设置为 UNIX 格式，这样可以保证该文件能够被 Linux 系统中的程序正确识别。

1.5 本章小结

本章简单介绍 Linux 的起源、版本等背景知识，然后结合图示展示了搭建 Linux 环境的步骤，最后讲解了为 Linux 操作系统配置网络的方法，以及使用远程终端访问 Linux、管理本地与虚拟机中文件的方法。成功搭建 Linux 环境是学习 Linux 基础编程的前提，读者应参照本章内容，了解 Linux 背景知识，并为学习 Linux 基础编程做好准备。

1.6 本章习题

一、填空题

1. Linux 操作系统的核心程序由芬兰赫尔辛基大学的一名学生________编写。

2. Linux 操作系统是一款免费使用且可以自由传播的类 UNIX 操作系统，它支持________、________、多线程及多 CPU，从其诞生到现在，性能逐步得到了稳定提升。

3. Linux 操作系统因其强大的功能和良好的稳定性，逐渐被应用到人类社会的诸多领域。目前，Linux 的应用领域主要包括________、________和________。

4. VMware 提供了________、________和________这三种网络模式，这些模式对应的名称分别为 VMnet0、VMnet8 和 VMnet1。

5. 无论是 Windows 系统还是 Linux 系统，都可以通过________命令检测网络连接状态。

6. 当服务器部署完成后，除了直接在服务器上进行操作，还可以通过网络进行远程连接访问。Linux 中用于网络传输的协议为________；用于远程文件管理的协议为________。

二、判断题

1. Linux 是一种开放源代码和可自由传播的计算机操作系统，其目的是建立不受任何商品化软件版权制约且全世界都能自由使用的类 UNIX 系统。（ ）

2. Linux 操作系统在服务器、超级计算机、嵌入式系统等领域都有广泛应用。（ ）

3. VMware 网络配置中有四种网络模式。（ ）

4. 在 Linux 系统中，可以通过 ifconfig -a 命令查看所有的网卡。（ ）

5. SFTP 即安全 Shell 协议，是远程文件管理中会用到的协议，该协议通过高强度的加密算法提高了数据传输的安全性。（ ）

6. Linux 一词本指 Linux 操作系统的内核，但后来人们逐渐使用 Linux 指代整个操作系统。（ ）

7. 日常生活中，人们使用的智能手机、车载电脑、智能电视、机顶盒等都会使用 Linux 操作系统。（　　）

三、单选题

1. Linux 操作系统自诞生至今，有数十万的程序开发人员参与到它的开发与完善过程中，如今 Linux 已发展成为一个成熟、稳定的操作系统。从以下选项中选出关于 Linux 特点描述完全正确的一项。（　　）

A. 多用户、多线程、单 CPU　　B. 单用户、单线程、多任务
C. 多用户、多线程、多 CPU　　D. 单用户、多线程、多 CPU

2. Linux 操作系统的应用领域极其广泛，在下列选项中，哪些可能用到了 Linux 操作系统？（　　）

A. 汽车　　B. 手机　　C. 机顶盒　　D. 以上全部

3. VMware 提供了虚拟网络功能，使用户可方便地进行网络环境部署。以下哪个选项不属于 VMware 虚拟网络中的网络模式。（　　）

A. C/S　　B. 桥接
C. 网络地址转换　　D. NAT

4. 下面哪个选项不是 Linux 服务器可提供的服务。（　　）

A. Web　　B. Xshell　　C. SFTP　　D. SSH

5. Linux 历经多年发展，到如今已发布了许多版本，下面哪个版本的 Linux 系统是中国用户使用最多的版本？（　　）

A. CentOS　　B. Ubuntu　　C. Fedora　　D. Red Hat

四、简答题

1. 简单叙述 Linux 操作系统的特点。
2. 陈述 ifconfig 命令和 ping 命令的功能和用法。

第 2 章

命令与开发工具

学习目标

- 掌握常用的文件处理命令
- 掌握常用的权限管理命令
- 熟悉网络管理与通信命令
- 熟练使用压缩解压命令
- 熟练使用 vi 编辑器
- 了解 GCC 编译流程，熟练使用 GCC 编译工具
- 掌握 GDB 调试工具的使用方法

Linux 命令是对 Linux 系统进行管理的命令，虽然现在许多 Linux 发行版搭载了图形化界面，但更多的程序开发人员仍愿意借助命令操作 Linux 系统；此外，掌握 Linux 系统中的常用开发工具可提高用户在 Linux 环境中开发程序的效率。基于以上两点，本章将对 Linux 系统中的命令与基础开发工具进行讲解和介绍。

2.1 Linux 常用命令

Linux 系统中几乎所有的操作都可通过命令实现。根据命令的功能，人们对 Linux 系统中的命令进行了分类，其中常用的命令有文件处理命令、文件管理命令、网络管理命令、通信命令、压缩解压命令以及帮助命令等。本节将按照以上分类，对各分类中常用的命令逐一进行讲解。

2.1.1 命令格式

在学习具体命令之前，需要先了解 Linux 常用命令的基本格式。Linux 系统中的命令遵循如下的基本格式：

```
command [options] [arguments]
```

其中 command 表示命令的名称；options 表示选项，定义了命令的执行特性；arguments 表示命令作用的对象。示例如下：

```
$ rm -r dir
```

该语句的功能为删除目录 dir，其中 rm 为命令的名称，表示删除文件；-r 为选项，表示删

除目录中的文件和子目录;dir 为命令作用的对象,该对象是一个目录。Linux 系统中的命令都遵循以上格式,命令中的选项和参数可酌情缺省。

命令的选项有两种,分别为长选项和短选项。以上示例中的选项-r 为短选项,对应的长选项为--recursive。长/短选项的区别在于,多个短选项可以组合使用,但长选项只能单独使用。例如,rm 命令还有一个常用选项-f,表示在进行删除时不再确认,该选项可与-r 组成组合选项-rf,表示直接删除目录中的文件和子目录,不再一一确认;若使用长选项实现以上功能,则需要使用以下命令:

```
$rm --recursive -force dir
```

与短选项相比,长选项显然比较麻烦,因此 Linux 命令中通常不使用长选项。

下面对几种常用命令分别进行讲解。

2.1.2　文件操作命令

Linux 操作系统秉持“一切皆文件”的思想,将其中的文件、设备等都作为文件来操作。因此,文件操作命令是 Linux 常用命令的基础,也是至关重要的一部分。文件操作命令又可细分为四类,分别为文件处理命令、文件查看命令、权限管理命令和文件搜索命令。

1. 文件处理命令

常用的文件处理命令有 ls、cd、pwd、touch、mkdir、cp、mv、rm、rmdir 等,涵盖了文件的属性查看、目录切换、目录查看、删除、复制等功能。

(1) ls

ls 命令的原意为 list,即“列出”,用于列出参数的属性信息,其命令格式如下:

```
ls [选项] [参数]
```

ls 的参数通常为文件或目录,其常用的选项列表如表 2-1 所示。

表 2-1　ls 命令常用选项

选项	说　明
-l	以详细信息的形式展示出当前目录下的文件
-a	显示当前目录下的全部文件(包括隐藏文件)
-d	查看目录属性
-t	按创建时间顺序列出文件
-i	输出文件的 inode 编号
-R	列出当前目录下的所有文件信息,并以递归的方式显示各个子目录中的文件和子目录信息

案例 2-1:显示当前目录下的文件。

```
[itheima@localhost ~]$ls
Desktop  Documents  Downloads  Music  Pictures  Public  Templates  Videos
```

当参数缺省时，ls 命令默认列出当前目录中的内容。

案例 2-2：显示当前目录下的所有文件信息。

```
[itheima@localhost ~]$ls -a
.              .dmrc          .gtk-bookmarks          .pulse
..             Documents      .gtk-bookmarks.LSTSNY   .pulse-cookie
(…)
```

显示所有文件信息时会发现结果中多了许多以“.”开头的文件，这些文件是 Linux 中的隐藏文件。隐藏文件中又有两个特殊的文件：“.”和“..”，分别代表当前目录和上一级目录。使用 ls -a 命令时显示的内容较多，因此将部分显示内容省略。以上输出结果中的(…)代表省略内容，而非实际输出内容，被省略部分不影响知识讲解。在之后的案例中可能会遇到同种情况，将不再赘述。

(2) cd

cd 命令的原意为 change directory，即更改目录。若执行该命令的用户具有切换目录的权限，cd 命令将更改当前工作目录到目标目录。该命令的格式如下：

```
cd 参数
```

cd 命令没有选项，其参数不可省略。

案例 2-3：使用 cd 命令切换目录。

```
[itheima@localhost ~]$cd ./Public
[itheima@localhost Public]$cd ..
[itheima@localhost ~]$cd /etc/yum
[itheima@localhost yum]$cd ~
```

以上共有 4 条路径切换命令，它们对应的功能依次如下：

- 切换工作路径到当前目录下的 Public 目录中；
- 切换工作路径到上一级目录；
- 切换工作路径到 etc 目录下的 yum 目录中；
- 切换工作路径为当前用户的家目录。

(3) pwd

pwd 命令的原意为 print working directory，即打印当前工作目录的绝对路径。该命令可直接使用，用法及打印结果如下列案例所示：

案例 2-4：使用 pwd 命令获取当前目录。

```
[itheima@localhost ~]$pwd
/home/itheima
```

(4) touch

touch 命令的主要功能是将已存在文件的时间标签更新为系统的当前时间。若指定的文件不存在，该命令将会创建一个新文件，所以该命令有个附加功能，即创建新的空文件。touch 命令的格式如下：

```
touch 参数
```

touch 命令的参数可以是文件，也可以是一个目录。

案例 2-5：修改文件 file 的时间标签为当前时间。

```
[itheima@localhost ~]$ls -l file
-rw-rw-r--. 1 itheima itheima 0 Sep 13 08:30 file
[itheima@localhost ~]$touch file
[itheima@localhost ~]$ls -l file
-rw-rw-r--. 1 itheima itheima 0 Sep 13 08:31 file
```

在该案例中，先使用 ls -l 命令打印文件 file 的属性信息，再使用 touch 命令对 file 进行操作，之后再次打印文件 file 的属性信息。对比两次打印结果，可知 touch 成功更新了文件 file 的时间标签。

（5）mkdir

mkdir 命令的原意为 make directory，即创建目录。mkdir 命令的格式如下：

```
mkdir [选项] 参数
```

mkdir 命令的参数一般为目录或路径名。当参数为目录时，为保证新目录可成功创建，使用该命令前应确保新建目录不与其同路径下的目录重名；当参数为路径时，需要保证路径中的目录都已存在或通过选项创建路径中缺失的目录。mkdir 命令的常用选项如表 2-2 所示。

表 2-2　mkdir 命令常用选项

选项	说　明
-p	若路径中的目录不存在，则先创建目录
-v	查看文件创建过程

案例 2-6：在当前路径下的 itheima 目录中创建 bxg 目录。

```
[itheima@localhost ~]$mkdir ./itheima/bxg
mkdir: cannot create directory './itheima/bxg': No such file or directory
[itheima@localhost ~]$mkdir -p ./itheima/bxg
[itheima@localhost ~]$ls
a        Documents  itheima  Pictures  Templates
Desktop  Downloads  Music    Public    Videos
```

如上所示，若路径中的目录不存在，又未使用参数-p，将会报错，提示没有发现相应文件或目录；之后添加-p 选项，则会先在路径中创建 itheima 目录，之后再在 itheima 目录中创建子目录 bxg。

（6）cp

cp 命令的原意为 copy，即复制。该命令的功能为将一个或多个源文件复制到指定的目录，其命令格式如下：

```
cp [选项] 源文件或目录 目的目录
```

默认情况下,该命令不能复制目录,若要复制目录,需要同时使用-R 选项。cp 命令常用的选项如表 2-3 所示。

表 2-3 cp 命令常用选项

选项	说 明
-R	递归处理,将指定目录下的文件及子目录一并处理
-p	复制的同时不修改文件属性,包括所有者、所属组、权限和时间
-f	强行复制文件或目录,无论目的文件或目录是否已经存在

案例 2-7:将当前路径下的文件 a 复制到目录 dir 中。

```
[itheima@localhost ~]$cp a ./dir
```

案例 2-8:将当前目录下的 Public 目录复制到./itheima/bxg。

```
[itheima@localhost ~]$cp -R Public ./itheima/bxg
```

(7) mv

mv 命令的原意为 move,该命令用于移动文件或目录。若同时指定两个以上的文件或目录,且最后的目的地是一个已经存在的目录,则该命令会将前面指定的多个文件或目录复制到最后一个目录中。其命令格式如下:

```
mv 源文件或目录 目标目录
```

若该命令操作的对象是相同路径下的两个文件,则其功能为修改文件名。

案例 2-9:将文件 a 移动到目录./itheima/bxg 中。

```
[itheima@localhost ~]$mv a ./itheima/bxg
```

案例 2-10:使用 mv 命令修改文件名。

```
[itheima@localhost ~]$mv ./itheima/a ./itheima/b
[itheima@localhost ~]$cd ./itheima
[itheima@localhost itheima]$ls
b  bxg
```

根据以上展示的结果可知,mv 命令将目录 itheima 中的文件 a 的文件名改成了 b。

(8) rm

rm 命令的原意为 remove,功能为删除目录中的文件或目录。该命令可同时删除多个对象,其命令格式如下:

```
rm [选项] 文件或目录
```

若要使用 rm 命令删除目录,需要在参数前添加-r 选项。除-r 外,rm 常用的选项列表如表 2-4 所示。

表 2-4　rm 命令常用选项

选项	说　明
-f	强制删除文件或目录
-rf	选项-r 与-f 结合，删除目录中所有文件和子目录，并且不一一确认
-i	在删除文件或目录时对要删除的内容逐一进行确认(y/n)

案例 2-11：删除家目录下的目录 itheima。

```
[itheima@localhost ~]$ rm itheima
rm: cannot remove 'itheima': Is a directory
[itheima@localhost ~]$ rm -ri itheima
rm: descend into directory 'itheima'?y
rm: remove regular empty file 'itheima/b'?y
rm: descend into directory 'itheima/bxg'?y
rm: remove directory 'itheima/bxg/Public'?y
rm: remove regular empty file 'itheima/bxg/a'?y
rm: remove directory 'itheima/bxg'?y
rm: remove directory 'itheima'?y
```

注意：使用 rm 删除的文件无法恢复，所以在删除文件之前，一定要再三确认。

(9) rmdir

rmdir 命令的原意为 remove directory。该命令与 rm 命令类似，但它仅用于删除目录。rmdir 的命令格式如下：

```
rmdir [-p] 目录
```

rmdir 命令可删除指定路径中的一个或多个空目录。若在命令中添加参数-p，此条命令将会在删除指定目录后检测其上层目录，若该目录的上层目录已变成空目录，则将其一并删除。

案例 2-12：删除 itheima 目录下的 bxg 目录。

```
[itheima@localhost ~]$ rmdir itheima/bxg
[itheima@localhost ~]$ rmdir -p itheima/bxg
```

2. 文件查看命令

文件查看命令主要用于查看文件中存储的内容，常用的文件查看命令有 cat、more、head、tail 等。

(1) cat

cat 命令的原意为 concatenate and display files，即连接和显示文件。cat 的功能为将文件中的内容打印到输出设备，该命令的格式如下：

```
cat 文件名
```

案例 2-13：打印 etc 目录下用户信息文件中的内容，该文件的路径为/etc/passwd。

```
[itheima@localhost ~]$cat /etc/passwd
root:x:0:0:root:/root:/bin/bash
bin:x:1:1:bin:/bin:/sbin/nologin
⋮
```

（2）more

more 命令用于分页显示文件内容，其命令格式如下：

```
more [文件名]
```

在使用 more 命令分页显示文件内容时，可用快捷键进行翻页等操作，其快捷键如表 2-5 所示。

表 2-5 more 快捷键说明

快捷键	说　明
f/Space	显示下一页
Enter	显示下一行
q/Q	退出

案例 2-14：分页显示 etc 目录下用户信息文件中的内容。

```
[itheima@localhost ~]$more /etc/passwd
(打印结果不再展示，读者可自行实验)
```

（3）head

head 命令也用于查看文件内容，但该命令可指定只查看文件的前 n 行。head 命令的格式如下：

```
head -n filename
```

其中 n 为要查看的行数，filename 为待查看文件的文件名。

案例 2-15：使用 head 命令查看 etc 目录下 passwd 文件中的前两行内容。

```
[itheima@localhost ~]$head -2 /etc/passwd
root:x:0:0:root:/root:/bin/bash
bin:x:1:1:bin:/bin:/sbin/nologin
```

（4）tail

tail 命令与 head 命令相反，用于查看文件的后 n 行内容。tail 命令的格式如下：

```
tail -n filename
```

其中 n 为要查看的行数，filename 为待查看文件的文件名。

案例 2-16：使用 tail 命令查看 etc 目录下 passwd 文件中的后三行内容。

```
[itheima@localhost ~]$tail -3 /etc/passwd
sshd:x:74:74:Privilege-separated SSH:/var/empty/sshd:/sbin/nologin
tcpdump:x:72:72::/:/sbin/nologin
itheima:x:500:500:itheima:/home/itheima:/bin/bash
```

3. 权限管理命令

根据用户的权限，Linux 系统中的用户大体分为两类：超级用户 root 和普通用户。其中超级用户拥有操作 Linux 系统的所有权限，但为保证系统安全，一般不使用超级用户登录，而是创建普通用户，使用普通用户进行一系列操作。为避免普通用户权限过大或权限不足，通常需要由 root 用户创建拥有不同权限的多个用户或变更某个用户的权限，此时便需要用到一系列的权限管理命令。

在学习权限管理命令之前，我们需要先了解 Linux 系统中用户与文件的关系、用户间的关系以及文件权限的含义。根据用户与文件的关系，Linux 系统中将用户分为文件或目录的拥有者、同组用户、其他组用户和全部用户；又根据用户对文件的权限，将用户权限分为读权限(read)、写权限(write)和执行权限(execute)。表 2-6 列出了文件与目录拥有对应权限时的含义。

表 2-6　权限说明

权　限	对应字符	文　件	目　录
读权限	r	可查看文件内容	可以列出目录中的内容
写权限	w	可修改文件内容	可以在目录中创建、删除文件
执行权限	x	可以执行文件	可以进入目录

常用的权限管理命令有 chmod、chown、chgrp 等。使用这些命令时往往需要管理员权限，但登录时系统默认的是普通用户，因此我们应先将用户切换到 root。切换用户时使用的命令是 su，其用法如下：

```
[itheima@localhost ~]$su
Password:
```

经过如上操作后，此时的工作目录切换为 root 用户的根目录。若需要切换回原用户，使用 exit 命令即可，示例如下：

```
[root@localhost itheima]#exit
exit
```

当然普通用户也可使用权限管理命令，但只能操作属于该用户的文件。若想对其他用户的文件进行操作，需要先提升自身的权限。提升用户权限的命令为 sudo，该命令将在第 4 章中讲解，此处则以 root 用户为主，讲解相应命令。下面我们将从功能入手，结合案例，来讲解常用的权限管理命令。

(1) chmod

chmod命令的原意为change the permissions mode of file,其功能为变更文件或目录的权限。该命令的格式如下:

```
chmod {augo}{+-=} 文件或目录
```

其中a表示所有用户,u表示用户名user,g表示组名group,o表示其他;+表示添加权限,-表示取消权限,=表示设定权限。

案例2-17:创建一个目录b,为目录b设置权限。要求:用户自己拥有读、写及执行权限,同组用户拥有读和执行权限,其他组用户拥有读权限。

```
[root@localhost itheima]#mkdir b
[root@localhost itheima]#ls -l b
-rw-r--r--1 root root 0 Sep 14 02:46 b
[root@localhost itheima]#chmod u+x,g+x b
[root@localhost itheima]#ls -l b
-rwxr-xr--1 root root 0 Sep 14 02:46 b
```

除了上述方法外,还可以以数值的形式表示权限。

使用数值表示权限时,可以方便地设置某个文件的所有者权限、所在组权限及其他人的权限。不同的权限对应不同的数值:读权限对应的数值为4,写权限对应的数值为2,执行权限对应的数值为1。简单来说,若设置某个文件的权限为777,则表示所有用户对该文件都有读权限、写权限和可执行权限。

案例2-18:在itheima目录中创建bxg目录,为bxg目录设置权限。要求:用户自己拥有读、写及执行权限,同组用户拥有读和执行权限,其他组用户拥有读权限。

```
[root@localhost itheima]#ls -l
total 4
drwxr-xr-x 2 root root 4096 Sep 14 03:00 bxg
[root@localhost itheima]#chmod 754 bxg
[root@localhost itheima]#ls -l
total 4
drwxr-xr--2 root root 4096 Sep 14 03:00 bxg
```

对比两次打印结果可知,bxg目录的权限由755变成了754,即其他用户的权限由可读可执行变成了只读。

在管理权限时,若权限的变动较小,可以使用字符方式进行设置;若权限的变动较大,多个对象的多项权限都要发生改变,则使用数值表示法进行设置更为方便。

(2) chown

chown命令的原意为change the owner of file,其功能为更改文件或目录的所有者。默认情况下文件的所有者为创建该文件的用户或在文件被创建时通过命令指定的用户,但在需要时,可使用chown对文件的所有者进行修改。该命令的格式如下:

```
chown 用户 文件或目录
```

案例 2-19：改变文件目录 bxg 的所有者为 itheima。

```
[root@localhost itheima]#ls -l
total 4
drwxr-xr--. 2 root root 4096 Sep 14 03:00 bxg
[root@localhost itheima]#chown itheima bxg
[root@localhost itheima]#ls -l
total 4
drwxr-xr--. 2 itheima root 4096 Sep 14 03:00 bxg
```

对比两次打印结果可知，目录 bxg 的所有者由 root 变成了 itheima。

（3）chgrp

chgrp 命令的原意为 change file group，用于更改文件或目录的所属组。一般情况下，文件或目录与创建该文件的用户属于同一组，或者在被创建时通过选项指定所属组，但在需要时，可通过 chgrp 命令更改文件的所属组。chgrp 命令的格式如下：

```
chgrp [组名] [文件或目录]
```

案例 2-20：修改目录 bxg 的所属组为 itheima。

```
[root@localhost itheima]#chgrp itheima bxg
[root@localhost itheima]#ls -l
total 4
drwxr-xr--. 2 itheima itheima 4096 Sep 14 03:00 bxg
```

由以上输出结果可看出，目录 bxg 的所属组由 root 变成了 itheima。

4. 文件搜索命令

文件搜索命令可根据文件名或关键字搜索文件所在路径，或者根据关键字符搜索文件内容。常用的文件搜索命令有 which、find、locate、grep 等，下面我们将从其功能入手，结合案例来讲解这些命令。

（1）which

我们所使用的每条 Linux 命令都以文件的形式保存在系统中，使用 which 命令可查看命令所在的目录。which 命令的格式如下：

```
which 命令
```

案例 2-21：查找命令 ls 所在的路径。

```
[itheima@localhost ~]$which ls
alias ls='ls --color=auto'
    /bin/ls
```

与 which 类似，whereis 也能找到命令所在的位置。不同的是，which 还能找到命令的别名记录，而 whereis 可以同时展示命令帮助文档所在的路径。

（2）find

find 命令可借助搜索关键字查找文件或目录，该命令的格式如下：

```
find 搜索路径 [选项] 搜索关键字
```

其中搜索关键字可以为文件名、文件大小、文件所有者等。find 常用的选项如表 2-7 所示。

表 2-7　find 命令常用选项

选项	说　明
-name	根据文件名查找
-size	根据文件大小查找
-user	根据文件所有者查找

案例 2-22：按文件名在 etc 目录下查找 passwd 文件。

```
[root@localhost itheima]#find /etc -name passwd
/etc/pam.d/passwd
/etc/passwd
```

（3）locate

locate 命令也可借助搜索关键字查找文件或目录，该命令的格式如下：

```
locate [选项] 搜索关键字
```

案例 2-23：搜索 etc 目录下所有以 pas 开头的文件。

```
[root@localhost itheima]#locate /etc/pas
locate: can not stat()'/var/lib/mlocate/mlocate.db': No such file or directory
```

locate 的功能与 find -name 相同，但在速度上，locate 要比 find 命令快很多，因为它不是搜索 Linux 的整个目录，而是搜索数据库/var/lib/locatedb。但是即便你确定某个文件存在，locate 也有可能搜索不到该文件，如以上案例的搜索结果就不理想。

这是因为，这个数据库中包含本地的所有文件信息，Linux 系统一般会自动创建这个数据库并每天自动更新一次，所以使用 locate 命令查不到最新变动的文件。为了避免此种情况，可以在使用 locate 命令之前，先使用 updatedb 命令手动更新数据库。具体演示如下。

```
[root@localhost itheima]#updatedb
[root@localhost itheima]#locate /etc/pas
/etc/passwd
/etc/passwd-
/etc/passwd.OLD
```

（4）grep

grep 命令用于在文件中搜索与字符串匹配的行并输出，该命令的格式如下：

```
grep 指定字符 源文件
```

案例 2-24：查找 etc 目录下的 services 文件中包含 root 的行。

```
[root@localhost itheima]#grep root /etc/services
rootd           1094/tcp                    #ROOTD
rootd           1094/udp                    #ROOTD
```

多学一招：文件详细信息

可使用 ls -l /etc 显示目录/etc 中文件的详细信息：

```
[itheima@localhost ~]$ls -l /etc | more
total 1396
drwxr-xr-x  3 root root        97 Jun 30 18:20 abrt
-rw-r--r--  1 root root        16 Jun 30 18:25 adjtime
-rw-r--r--  1 root root      1518 Jun  7  2013 aliases
-rw-r--r--  1 root root     12288 Jun 30 10:27 aliases.db
⋮
```

由以上输出结果可以看出，使用 ls -l 命令查看目录信息时，会得到目录文件数量统计和一个由空格划分的 7 个字段的列表，该列表的每个字段所表示的信息依次为：文件类型与权限、文件硬链接数、文件所有者、文件所有者所属组、文件所占空间、文件最近访问/修改时间、文件名。下面对这些信息进行讲解。

(1) 文件名

列表中每行信息的最后一个字段为该文件的文件名。若文件是一个链接文件，则文件名中会有一个->，该符号之后为其所指文件的文件名。

(2) 文件类型与权限

此部分对应列表中每行信息的第一个字段，共由 10 个字符组成。

第 1 个字符代表文件的类型，不同的文件对应不同的字符，其中字符-表示该文件是一个普通文件，字母 d 表示该文件是一个目录，字母 l 表示该文件是一个链接文件。这三类是较为常见的文件类型。其次还有字符 b、c、p、s，依次代表块设备文件、字符设备文件、命令管道文件和与网络编程有关的 socket 文件。

第 2～10 个字符是每 3 位为一组，依次代表所有者对应权限、所有者所在组对应权限以及其他用户对应的权限。

(3) 文件硬链接数

若一个文件不是目录，则该字段表示这个文件所具有的硬链接数。

(4) 文件所有者

该字段表示当前文件属于哪个用户。

(5) 文件所有者所属组

该字段表示当前文件所有者的所属组。

(6) 文件所占空间

该字段表示文件大小，若文件是一个目录，则其表示的是该目录的大小，而非该目录以及它的子目录与文件的总大小。

(7) 文件最近访问/修改时间

顾名思义,即文件最近被访问或者被修改的时间,此项可以使用 touch 命令来修改。

2.1.3 网络管理与通信命令

为保证服务器的稳定性,一般都将它搭建在基于 Linux 操作系统的主机中。现如今最常用的服务器为 Web 服务器,该服务器与网络密不可分,因此可掌握一些网络管理与通信命令,以方便查看和配置网络属性及进行网间通信。Linux 系统中常用的网络管理与通信命令有 ifconfig、netstat、ping、write、wall 等。

1. ifconfig

ifconfig 命令的原意为 interfaces config,其功能为配置和显示 Linux 内核中网络接口的参数,该命令的格式为:

```
ifconfig [参数]
```

ifconfig 命令的参数可以省略,表示查看本机的网络配置信息。

案例 2-25:显示 Linux 内核中网络接口的参数。

```
[itheima@localhost ~]$ifconfig
eth1      Link encap:Ethernet  HWaddr 00:0C:29:5F:F7:38
          inet6 addr: fe80::20c:29ff:fe5f:f738/64 Scope:Link
          UP BROADCAST RUNNING MULTICAST  MTU:1500  Metric:1
          RX packets:436 errors:0 dropped:0 overruns:0 frame:0
⋮
```

2. netstat

netstat 命令用于打印 Linux 系统中网络系统的状态信息,该命令的格式如下:

```
netstat [选项]
```

可以通过 netstat 的选项有选择地打印不同网络端口的状态信息,该命令常用的选项如表 2-8 所示。

表 2-8 netstat 命令常用选项

选项	说　明
-a	显示所有端口
-at	列出所有 tcp 端口
-au	列出所有 udp 端口

案例 2-26:显示系统中的所有端口。

```
[itheima@localhost ~]$netstat -a
```

3．ping

ping 命令用于测试主机之间网络的连通性，默认情况下该命令会一直打印测试结果（可使用快捷键组合 Ctrl＋D 停止打印）。ping 命令的格式如下：

```
ping [选项] [参数]
```

ping 常用的选项如表 2-9 所示。

表 2-9　ping 命令常用选项

选项	说　　明
-c	设置回应次数
-s	设置数据包大小
-v	详细显示指令的执行过程

案例 2-27：使用 ping 命令测试网络是否连通（以测试百度为例）。

```
[itheima@localhost ~]$ping www.baidu.com
PING www.a.shifen.com(220.181.111.188)56(84)bytes of data.
64 bytes from 220.181.111.188: icmp_seq=1 ttl=128 time=5.21 ms
64 bytes from 220.181.111.188: icmp_seq=2 ttl=128 time=4.00 ms
```

4．write

write 命令可使当前用户向另一个用户发送信息（按快捷键 Ctrl＋D 结束），该命令的格式如下：

```
write 用户名
```

案例 2-28：使用用户 root 向用户 itheima 发送信息。

```
[root@localhost itheima]#write itheima
write: itheima is logged in more than once; writing to pts/1
hello itheima
```

用户 itheima 的控制台如下所示：

```
[itheima@localhost ~]$
Message from itheima@localhost(as root)on pts/0 at 03:37 ...
hello itheima
EOF
```

5．wall

wall 命令可使用 root 用户向所有用户（观察 itheima 的用户）发送信息，以快捷键组合 Ctrl＋D 结束，该命令的格式如下：

```
wall [message]
```

案例 2-29：使用 root 用户向所有用户（观察 root 的用户）发送信息（以快捷键组合 Ctrl＋D 结束）。

```
[root@localhost itheima]#wall hello itheima
Broadcast message from root@bogon(pts/0)(Wed Sep 14 03:34:12 2016):

hello itheima
```

用户 itheima 观察到的结果如下所示：

```
[itheima@localhost ~]$
Broadcast message from root@bogon(pts/0)(Wed Sep 14 03:34:12 2016):

hello itheima
```

2.1.4 压缩解压命令

与 Windows 平台一样，Linux 系统中也可以压缩或解压文件。Linux 中常见的压缩文件格式为*.gz、*.zip、*.bz2，每种压缩格式的文件对应不同的压缩解压命令。下面将分别针对这几种格式，对 Linux 中常用的压缩解压命令进行讲解。

(1) gzip/gunzip

gzip 命令用于压缩文件，获得.gz 格式的压缩包，压缩后不保存源文件。若同时列出多个文件，则每个文件会被单独压缩。gzip 命令的格式如下：

```
gzip [选项] 文件
```

使用命令 gzip -d file.gz 可以解压.gz 格式的压缩包，但 Linux 系统还提供了 gunzip 命令，该命令也用于解压.gz 格式的压缩包，其命令格式如下：

```
gunzip [选项] 压缩包包名
```

案例 2-30：使用解压命令解压.gz 格式的压缩文件。

```
#gunzip file.gz
```

(2) zip/unzip

zip 命令用于压缩文件或目录，获得.zip 格式的压缩包，压缩时会保留源文件。该命令的格式如下：

```
zip [-r] [压缩包包名] 文件或目录
```

zip 命令的选项-r 表示递归处理指定目录与子目录中的所有文件。

与 zip 对应的解压命令为 unzip，该命令的格式如下：

```
unzip [选项] 压缩包包名
```

案例 2-31：压缩目录 test，设置压缩包名称为 test.zip。

```
#zip -r test.zip ./test
```

(3) bzip2/bunzip2

bzip2 命令用于创建和管理(包括解压缩).bz2 格式的压缩包，该命令的格式如下：

```
bzip2 [选项] 文件
```

bzip2 命令对应的解压命令为 bunzip2，bunzip2 的命令格式如下：

```
bunzip2 压缩包名
```

案例 2-32：使用 bzip2 命令压缩文件，并保留其源文件。

```
#bzip2 -k file
```

其中选项-k 表示保留源文件。

(4) tar

tar 命令用于打包多个目录或文件，该命令通常与压缩命令一起使用，其命令格式如下：

```
tar [选项] 目录
```

tar 常用的选项如表 2-10 所示。

表 2-10　tar 命令常用选项

选项	说　明
-c	产生.tar 打包文件
-v	打包时显示详细信息
-f	指定压缩后的文件名
-z	打包，同时通过 gzip 指令压缩备份文件，压缩后的格式为.tar.gz
-x	从打包文件中还原文件

案例 2-33：打包目录 newdir，通过 gzip 指令进行压缩，指定压缩包名为 newdir.tar.gz；之后解压获得的压缩包到当前目录。

```
#tar -zcvf newdir.tar.gz newdir
#tar -zxvf newdir.tar.gz
```

2.1.5　帮助命令

为了帮助用户使用 Linux 操作系统中的命令，系统配置了一些帮助文档。只要掌握几个简单的帮助命令，用户就可以进一步查看其余各种命令的帮助信息。常用的帮助命令有 man、info、whatis、whoami 等，下面对这几个命令逐一进行讲解。

(1) man

man 命令用于获取 Linux 系统的帮助文档 manpage 中的帮助信息，该命令的格式如下：

```
man [选项] 命令/配置文件
```

man 常用的选项如表 2-11 所示。

表 2-11 man 命令常用选项

选项	说　明
-a	在所有的 man 帮助手册中搜索
-p	指定内容时使用分页程序
-M	指定 man 手册搜索的路径

案例 2-34：查看 ls 命令的帮助信息。

```
#man ls
```

man 帮助文档分为 9 个章节，使用 man COMMAND 命令可以分章节查看整个 man 命令手册。若想要使用 man 查看命令的库函数，则需要使用以下格式：

```
man 章节号 命令名
```

案例 2-35：查看命令 sleep 的库函数。

```
#man 3 sleep
```

(2) info

info 命令用于调用 Linux 下的帮助文档，获取帮助信息。相比 man 文档，该帮助信息更易理解，也更友好。info 命令的格式如下：

```
info [选项] [参数]
```

info 常用的选项如表 2-12 所示。

表 2-12 info 命令常用选项

选项	说　明
-d	添加包含 info 格式帮助文档的目录
-f	指定内容时，使用分页程序
-n	指定首先访问的 info 帮助文件的结点
-o	输出被选择的结点内容到指定的文件

(3) whatis

whatis 命令用于查询命令的功能，并将查询结果打印到终端。该命令的格式如下：

```
whatis 命令名称
```

案例 2-36：查询命令 ls 的功能。

```
[itheima@localhost ~]$whatis ls
ls(1)              -list directory contents
ls(1p)             -list directory contents
```

（4）whoami

whoami 命令用于打印当前有效的用户名称，即查看当前正在操作的用户的信息，其命令格式如下：

```
whoami
```

案例 2-37：查看当前用户。

```
[itheima@localhost ~]$whoami
itheima
```

2.2 Linux 常用开发工具

工具是人类智慧的象征，Linux 中也有一些方便开发的常用工具。熟练掌握这些工具的使用方法，可以使编程工作事半功倍。本节将对 Linux 中常用的几种开发工具（vi 编辑器、GCC 编译器和 GDB 调试工具）进行讲解。

2.2.1 vi 编辑器

vi 编辑器是 Linux 系统下最基本的编辑器，工作在字符模式下。由于不使用图形界面，因此 vi 的工作效率非常高，且它在系统和服务管理中的功能是带图形界面的编辑器无法比拟的。vi 编辑器共有三种工作模式，分别是：命令模式（command mode）、插入模式（insert mode）和底行模式（last line mode）。

案例 2-38：将目录 etc 下的 passwd 文件复制到 itheima 用户的家目录中，将副本命名为 passwd，使用 vi 编辑器打开家目录下的 passwd 文件。

```
[itheima@localhost ~]$cp /etc/passwd passwd
[itheima@localhost ~]$vi passwd
```

执行这两条命令之后，就在 vi 编辑器中打开了 passwd 文件的副本。

下面分别介绍 vi 编辑器的三种模式和每种模式对应的常用操作与命令。

1. 命令模式

使用 vi 编辑器打开文件后，默认进入命令模式。在该模式下，可通过键盘控制光标的移动以及文本内容的复制、粘贴、删除等。

(1) 光标移动

在命令模式中,光标的移动可分为 6 个常用的级别,分别为字符级、行级、单词级、段落级、屏幕级和文档级。各个级别中的相关按键及其含义如表 2-13 所示。

表 2-13 光标移动操作

级别	操作符	说明
字符级	"左键"或字母 h	使光标向字符的左边移动
	"右键"或字母 l	使光标向字符的右边移动
行级	"上键"或字母 k	使光标移动到上一行
	"下键"或字母 j	使光标移动到下一行
	符号 $	使光标移动到当前行尾
	数字 0	使光标移动到当前行首
单词级	字母 w	使光标移动到下一个单词的首字母
	字母 e	使光标移动到本单词的尾字母
	字母 b	使光标移动到本单词的首字母
段落级	符号}	使光标移至段落结尾
	符号{	使光标移至段落开头
屏幕级	字母 H	使光标移至屏幕首部
	字母 L	使光标移至屏幕尾部
文档级	字母 G	使光标移至文档尾行
	n+G	使光标移至文档的第 n 行

(2) 删除

若需要对文档中的内容进行删除操作,可以通过字母 x、dd 等来实现,相关按键及对应含义如表 2-14 所示。

表 2-14 删除操作

操作符	说明
字母 x	删除光标所在的单个字符
字母 dd	删除光标所在的当前行
n+dd	删除包括光标所在行的后边 n 行内容
d+ $	删除光标位置到行尾的所有内容

(3) 复制和粘贴

对文档进行复制、粘贴操作的相关按键及对应含义如表 2-15 所示。

表 2-15　复制与粘贴操作

操作符	说　明
yy	复制光标当前所在行
*n*yy	复制包括光标所在行的后边 *n* 行内容
ye	从光标所在位置开始复制直到当前单词结尾
y$	从光标所在位置开始复制直到当前行结尾
y{	从当前段落开始的位置复制到光标所在位置
p	将复制的内容粘贴到光标所在位置

在命令模式下，还有如下几种常见操作：

- 字母 u：撤销命令。
- 符号.：重复执行上一次命令。
- 字母 J：合并两行内容。
- r 字符：快速替换光标所在字符。

熟练掌握以上按键，可以提高使用 vi 编辑器编辑文档的效率。读者应尽量掌握以上按键，并将其应用到实际操作中。

2. 插入模式

只有在插入模式下，才能对文件内容进行修改操作，此模式下的操作与 Windows 操作系统中记事本的操作类似。插入模式与底行模式之间不能直接转换。

3. 底行模式

底行模式可以对文件进行保存，也可进行查找、退出编辑器等操作。下面将对底行模式中常用的一些操作进行讲解。

① :set nu。设置行号，仅对本次操作有效。当重新打开文本时，若需要行号，要重新设置。

② :set nonu。取消行号，仅对本次操作有效。

③ :n。使光标移动到第 *n* 行。

④ :/xx。在文件中查找 xx，若查找结果不为空，可以使用 n 查找下一个，使用 N 查找上一个。

⑤ 底行模式下还可以进行内容替换，其操作符和功能如表 2-16 所示。

表 2-16　内容替换

操 作 符	说　明
:s/被替换内容/替换内容/	替换光标所在行的第一个目标
:s/被替换内容/替换内容/g	替换光标所在行的全部目标
:%s/被替换内容/替换内容/g	替换整个文档中的全部目标
:%s/被替换内容/替换内容/gc	替换整个文档中的全部目标，且每替换一个内容都有相应的提示

⑥ 操作完毕后,如要保存文件或退出编辑器,可先使用 Esc 键进入底行模式,再使用表 2-17 中的按键完成所需操作。

表 2-17 保存与退出

操作符	说　明
:q	退出 vi 编辑器
:w	保存编辑后的内容
:wq	保存并退出 vi 编辑器
:q!	强行退出 vi 编辑器,不保存对文件的修改
:w!	对于没有修改权限的用户强行保存对文件的修改,并且修改后文件的所有者和所属组都有相应的变化
:wq!	强行保存文件并退出 vi 编辑器

4. 模式切换

vi 编辑器的三种模式间可进行转换,转换方式如图 2-1 所示。

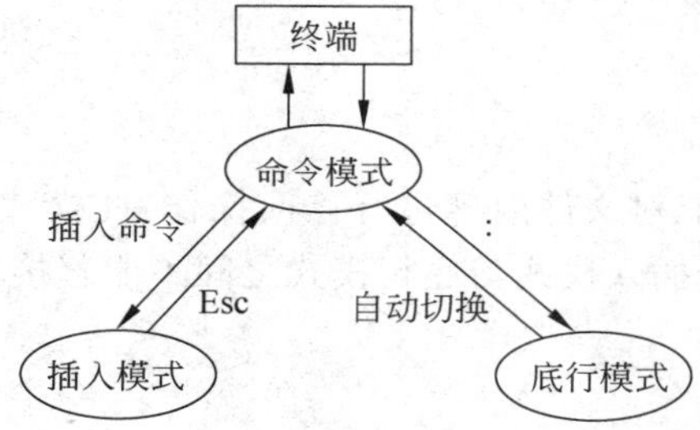

图 2-1 vi 编辑器模式转换示意图

(1) 命令模式与插入模式间的切换

一般情况下,用户可以使用按键 i,直接进入编辑模式,此时内容和光标的位置与命令模式相同。另外还有其余多种按键,可以用不同的形式切换到编辑模式,下面通过表 2-18 对其余按键逐一进行讲解。

表 2-18 切换至编辑模式

操作符	说　明
字母 a	光标向后移动一位进入编辑模式
字母 s	删除光标所在字母进入编辑模式
字母 o	在当前行之下新起一行进入编辑模式
字母 A	光标移动到当前行末尾进入编辑模式
字母 I	光标移动到当前行行首进入编辑模式
字母 S	删除光标所在行进入编辑模式
字母 O	在当前行之上新起一行进入编辑模式

另使用 Esc 键可从插入模式返回命令模式。

(2) 命令模式与底行模式间的切换

在命令模式下使用输入:或/按键,可进入底行模式。若想从底行模式返回命令模式,可以使用 Esc 键。若底行不为空,可以连按两次 Esc 键,清空底行,并返回命令模式。

多学一招:vi 编辑器的设置

讲解 vi 编辑器的常用操作时曾提到,在底行模式下对 vi 编辑器进行的设置只对本次操作有效,若重新使用 vi 编辑器打开文件,会发现在上一次操作中所做的设置全部被清空。那么该如何长久有效地保存 vi 编辑器的设置呢?

vi 编辑器的配置信息保存在用户家目录的. vimrc 文件中,该文件是一个隐藏文件,使用 ls -al 命令可以看到。若想永久保存 vi 编辑器的设置,需要在该文件中进行定义。

首先使用 vi 编辑器打开此文件:

```
[itheima@localhost ~]$vi .vimrc
```

之后在插入模式下,将要设置的信息写入该文件,再保存退出即可。

vi 编辑器中较为常用的设置如表 2-19 所示。

表 2-19　vi 编辑器的常用设置

设　置	说　明
set number	设置行号
set autoindent	自动对齐
set smartindent	智能对齐
set showmatch	括号匹配
set tabstop=4	使用 Tab 键时为 4 个空格
set mouse=a	鼠标支持
set cindent	使用 C 语言格式对齐

2.2.2　GCC 编译器

GCC(GNU Compiler Collection,GNU 编译器套件)是由 GNU 开发的编程语言编译器,其初衷是实现基于 GNU 操作系统的编译。GCC 编译器由原来的只能处理 C 语言文件,扩展为支持 Fortran、Pascal、Java、Objective-C 等多种编程语言,现已被大多数类 UNIX 操作系统采纳为标准的编译器,GCC 同样适用于 Windows 操作系统。

1. GCC 编译流程

GCC 的编译过程分为 4 个步骤,分别是预处理、编译、汇编和链接。此处将以名为 hello. c 的 C 语言文件为例,对 GCC 的编译流程进行分析讲解。hello. c 文件中的代码具体如下:

```
#include <stdio.h>
int main()
{
    printf("hello itheima!\n");
    return 0;
}
```

(1) 预处理

预处理阶段主要处理源代码中以#开头的预编译指令和一些注释信息，处理规则如下：

- 删除代码中的#define，展开所有宏定义。
- 处理条件编译指令，如#if、#ifdef、#undef 等。
- 将由#include 包含的文件插入预编译指令对应的位置，若文件中包含其他文件，同样进行替换。
- 删除代码中的注释。
- 添加行号和文件标识。
- 保留#pragma 编译器指令。

预处理所用选项为-E，对 hello.c 文件进行预处理的命令如下：

```
[itheima@localhost ~]$ gcc -E hello.c -o hello.i
```

其中-o 选项的功能是指定生成文件的文件名，以下各步骤中选项-o 的功能与此处相同。经过此步骤之后，会生成一个名为 hello.i 的文件，此时若查看 hello.i 文件中的内容，会发现#include <stdio.h>一行被头文件 stdio.h 的内容替换。若源文件中有宏定义、注释、条件编译指令等信息，编译器也会按照上文所述处理规则对其进行处理。

(2) 编译

在编译阶段，GCC 会对经过预处理的文件进行语法、词法和语义分析，确定代码实际要做的工作，若检查无误，则生成相应的汇编文件。编译所用选项为-S，操作方法如下：

```
[itheima@localhost ~]$ gcc -S hello.i -o hello.s
```

经过此步骤之后，会生成一个名为 hello.s 的文件。

(3) 汇编

该过程将编译后生成的汇编代码转换为机器可以执行的命令，即二进制指令，每一个汇编语句几乎都会对应一条机器指令。汇编所用选项为-o，操作方法如下：

```
[itheima@localhost ~]$ gcc -c hello.s -o hello.o
```

此时 hello.o 文件中的内容为机器码。

(4) 链接

链接的过程是组装各个目标文件的过程，在这个过程中会解决符号依赖和库依赖关系，最终生成可执行文件。操作方法如下：

```
[itheima@localhost ~]$ gcc hello.o -o hello
```

经过以上 4 个步骤，最终生成了可执行文件 hello。当然在实际使用中，我们通常直接使用 gcc 命令编译出可执行文件即可。

GCC 可以将单个文件编译成可执行文件，也可以编译链接多个文件，生成可执行文件。一般情况下我们不关心编译过程，只关心编译结果，此处只是通过编译步骤中对应的命令讲解了编译的流程。下面将结合实例，就单文件编译和多文件编译分别做出讲解。

2. 单文件编译

以上文给出的 hello. c 文件为例进行单文件编译，将该文件编译为可执行文件的最简单的方法是在命令行输入如下命令：

```
[itheima@localhost ~]$gcc hello.c
```

编译的过程中，GCC 编译器会先将源文件编译为目标文件，再将目标文件链接到可执行文件，之后删除目标文件。编译完成之后，当前目录会生成一个默认名为 a. out 的目标文件。此时在命令行中输入可执行文件名，就会执行该程序并打印执行结果。文件执行命令及执行结果如下：

```
[itheima@localhost ~]$./a.out
hello itheima!
```

使用 gcc 命令生成的所有可执行文件的默认名称都是 a. out。若想指定可执行文件的名字，可以使用-o 选项，假设将编译后生成的可执行文件命名为 hello，则在命令行输入的命令如下：

```
[itheima@localhost ~]$gcc hello.c -o hello
```

3. 多文件编译

当源程序较复杂时，可以将一个源程序分别写在多个文件中，如此便可以独立编译每个文件。下面我们将一个实现整数相加功能的程序分别写在三个文件中，以此来介绍 GCC 中多文件编译的方法。

假设这三个文件分别为：_add. h、_add. c 和 fc_add. c，其中的代码分别如下：

（1）_add. h——头文件，加法函数声明

```
int _add(int a,int b);
```

（2）_add. c——加法函数定义

```
#include "_add.h"
int _add(int a,int b)
{
    int c=a+b;
    return c;
}
```

(3) _main. c——主函数文件

```
#include <stdio.h>
#include "_add.h"
int main()
{
    int a=10;
    int b=5;
    int c=_add(a,b);
    printf("c=%d\n",c);
    return 0;
}
```

则使用 gcc 编译多个文件的指令如下：

```
[itheima@localhost ~]$ gcc _main.c _add.c -o _main
```

其中_main 为生成的可执行文件。执行文件_main，其结果如下：

```
[itheima@localhost ~]$ ./_main
c=15
```

2.2.3 GDB 调试工具

本节介绍 Linux 系统中使用的一种非常强大的调试工具——GDB。GDB 可以逐条执行程序、操控程序的运行，并且随时可以查看程序中所有的内部状态，如各变量的值、传给函数的参数、当前执行的语句位置等，用它来判断代码中的逻辑错误。掌握了 GDB 的使用方法，Linux 用户将能使用更多灵活的方式去调试程序。

下面结合一个初学者易犯的错误示例，来讲解如何使用 GDB 调试程序。

案例 2-39：本案例的代码实现一个针对数组的排序程序，其中包含初始化数组、数组排序和数组打印这三部分功能。

```
#include <stdio.h>
#include <stdlib.h>
#include <time.h>
#define N 5                                          //定义数组长度
void init_arr(int * arr, int len)                    //生成随机数数组
{
    int i=0;
    for(i=0; i<len; i++){
        arr[i]=rand()%20+1;
    }
}
void select_sort(int * arr, int len)                 //选择排序算法
{
    int i, j, k, tmp;
    for(i=0; i<len-1; i++){
        k=j;
```

```
        for(j=i+1; j<len; j++){
            if(arr[k]>arr[j])
                k=j;
        }
        if(i !=k){
            tmp=arr[i];
            arr[i]=arr[k];
            arr[k]=tmp;
        }
    }
}
void print_arr(int * arr, int len)                //打印数组
{
    int i;
    for(i=0; i<len; i++)
        printf("arr[%d]=%d\n", i, arr[i]);
}
int main(void)
{
    int arr[N];
    srand(time(NULL));                            //生成随机数种子
    init_arr(arr, N);                             //生成数组
    print_arr(arr, N);                            //打印原始数组
    select_sort(arr, N);                          //数组排序
    printf("-----------after sort ------------\n");
    print_arr(arr, N);                            //打印排序后的数组
    return 87;
}
```

执行此段程序，结果如下：

```
arr[0]=10
arr[1]=19
arr[2]=20
arr[3]=20
arr[4]=12
-----------after sort ------------
arr[0]=10
arr[1]=12
arr[2]=19
arr[3]=20
arr[4]=20
```

程序顺利执行，但按照预期，打印结果 after sort 所在行之后的部分应为一个有序序列，输出结果显然并非如此，这说明程序的逻辑出现了错误。此时可以启用 GDB 调试工具，在代码中设置断点，逐步执行程序，再根据程序中变量值的变化，判断错误原因。

在启用 GDB 调试工具之前，首先需要在待调试的程序代码中加入调试信息。实现此操作的方法如下：

```
[itheima@localhost ~]$gcc gdbtest.c -o app -g
```

即在 GCC 编译的基础上，添加选项-g，此时将会生成一个带有调试信息的可执行文件 app。输出直接编译产生的文件 gdbtest 和带有调试信息的可执行文件 app 的详细信息，会发现文件 app 要比 gdbtest 大，多出的内容将用于程序调试。

之后便可使用 GDB 调试此段程序，使用的命令如下：

```
[itheima@localhost ~]$gdb app
```

执行该命令之后，系统会输出 GDB 的版本号及其他相关信息，此时的命令提示由[itheima@localhost ~]$变为(gdb)。

与 C 语言等的调试步骤相同，在调试之前，需要先在代码中设置断点，因此应先列出程序代码。列出程序代码的命令如下：

```
list [行号]
```

该命令用于列出指定行附近的 10 行代码，若不指定行号，默认列出前 10 行代码。之后用户可使用此命令继续查看代码，或按下回车查看之后的代码(每次列出 10 行，直到代码末尾)。

根据之前程序输出的结果，可以粗略判断出有错的代码应在排序函数中，因此可以在排序函数中设置断点。设置断点的命令如下：

```
b 行号
```

该命令表示在对应行设置一个断点。

假设想要查看代码中已经设置的断点，可以使用 info 命令，该命令的格式如下：

```
info b
```

执行此命令后，对应代码中设置的断点信息将会显示在屏幕上。此时程序中已设置断点的信息如下：

```
Num     Type           Disp Enb Address            What
1       breakpoint     keep y   0x000000000040064f in select_sort at gdbtest.c:20
```

该信息中主要包括：断点编号 Num、断点状态 Enb、断点地址 Address 以及断点在程序中所处的位置。

在设置断点时还可以指定条件。例如若想在 i=5 时设置断点，可以使用以下命令：

```
b 22 if i=5
```

该命令表示当 i=5 时，在代码第 22 行设置一个断点，此时使用 info b 命令查看断点信息，显示结果如下：

```
Num     Type           Disp Enb Address            What
1       breakpoint     keep y   0x000000000040064f in select_sort at gdbtest.c:20
```

```
2      breakpoint     keep y   0x0000000000400661 in select_sort at gdbtest.c:22
    stop only if i=5
```

在第二个断点的相关信息之后显示 stop only if i=5，表示当程序执行到 i=5 时，断点才会生效。

在断点的信息中，有一项为 Enb，当此项显示为 y 时，表示断点生效。此项可通过命令 disable 设置为 n，表示断点无效，disable 的使用方式如下：

```
disable Num
```

其中的参数 Num 表示断点的编号。若要将断点的 Enb 状态重新修改为 y，可以使用命令 enable。

若在调试的过程中，发现设置的某些断点意义不大，可以将断点删除。删除断点的命令为 delete，其使用格式如下：

```
delete Num
```

断点设置好之后，便可以再次运行程序，查看调试信息。在 GDB 中运行程序的命令为 run，输入此命令，程序将开始执行。

在遇到断点时，程序会停止，此时可以使用命令 p 查看当前状态下代码中变量的值，该命令的使用方法如下：

```
p 变量名
```

若希望程序继续向下执行，可以使用命令 s(s 即 step，表示单步执行)。使用命令 s 会进入 C 函数内部，因 C 函数作为标准函数库，基本都不会出现错误，此时可以使用命令 n 跳过库函数检查。另外使用命令 finish 也可以跳出当前函数，继续往下执行。

使用命令 p 时，变量的值仅会输出一次，若想在执行的过程中跟踪某个变量的值，使用这种方法显然比较麻烦。GDB 中还提供了另外一个命令 display，该命令的用法与 p 相同，但是程序每往下执行一句，需要跟踪的变量的值就会被输出一次。使用命令 undisplay 可以取消跟踪。

分析程序，发现在 select_sort 函数中需要跟踪的变量只有 3 个，即 i、j、k。使用 display 命令跟踪这三个变量。在程序执行的过程中，变量 k 的值一直为 1，而正常情况下 k 应保存外层循环 i 的值，因此可以判断 k 的赋值应该有问题。观察代码，发现代码第 19 行应为 k=i。

若想结束调试，可以使用 continue 结束当前断点调试，再使用 quit 命令退出调试，回到命令窗口。

虽然 GDB 调试工具很强大，但其工作原理仍遵循“分析现象->假设错误原因->产生新现象->验证假设”这一基本思想。透过现象深入分析错误原因、针对假设的原因设计验证方法等都需要严密的分析和思考，因此切不可过于依赖工具，而忽视了严谨思维的重要性。

2.3 本章小结

本章主要介绍 Linux 系统中的常用命令，包括文件相关命令、网络管理与通信相关命令、压缩解压命令和帮助命令；也介绍了 Linux 下常用的开发工具，包括 vi 编辑器、GCC 编译工具和 GDB 调试工具。熟练掌握 Linux 常用命令和开发工具，将会使读者在 Linux 系统下编写与调试代码事半功倍，因此读者应尽力掌握本章内容。

2.4 本章习题

一、填空题

1. Linux 是一个基于命令行的操作系统，Linux 命令中的选项分为________和________。

2. Linux 操作系统秉持“一切皆文件”的思想，将其中的文件、设备等都作为文件来操作和处理，因此文件处理与管理命令是 Linux 系统中最基础的命令。常用的文件处理与管理命令有________、________、________、________、________等。

3. vi 编辑器有三种工作模式，分别是：________、________和底行模式。

4. GCC 编译器的编译流程依次为________、________、________和________。

二、判断题

1. grep 命令的功能是在文件中搜索与字符串匹配的行并输出。（ ）
2. vi 编辑器的三种工作模式可直接切换。（ ）
3. chmod 命令用于更改文件或目录的所有者。（ ）
4. GCC 编译器的编译流程依次为：编译、汇编、预处理、链接。（ ）
5. gzip 命令既能用于压缩文件，又能对压缩包解压缩。（ ）

三、单选题

1. 在以下选项中选出实现打印当前路径下所有文件名的命令。（ ）

A. ls -l　　B. ls　　C. ls -a　　D. ls -i

2. 假设当前有一个文件 file1，其权限为 rwxr--r--，则在以下命令中，哪个命令可以使该文件所属组拥有对该文件的执行权限？（ ）

A. chown g+x file1　　B. chmod 644 file1

C. chmod o+x file1　　D. chmod a+x file1

3. 假设 Linux 系统中不存在文件 newfile，现要创建一个新文件 newfile，以下哪个命令无法实现该功能？（ ）

A. vi newfile　　B. touch newfile

C. cp file /itheima/newfile　　D. cd /itheima/newfile

4. 下列各选项中哪个选项不属于 vi 编辑器的工作模式？（ ）

A. 视图模式　　B. 插入模式　　C. 底行模式　　D. 命令模式

5. 从以下选项中选出 GCC 编译器的正确流程。(　　)

A. 预处理、汇编、编译、链接　　B. 预处理、链接、汇编、编译

C. 链接、预处理、汇编、编译　　D. 预处理、编译、汇编、链接

6. 以下关于 vi 编辑器的选项中,错误的是哪个?(　　)

A. vi 编辑器的工作模式有三种,分别为命令模式、插入模式和底行模式

B. 在 vi 编辑器中,插入模式和底行模式可以直接切换

C. 在 vi 编辑器中,可通过 Esc 键从插入模式切换到底行模式

D. vi 编辑器的底行模式和命令模式间不需要切换

四、简答题

1. 简单说明 vi 编辑器的工作模式,并画图说明各模式间的切换方法。
2. 简述 GCC 编译器的工作流程,并说明每步执行的内容。

五、编程题

1. 使用 vi 编辑器编写程序并执行,要求程序可向终端打印字符串。
2. 使用 vi 编辑器编写程序,实现简单的加法功能,且将执行结果打印到终端。

第3章 用户与用户组管理

学习目标

- 了解 Linux 中用户与用户组的相关概念
- 掌握用户与用户组管理命令
- 掌握 Linux 系统中用户切换的方法

Linux 操作系统中设立了用户和用户组的概念，在使用系统资源时必须有身份，因此用户需要先向系统管理员申请一个账号。Linux 允许多个用户同时登录操作系统，针对系统中的多名用户，Linux 还设计了用户组的概念。为用户指定用户组，可以在需要时方便地对多个用户进行管理。本章将介绍 Linux 系统中用户和用户组的相关知识以及具体的管理方法。

3.1 概述

第 2 章在讲解文件权限管理命令时涉及了用户和用户组，这是 Linux 系统中非常重要的概念，下面对用户、用户组等相关概念进行介绍。

1. 用户

Linux 是一个多用户、多任务的分时操作系统，在一台 Linux 主机上，可能同时登录了多名用户。为了对用户的状态进行跟踪，并对其可访问的资源进行控制，每个使用者在使用 Linux 之前，必须先向系统管理员申请一个账号并设置密码，之后才能登录系统，访问系统资源。

在 Linux 系统中，用户的账号等相关信息（密码除外）均存放在 etc 目录下的 passwd 文件中。因为所有用户对该文件都有读取的权限，为了保证系统安全，密码被保存在/etc/shadow 中。

2. 文件所有者

Linux 系统中的文件所有者指文件的拥有者。默认情况下创建文件的用户即为文件所有者，也可在创建文件的同时指定其他用户为文件所有者，或者在文件创建后通过高级用户变更所有者。为文件指定所有者有利于保护用户隐私，保障文件的安全。若某个用户在其账户下编辑了一个机密文件，为防止其他用户获取该机密文件信息，将文件权限设置为仅文件所有者可读可写或可执行即可。

3. 用户组

Linux 系统中的用户大体上可分为三组：管理员(root)、普通用户和系统用户。管理员的用户 id(uid)为 0；系统用户是保障系统运行的用户，其用户 ID 为 1～499。还可以根据需要，为普通用户自行分组，处于同一组的用户可能拥有类似的功能。用户组的信息存放于 etc 目录下的 group 文件中。

4. 文件所属组

文件所属组与用户组相呼应。假设当前系统中有一个用户组为 itheima，其中包含 4 名用户(A、B、C、D)；当前有一个文件 file，若设置其文件所属组为 itheima，并设置其对文件所属组的权限为可读可修改，那么用户组 itheima 中的 4 名用户都可对 file 文件进行读写操作。

5. 其他用户

Linux 系统中还有一个"其他用户(Others)"的概念。假设当前系统中有一个用户组为 itheima，其中包含 4 名用户(A、B、C、D)；另外该系统中还有一个属于用户组 bxg 的用户 X，则对于用户组 itheima 中的用户来说，X 就是其他用户。

6. root

root 也是 Linux 系统中的用户，它属于用户组 root，是一个超级用户。root 非常重要，具有普通用户的一切权限，它还可以创建、删除普通用户和用户组，设置用户权限等。root 用户权限极大，为保证系统安全，一般通过安装操作系统时创建的账户来使用系统。

本章所要讲解的大部分命令都需要在 root 用户下完成，因此仍选择使用 root 用户演示本节的案例。

3.2 用户和用户组管理

用户是 Linux 系统中的一个重要概念，创建、删除和管理用户是 Linux 系统管理的基础。为方便对多用户的同时管理，Linux 系统中又提出了用户组的概念，下面对用户和用户组管理进行讲解。

3.2.1 用户管理

用户管理即用户的账号管理，包括账号的添加、修改和删除。下面分别对这三种操作进行讲解。

1. 用户账号添加

用户账号添加即在系统中创建一个新账号，并为该账号设置用户号、用户组、主目录、登录 Shell 等。添加新账号时使用 useradd 命令，其命令格式如下：

```
useradd [选项] 用户名
```

useradd 命令常用的选项如表 3-1 所示。

表 3-1 useradd 命令常用选项

选项	说　明
-d	指定用户登录时的目录
-c	指定账户的备注文字
-e	指定账号的有效期限
-f	缓冲天数,密码过期时在指定天数后关闭该账号
-g	指定用户所属组
-G	指定用户所属的附加用户组
-m	自动建立用户的登录目录
-r	创建系统账号
-s	指定用户的登录 Shell
-u	指定用户的用户 id。若添加-o 选项,则用户 id 可与其他用户重复

普通用户的账号通常要求不以数字和下画线作为账户名的第一个字符。

案例 3-1:创建新用户 bxg,指定用户的主目录/usr/bxg;若指定主目录不存在,则创建主目录。

```
[root@localhost ~]#useradd -d /usr/bxg -m bxg
```

案例 3-2:创建新用户 wdjl,指定其登录 Shell 和所属组。

```
[root@localhost ~]#useradd -s /bin/sh -g itheima wdjl
```

案例 3-3:创建新用户 kdy,并设置其用户 id。

```
[root@localhost ~]#useradd kdy -u 876
```

需要注意的是,1～499 为系统用户 id。为避免 id 冲突,用户 id 应取大于等于 500 的数值。若创建账户时未指定用户 id、用户组、用户目录和登录 Shell 等信息,系统会自动为新账号指定相关信息,并同时更新用户组配置文件。

添加新用户账号的实质是在/etc/passwd 文件中新添一条记录,因此使用 tail 命令查看/etc/passwd 文件末尾的三行数据,便可看到以上新建的三个账户的信息。查询结果如下:

```
[root@localhost ~]#tail -3 /etc/passwd
bxg:x:501:501::/usr/bxg:/bin/bash
wdjl:x:502:500::/home/wdjl:/bin/sh
kdy:x:876:876::/home/kdy:/bin/bash
```

以上所示结果中，每一行为一个账号的相关信息。每个账号信息由:分隔为7项，依次为用户名、密码位、用户id、用户组id、注释信息(即备注信息)、用户主目录、Shell。

新增的用户若未指定uid，则其uid为前面一条记录的uid加1。此时新建的账号是无法使用的，因为尚未为该账号设置密码，账号处于锁定状态。下面来讲解设置用户密码的方法。

2. 设置用户密码

设置用户密码的命令是passwd，该命令用于设置用户的认证信息，包括用户密码、密码有效期等。其命令格式如下：

```
passwd [选项] 用户名
```

passwd命令常用的选项如表3-2所示。

表3-2　passwd命令常用选项

选项	说　明
-l	锁定密码，锁定后密码失效，无法登录(新用户默认锁定)
-d	删除密码，仅系统管理员可使用
-S	列出密码相关信息，仅系统管理员可使用
-f	强行执行

系统管理员可以修改所有用户的密码，普通用户只能修改自己的密码。

案例3-4：为案例3-1中创建的用户bxg指定密码。

```
[root@localhost ~]#passwd bxg
Changing password for user bxg.
New password:
Retype new password:
passwd: all authentication tokens updated successfully.
```

Linux中也有一定的密码验证机制。在root用户下可以随意修改密码，即便系统会出现警告，密码仍能成功保存；但是普通用户在修改自己的密码时，应尽量复杂(至少6位、由字母与数字组成)，避免与用户名相同。

若要修改当前登录账户的密码，可以缺省用户名。当密码被设置或修改时，系统会自动更新etc目录下存放密码的文件shadow。

在root用户下使用tail命令查看/etc/shadow文件末尾的三行数据，打印结果如下：

```
[root@localhost itheima]#tail -3 /etc/shadow
bxg:$1$75kWGjw6$j9JsJH4yEUngpB36clRIA.:17085:0:99999:7:::
wdjl:!!:17084:0:99999:7:::
kdy:!!:17085:0:99999:7:::
```

这三行数据分别为案例3-1～3-3中创建的账户所对应的密码信息，密码信息中的每一项以:分隔，其中第二项为加密后的用户密码。

3. 删除用户

若一个用户账号不再使用，可以使用 userdel 命令，将该用户从系统中删除。userdel 命令可以删除指定用户及与该用户相关的文件和信息。其命令格式如下：

```
userdel [选项] 用户名
```

userdel 命令常用的选项如表 3-3 所示。

表 3-3 userdel 命令常用选项

选项	说　明
-f	强制删除用户，即便该用户为当前用户
-r	删除用户的同时删除与用户相关的所有文件

案例 3-5：删除账号 bxg，并删除相关文件。

```
[root@localhost ~]#userdel -r bxg
userdel: user bxg is currently used by process 3860
[root@localhost ~]#userdel -rf bxg
userdel: user bxg is currently used by process 3860
[root@localhost ~]#userdel -f bxg
userdel: user 'bxg' does not exist
```

案例 3-5 中共使用了 3 次 userdel 命令：第一次删除 bxg 账号时，提示该账号正被进程 3860 使用；第二次添加-f 参数，强制删除账号；第三次使用 userdel 命令时，提示 bxg 账号不存在，表明该账号在第二次使用删除命令时被强制删除。

4. 修改用户账号

修改用户账号信息即修改账号的属性，如用户 id、主目录、用户组、登录 Shell 等。修改用户账号信息的命令为 usermod，其命令格式如下：

```
usermod 选项 参数
```

在使用 usermod 命令修改用户账号信息时，必须先确认该用户没有在计算机上执行任何程序。usermod 命令的常用选项如表 3-4 所示。

表 3-4 usermod 命令常用选项

选项	说　明
-c	修改用户账号的备注信息
-d	修改用户的登录目录
-e	修改账号的有效期限
-f	修改缓冲天数，即修改密码过期后关闭账号的时间
-g	修改用户所属组

续表

选项	说　　明
-l	修改用户账号名称
-L	锁定用户密码，使密码失效
-s	修改用户登录后使用的 Shell
-u	修改用户 id
-U	解除密码锁定

案例 3-6：修改账户 kdy 的用户 id 为 678。

```
[root@localhost ~]#usermod -u 678 kdy
```

查看账户 kdy 的相关信息，输出结果如下：

```
[root@localhost ~]#cat /etc/passwd | grep kdy
kdy:x:678:876::/home/kdy:/bin/bash
```

根据输出结果可知，当前 kdy 账户的 uid 已被修改为 678。

3.2.2 用户组管理

每个用户都有一个用户组。若在创建账户时未指定，那么系统会以用户账号名作为该用户的用户组，并将与该账号同名的用户组同步到/etc/group 文件中。以 3.2.1 节中创建的用户 kdy 为例，查看/etc/group 文件中包含 kdy 的行，输出结果如下：

```
[root@localhost ~]#cat /etc/group | grep kdy
kdy:x:876:
```

输出的结果由:分隔成 3 项，分别为组名、密码位、组 id。

本节将讲解用户组管理的相关知识，包括用户组添加和删除、用户组属性修改与用户组切换。

1. 添加用户组

用户组可以在创建用户的同时默认设置，也可以由用户主动添加用户组。默认情况下新建用户的用户组与用户名相同，在创建用户的同时被创建。主动添加用户组时使用的命令为 groupadd，命令格式如下：

```
groupadd [选项] 参数
```

groupadd 命令常用的选项如表 3-5 所示。

表 3-5　groupadd 命令常用选项

选项	说　　明
-g	指定新建用户组的组 id
-r	创建系统用户组，组 id 取值范围为 1～499
-o	允许创建组 id 已存在的用户组

案例 3-7：创建一个用户组 group1，指定其组 id 为 550。

```
[root@localhost ~]#groupadd -g 550 group1
```

此时/etc/group 文件中会新增一条记录，具体信息如下：

```
group1:x:550
```

案例 3-8：创建一个用户组 group2。

```
[root@localhost ~]#groupadd group2
```

若选项缺省，则新增用户组其 id 值为上一条未指定组 id 记录中的组 ID 加 1。使用 tail 命令查看/etc/group 文件中末尾的 5 条记录，输出的信息如下：

```
kdy:x:876:
heima:x:877:
hm:x:878:
group1:x:550:
group2:x:879:
```

观察输出结果可发现，其中 kdy 的组 id 为 876，新创建的用户组 heima 和 hm 的 GID 在 876 的基础上递增，group1 的 GID 被指定，group2 的 GID 在 hm 组 id 的基础上加 1。

2. 删除用户组

若要删除已存在的用户组，可使用 groupdel 命令。其命令格式如下：

```
groupdel 参数
```

该命令的用法很简单，在命令后直接跟上用户组名即可。

案例 3-9：删除用户组 group2。

```
[root@localhost ~]#groupdel group2
```

3. 修改用户组属性

用户组的一些属性，如组 id 和组名，都可以被修改。修改用户组属性的命令为 groupmod，其命令格式如下：

```
groupmod [选项] [用户组]
```

groupmod 的常用选项如表 3-6 所示。

表 3-6 groupmod 命令常用选项

选项	说　明
-g	为用户组指定新的组 id
-n	修改用户组的组名
-o	允许组 id 不唯一

案例 3-10：修改用户组 group1 的组 id 为 555。

```
[root@localhost ~]#groupmod -g 555 group1
```

案例 3-11：修改用户组 group1 的组 id 为 666，并更改组名为 group2。

```
[root@localhost ~]#groupmod -g 666 -n group2 group1
```

4. 用户组切换

在讲解用户组切换的方法之前，先来了解一下基本组和附加组的概念。

表 3-1 中提供了选项-g 和-G，分别用于指定用户的所属组和附加组。若用户被创建时没有指定用户组，则系统会为用户创建一个与用户名相同的组，这个组就是基本组；若在某个用户的目录中创建文件，文件的所属组就是用户的基本组。另外可以为用户指定附加组，除基本组之外，用户所在的组都是附加组。为用户指定附加组可以使用户拥有对应组的权限。用户可以从附加组中移除，但不能从基本组中移除。

切换用户组的命令为 newgrp。在切换用户组之前，先创建一个新用户，并为其指定附加组。

```
[root@localhost ~]#useradd admin -G itheima
[root@localhost ~]#passwd admin
Changing password for user admin.
New password:
Retype new password:
passwd: all authentication tokens updated successfully.
```

之后使用用户 admin 登录系统，便可以使用命令 newgrp 切换用户组了。newgrp 命令的格式如下：

```
newgrp 用户组名
```

用户与用户组管理并不难，但它们是 Linux 中的基础知识，读者应熟练掌握用户与用户组的管理方法。

3.3 用户切换

Linux 系统中可以直接使用命令进行用户切换，下面对用户切换命令进行讲解。

3.3.1 su

使用 su 命令切换用户是最简单的用户切换方式，该命令可以在任意用户之间进行切换。使用 su 命令的一般格式如下：

```
su - username
```

su 命令的常用选项如表 3-7 所示。

表 3-7 su 命令常用选项

选项	说 明
-c	执行完指定的指令后，切换回原来的用户
-l	切换用户的同时切换到对应用户的工作目录，环境变量也会随之改变
-m，-p	切换用户时不改变环境变量
-s	指定要执行的 Shell

需要注意的是，su 命令格式中的-为一个选项，类似-l，选项与用户名之间有一个空格。

由普通用户切换到目标用户时，需要输入目标用户的密码，而由 root 用户切换到其他用户时，可以不输入密码。在命令行输入 exit 或 su -user 可退出特权模式。

若在使用 su 命令时省略选项与用户名，则切换到 root 用户，但不切换环境变量，若想同时切换环境变量，需在 su 命令后添加选项“-”。

案例 3-12：从当前用户切换到 root 用户，但不改变为 root 用户的环境。

```
[itheima@localhost ~]$ su
Password:
[root@localhost itheima]#
```

从中可以看出，当切换到 root 用户后，命令提示符由 $ 变为 #，但仍工作在目录 itheima 下。之后便可使用 root 用户执行命令了。

案例 3-13：从当前用户切换到 root 用户，并切换到 root 用户的环境。

```
[itheima@localhost ~]$ su -
Password:
[root@localhost ~]#
```

3.3.2 sudo

虽然 su 命令使用起来很方便，但使用该命令切换用户时，需要知道要切换的用户的密码，所以 su 命令是不安全的。试想一下，当前系统中有多个用户，若每个用户都需要执行部分 root 权限，那么这些用户都必须知道 root 用户的密码，而且在切换到 root 用户后，每个用户都可以执行完整的 root 权限，这样系统的安全性就没有了保障，因此 su 是一个不安全的命令。那么若不使用 su 命令，用户该如何提升权限呢？

Linux 中还提供了另外一个切换用户的命令——sudo。sudo 的命令格式如下：

```
sudo [选项] -u 用户 [命令]
```

sudo 可以视为受限的 su，它能使“部分”用户使用其他用户的身份执行命令，若要使用 root 权限，使用 root 用户的身份即可。而若要允许用户使用 root 身份，需要将用户名添加到/etc/sudoers 中，该操作由 root 用户完成。存在于/etc/sudoers 中的用户只需要知道自己的密码便可使用 root 身份；若 root 用户要使用其他用户的身份，可以不必输入密码。密码匹配正确后，在之后的 5 分钟内有效，超过 5 分钟则需要再次输入密码。

sudo 命令常用的选项如表 3-8 所示。

表 3-8　sudo 命令常用选项

选项	说　　明
-b	在后台执行命令
-h	显示帮助
-H	将 HOME 环境变量设置为新身份的 HOME 环境变量
-k	结束密码的有效期限
-l	列出目前用户可执行与无法执行的命令
-p	改变询问密码的提示符号
-s	执行指定的 Shell
-u	以指定的用户作为新的身份，即切换到指定用户。默认切换到 root 用户

sudoers 文件是有一定语法规范的，因此最好不要使用 vi 编辑器直接对它进行编辑，否则一旦出现错误，可能会对 sudo 的使用造成影响或者产生其他不良后果。

Linux 系统中通常使用 visudo 命令打开 sudoers 文件并进行编辑。visudo 命令实质上仍是通过 vi 编辑器打开/etc/sudoers 文件，但使用该命令打开 sudoers 文件进行编辑时可以防止其他的用户同时修改该文件，且在保存退出时，系统会对 sudoers 文件的语法进行检查。当然这个命令也不是所有用户都能使用的，下面我们通过 root 用户编辑 sudoers 文件，为其他用户提升权限。

首先使用 su 命令切换至 root 用户，之后在 root 用户下打开 sudoers 文件：

```
[itheima@localhost ~]$su -
Password:
[root@localhost ~]#visudo
```

观察 sudoers 文件，可以在其中找到如下的语句：

```
##Allow root to run any commands anywhere
root     ALL=(ALL)        ALL
```

第一条语句是注释行，第二条语句是对 root 用户的权限设置，它的作用是：使 root 用户能够在任何情境下执行任何命令。

权限设置语句需符合如下格式：

```
账户名  主机名称=(可切换的身份)      可执行的命令
```

以上格式中包含 4 个参数，每个参数表示的含义如下：

- 账户名。该参数表示要设置权限的账号名，只有账号名被写入 sudoers 文件时，该用户才能使用 sudo 命令。root 用户默认可以使用 sudo 命令。
- 主机名称。该参数决定此条语句中账户名对应的用户可以从哪些网络主机连接当前 Linux 主机，root 用户默认可以来自任何一台网络主机。

- 可切换的身份。该参数决定此条语句中的用户可以在哪些用户身份之间进行切换，执行哪些命令。root 用户默认可切换为任何用户。
- 可执行的命令。该参数指定此条语句中的用户可以执行哪些命令。注意，命令的路径应为绝对路径。root 用户默认可以使用任何命令。

以上语句中的参数 ALL 是一个特殊的关键字，分别代表任何主机、身份与命令。

案例 3-14：使用用户 itheima 能够以 root 的身份使用 more 命令。

使用 vi 编辑器打开/etc/sudoers 文件，在其中插入如下内容：

```
itheima     ALL=(root)/bin/more
```

保存退出后，切换到用户 itheima，使用命令 sudo -l 查看该用户可以使用的命令，输出结果如下：

```
[itheima@localhost ~]$ sudo -l
[sudo] password for itheima:                    #输入用户 itheima 的密码
Matching Defaults entries for itheima on this host:
    !visiblepw, always_set_home, env_reset, env_keep="COLORS DISPLAY HOSTNAME
    HISTSIZE INPUTRC KDEDIR LS_COLORS", env_keep+="MAIL PS1 PS2 QTDIR USERNAME
    LANG LC_ADDRESS LC_CTYPE", env_keep+="LC_COLLATE LC_IDENTIFICATION
    LC_MEASUREMENT LC_MESSAGES", env_keep+="LC_MONETARY LC_NAME LC_NUMERIC
    LC_PAPER LC_TELEPHONE", env_keep+="LC_TIME LC_ALL LANGUAGE LINGUAS
    _XKB_CHARSET XAUTHORITY", secure_path=/sbin\:/bin\:/usr/sbin\:/usr/bin

User itheima may run the following commands on this host:
    (root)/bin/more
```

注意，在执行 sudo 命令后，输入的密码是当前用户的密码。

观察输出结果的最后两行，这两行显示了 itheima 当前可以执行的命令。最后一行的(root)/bin/more 表示用户可以以 root 的身份执行 bin 目录下的 more 命令。此时在命令行输入如下命令：

```
[itheima@localhost ~]$ sudo more /etc/shadow
```

原本无法被普通用户查看的/etc/shadow 文件将会被输出。注意在使用时 sudo 不能省略。

案例 3-15：使用用户 itheima 能以 root 的身份执行/bin/more，能以任何用户的身份执行/etc/chmod。

```
itheima     ALL=(root)/bin/more,/etc/chmod
```

通过在配置文件中逐条添加配置信息的方法提升用户权限在一定程度上保障了系统安全，但当需要操作的用户较多时，如此操作显然相对麻烦。Linux 系统支持为用户组内的整组用户统一设置权限。

再次使用 visudo 打开配置文件，往下翻几行，会看到如下的语句：

```
#%wheel         ALL=(ALL)        ALL
```

此条语句表示任何加入用户组 wheel 的用户都能通过任意主机连接且以任何身份执行任意的命令(wheel 前的%标识 wheel 是一个用户组),所以若想提升某些用户的权限为 ALL,将它们添加到用户组 wheel 中即可。当然此条语句前的#仍然表示注释,若要使此条命令生效,需要将#删除。

案例 3-16:使用用户组 itheima 中的所有用户能以 root 的身份执行命令/bin/more。

```
%itheima    ALL=(root)/bin/more
```

root 作为系统中唯一的超级用户,权限极大,可以执行的命令极多,其中不乏非常危险的命令,如 rm -rf。若是一个普通用户的权限被提升得太多,很可能会危及整个系统。为了防止这种情况,sudo 命令可以在配置 sudoers 文件时,对某些用户的权限进行控制。假如在 itheima 用户被提升至 root 权限时,要禁止该用户使用/bin/more 命令,那么可以使用以下语句:

```
itheima    ALL=(root)!/bin/more
```

如上所示,通过“!命令”的形式,便可禁止用户执行某些命令。

多学一招:sudo 的执行流程

当用户使用 sudo 命令时,系统会首先在/etc/sudoers 文件中查找该用户是否有执行 sudo 的权限:若有权限,则提示用户输入自己的密码;否则给出错误提示。若密码匹配成功,则执行 sudo 后待执行的命令。

另外,若符合以下几种情况,可以不用输入密码:

- 当前用户为 root 用户。
- 切换的用户为当前用户。
- 当被设置为无须提供密码便可使用 sudo 时。

3.4 本章小结

本章主要讲解 Linux 中的用户与用户组的管理以及用户间的切换方式。理解掌握用户与用户组的概念是学习 Linux 系统的基础,掌握用户切换命令 su 和 sudo 能方便对 Linux 系统的管理。读者应掌握用户与用户组的概念及相关操作,并能熟练运用用户切换命令切换用户。

3.5 本章习题

一、填空题

1. Linux 系统中的用户大体上可分为三组,分别为:________、普通用户和________。

2. 假设当前系统中有一个用户 itheima,则删除该用户且同时删除用户相关文件的命令是:________。

3. 在 Linux 系统中用于切换用户的命令有:________和________。切换用户时,

________命令需要知道待切换用户的密码，而________命令只需要知道当前用户的密码，但在使用________命令之前，当前用户必须有使用待切换用户身份的权限。

4. 在使用 su 命令切换用户时，如果由普通用户切换到目标用户，那么需要输入________用户的密码，如果由 root 用户切换到其他用户，则可以不输入密码。

5. 在/etc/sudoers 文件中添加如下设置：

```
itheima    ALL=(root)/bin/more
```

用户 itheima 将能以________用户的身份执行________命令。

二、判断题

1. Linux 系统中的用户分为超级用户和普通用户，超级用户具有管理员权限，普通用户只拥有部分权限。 ( )

2. 除基本组外，用户所在的组都是附加组。为用户指定附加组可以使用户拥有对应组的权限。 ( )

3. 用户可以从附加组中移除，也可从基本组中移除。 ( )

4. 使用 su 命令从当前用户(itcast)切换到 itheima 用户时，使用的命令为 su -itheima。输入命令后须再输入用户 itheima 的密码，方能成功切换用户。 ( )

5. 使用 sudo 命令切换用户时，要求当前用户有使用待切换用户身份的权限。该权限在/etc/sudoers 文件中设置，用户可通过 vi 命令打开该文件，并对其进行编辑。 ( )

三、单选题

1. 假设当前有两个用户组 group1、group2，有三名用户 usr1、usr2、usr3，其中 usr1、usr2 属于用户组 group1，usr3 属于用户组 group2。假设用户 usr1 使用 touch file 命令创建了一个文件 file，并将该文件的权限设置为 654。找出关于用户与文件的说法中错误的一项。( )

A. usr1、usr3 对文件 file 有读权限
B. usr1、usr2、usr3 对文件 file 有读权限
C. usr1、usr3 对文件 file 有写权限
D. usr2 对文件 file 有执行权限

2. 下面关于基本组和附加组的说法错误的是( )。

A. 若用户被创建时没有指定用户组，则系统会为用户创建一个与用户名相同的组，这个组就是该用户的基本组
B. 可以在创建用户时，使用选项-G 为其指定基本组
C. 为用户组指定附加组可以使该用户拥有对应组的权限
D. 用户可以从附加组中移除，但不能从基本组中移除

3. 下面各选项中关于用户切换命令 su 和 sudo 的说法正确的是( )。

A. su 和 sudo 都用于切换用户身份，相比之下，su 命令更加安全
B. 使用 su 命令切换用户时需要知道当前用户的密码
C. 使用 sudo 命令切换用户时需要知道待切换用户的密码

D. 即便当前用户为 root 用户，切换用户时必须输入用户密码

4. 若一个文件的权限为 rwxrw-r-x，则文件所有者、所属组用户和其他用户能否删除该文件的权限是(　　)。

A. 文件所有者、所属组用户可以，其他用户不能

B. 文件所有者和其他用户可以，文件所属组用户不能

C. 文件所有者可以，文件所属组用户、其他用户不能

D. 无法判断

四、简答题

1. 按照以下要求写出相应命令：

① 新建一个组 group1，新建一个系统组 group2。

② 更改用户组 group1 的 GID 为 888，更改组名为 group_1。

③ 删除用户组 group_1。

2. 新建用户 usr1，指定其用户 id 为 666，工作目录为/home/usr1，所属组为 group1，登录 Shell 为/bin/bash。创建完成后打印该用户的用户信息和组信息。

3. 提升用户 usr1 的权限，要求 usr1 可登录所有主机、可切换至所有用户、可执行所用命令。

4. 使用 sudo 命令以 usr2 的身份在/tmp 下新建文件 usr2。

第 4 章 Shell编程

学习目标

- 熟练运用重定向、管道与命令连接符
- 掌握 Shell 变量的定义与使用方法
- 熟练运用 Shell 中的条件判断语句
- 掌握 Shell 中的语句与循环
- 掌握 Shell 函数的构造与使用方法

Shell 既是一种命令语言,又是一种程序设计语言(即 Shell 脚本)。作为一种基于命令的语言,Shell 交互式地解释和执行用户输入的命令;作为程序设计语言,Shell 中可以定义各种变量,传递参数,并提供许多高级语言所具有的流程控制结构。它虽然不是 Linux 系统内核的一部分,但它调用了系统内核的大部分功能来执行程序、创建文档并以并行的方式协调各个程序的运行。本章将学习 Shell 的相关概念,以及与 Shell 编程相关的知识。

4.1 Shell 概述

Shell 的原意为"壳",它包裹在内核之外,处于用户与内核之间。其主要功能为接收用户输入的命令,找到命令所在位置,并加以执行。在计算机科学中,可以认为 Shell 是包裹在内核外的命令接口,又因为其最重要的功能是命令解释,所以也可以认为 Shell 是一个命令解释器。Shell 与内核及用户间的关系如图 4-1 所示。

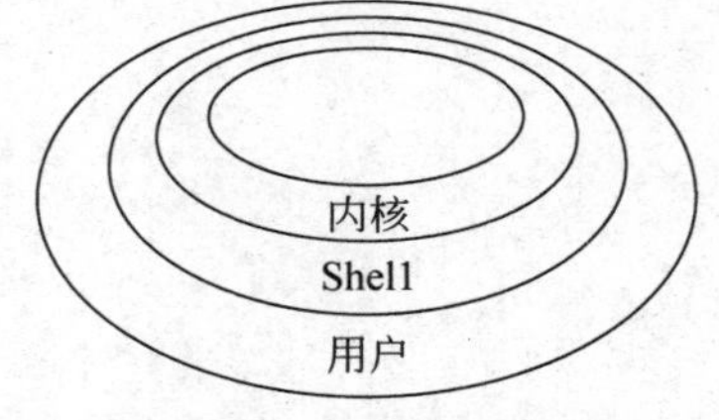

图 4-1 Shell 与内核及用户的关系

Shell 一般在用户登录后启动。下面分别从 Shell 的分类和功能两个方面对其进行简单介绍。

4.1.1 Shell 的分类

Shell 的种类很多,常见的有 BSh、CSh、KSh、bash 等。表 4-1 简单说明了常见的 Shell。

表 4-1 Shell 分类

Shell 名称	说　　明
BSh	Bash Shell 是 Bourne Shell 的一个免费版本,是最早的 UNIX Shell,包括许多附加的特点,是一个交换式的命令解释器和命令编程语言
CSh	C Shell 中使用"类 C"语法,借鉴了 Bourne Shell 的许多特点,新增了命令历史、别名、文件名替换等功能

续表

Shell 名称	说 明
KSh	Korn Shell 的语法与 Bourne Shell 相同，同时具备了 C Shell 的交互特性，因此广受用户青睐
bash	Bourne Again Shell(即 bash)是 GNU 计划的一部分，用于 GNU/Linux 系统。大多数 Linux 都以 bash 作为默认的 Shell

Linux 系统中可以同时安装多种 Shell，但不同 Shell 的语法略有不同，不能交换使用。每个 Linux 系统中默认都会安装 Shell，在系统启动时，默认会进入 Shell。此时可以通过查看 etc 目录下的 shells 文件的内容，或通过 ls 命令查看 bin 路径下的 shell 文件来查看系统中安装的 Shell，如下所示。

```
[itheima@localhost ~]$ls /bin/*sh
/bin/bash  /bin/csh  /bin/dash  /bin/sh  /bin/tcsh
```

命令 ls /bin/*sh 中的 * 是通配符，表示任意个字符。

通过命令可以查看系统中安装的 Shell 的版本号。以 Bash Shell 为例，查看 Shell 版本号的方式如下：

```
[itheima@localhost ~]$/bin/bash --version
GNU bash, version 4.1.2(1)-release(x86_64-redhat-linux-gnu)
Copyright(C)2009 Free Software Foundation, Inc.
```

若以普通用户进入 Shell，则命令提示符为$；若以管理员身份进入 Shell，则命令提示符为#。每种 Shell 都有其特色，通常掌握一种 Shell 即可。本章将以 bash 为主进行讲解。

4.1.2 Shell 的功能

Shell 最重要的功能是命令解释，Linux 系统中的所有可执行文件都可以在 Shell 中执行。Linux 系统中的可执行文件分为五类，分别是 Linux 命令、内置命令、实用程序、用户程序和 Shell 脚本。其具体含义如下：

- Linux 命令：用来使系统执行某种操作的指令，存放在/bin 和/sbin 目录下。
- 内置命令：存放于 Shell 内部的命令的解释程序，是一些常用的命令。可以使用"type 命令名"的方式来查看某个命令是否为内置命令。
- 实用程序：存放于/usr/bin、/usr/sbin、/usr/local/bin 等目录下的程序，如 ls、which 等。
- 用户程序：由用户编写的，经过编译后可执行的文件。
- Shell 脚本：使用 Shell 语言编写的批处理文件。

4.1.3 Shell 命令执行流程

Shell 对命令的解释过程如图 4-2 所示。

当用户输入一个命令后，Shell 首先判断该命令是否为内置命令。若是，则通过 Shell 内部的解释器将该命令解释为系统功能调用并转交给内核执行，此过程相当于调用 Shell 进

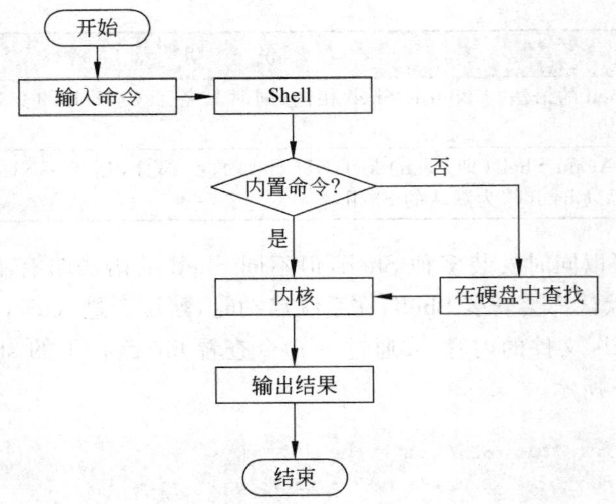

图 4-2 命令解释过程

程中的一个函数,不会创建新进程;若该命令为外部命令或实用程序,则 Shell 会尝试在硬盘中查找该命令。若找到,则将其调入内存,解释为系统功能并转交给内核执行;若没找到,则输出提示信息。

在查找外部命令时有两种情况:若用户给出命令路径,则按照给出的路径查找;若用户未给出路径,则在环境变量 PATH 所指定的路径中进行查找。环境变量 PATH 的信息可以使用 echo $PATH 命令查看,示例如下:

```
[itheima@localhost ~]$ echo $PATH
/usr/local/bin:/usr/bin:/bin:/usr/local/sbin:/usr/sbin:/sbin:/home/itheima/bin
```

4.2 Shell 应用技巧

实质上,前面已经使用过 Shell。当登录到 Linux 系统时,Shell 便已启动;在终端输入 Linux 命令并执行,便是 Shell 的一次工作过程。而在 Shell 应用中有许多技巧,这些技巧有助于更加方便、灵活地使用 Shell。

1. 输入输出重定向

Shell 默认可接收用户输入终端的命令并在执行后将错误信息和输出结果打印到终端,但在实际应用中,并非任何情境下我们都希望 Shell 执行这项默认操作。此时,可通过 Linux 系统提供的一些功能,改变 Shell 获取信息和输出信息的方向。

Linux 系统中的输入输出分为以下三类:

- 标准输入(STDIN)。标准输入文件的编号是 0,默认的设备是键盘,命令在执行时从标准输入文件中读取需要的数据。
- 标准输出(STDOUT)。标准输出文件的编号是 1,默认的设备是显示器,命令执行后其输出结果会被发送到标准输出文件。

• 标准错误(STDERR)。标准错误文件的编号是 2,默认的设备是显示器,命令执行时产生的错误信息会被发送到标准错误文件。

Linux 允许对以上三种资源重定向。所谓重定向,即使用用户指定的文件而非默认资源(键盘、显示器)来获取或接收信息。下面分别针对以上的三种文件,讲解其重定向的方法。

(1) 输入重定向

输入重定向运算符<可以指定其右值为左值的输入,具体格式如下:

```
命令<文件名
```

以 wall 命令为例:

```
wall<file
```

当执行以上命令时,系统会将文件 file 中的内容作为命令 wall 的输入,发送给所有用户。

(2) 输出重定向

输出重定向运算符>可以将其右值作为左值的输出端,其格式如下:

```
命令>文件名
```

以 cat 命令为例:

```
cat /etc/passwd>file
```

当系统执行以上命令时,会清空 file 文件中原始的内容,并将命令 cat /etc/passwd 的结果输出到 file 文件中。若想保留 file 文件的内容,可以使用>>运算符,以追加的形式将结果输出到 file 文件。示例如下:

```
cat /etc/passwd >>file
```

(3) 错误重定向

错误重定向也使用输出重定向运算符>,重定向错误输出的方式与输出重定向的方式略有不同,其格式如下:

```
命令 2>文件名
```

以 gcc 命令为例:

```
gcc -c hello.c -o hello 2>file
```

当系统执行以上命令时,会将执行 gcc -c hello. c -o hello 命令时产生的错误输出到文件 file 中。同样,错误重定向也可以使用运算符>>,以追加的方式将错误输出到指定的文件。示例如下:

```
gcc -c hello.c -o hello 2>>file
```

关于此部分知识，还有两点需要注意：

第一，在错误重定向中使用了标准错误文件的编号 2。其实在输入/输出重定向中，也可以添加对应的文件编号，如(1)和(2)中的示例分别可写为如下形式：

```
wall 0<file
cat /etc/passwd 1>file
cat /etc/passwd 1>>file
```

只是当标准输入、标准输出的文件编号出现在重定向符号左侧时，可以被省略。

第二，需要掌握运算符 & 的用法。该运算符表示"等同于"，如 2>&1 表示将标准错误的输出重定向到指定的标准输出文件。若在此之前，标准输出文件已被修改，则命令执行过程中的错误不会输出到默认的标准输出文件，而是输出到当前指定的标准输出文件。

例如，现在有一个空设备文件 null，首先执行以下命令，指定标准输出重定向到该空文件：

```
1>/dev/null
```

之后再将标准错误重定向等同于标准输出：

```
2>&1
```

由于标准输出已经重定向到空设备文件，因此标准错误输出也重定向到空设备文件。

2. 管道

管道可以将多个简单的命令连接起来，使一个命令的输出作为另外一个命令的输入，由此来实现更加复杂的功能。管道的符号为|，格式如下：

```
命令 1 | 命令 2 |…| 命令 n
```

以 ls 命令和 grep 命令的组合为例：

```
ls -l /etc | grep init
```

在以上示例中，管道符|连接了 ls 命令和 grep 命令，其作用为：输出 etc 目录下包含 init 关键字的文件详细信息。若不使用管道，则需使用如下两条命令才能完成这个任务：

```
ls -l /etc>tmp.txt
grep init<tmp.txt
```

3. 命令连接符

假如要完成一项比较复杂的操作，那么可能会用到多条 Shell 指令。当然用户可以每次输入一条指令，在此条指令执行完毕后再输入下一条指令，但这就要求我们必须阻塞地等待命令的执行，那么是否可以将需要执行的命令一次性输入，让操作自动执行呢？答案是肯定的。

Shell 中提供了一些用于连接命令的符号，包括 && 以及 ‖ 。使用这些符号，可以将多条 Shell 指令进行连接，使这些指令顺序或根据命令执行结果，有选择地执行。下面将对这些符号的功能分别进行介绍。

(1) ;连接符

使用;连接符间隔的命令会按照先后次序依次执行。假如现在有一系列确定的操作需要执行，且这一系列操作的执行需要耗费一定时间，例如安装 GDB 包，在下载好安装包后，还需要逐个执行以下命令：

```
tar -xzvf gdb-7.11.1.tar.gz
cd gdb-7.11.1
./configure
make
make install
gdb -v
```

且在大多数命令开始执行后，都需要一定的时间，等待命令执行完毕。若此时使用;连接符连接这些命令：

```
tar -xzvf gdb-7.11.1.tar.gz ;cd gdb-7.11.1;./configure;make;make
install;gdb -v
```

那么系统会自动执行这一系列命令。

(2) && 连接符

使用 && 连接符连接的命令，其前后命令的执行遵循逻辑与关系，只有该连接符之前的命令执行成功，它后面的命令才被执行。

(3) ‖ 连接符

使用 ‖ 连接符连接的命令，其前后命令的执行遵循逻辑或关系，只有该连接符之前的命令执行失败时，才会执行后面的命令。

4. 文本提取器命令

Shell 中常用 awk 提取文档或标准输出的文本信息，awk 实际上是一个强大的文本分析工具，该工具类似于常用命令中的 grep，都能从指定文本中提取指定信息。不同的是，该命令可将文本按指定分隔符分割，并从分割结果中提取指定项。该命令的格式如下：

```
awk [-F 分隔符 1] '{print $1 ["分隔符 2"] $2}'
```

其中分隔符 1 指定源文件中的分隔符，缺省情况下，以空格作为默认分隔符；分隔符 2 指定打印内容中的分隔符，缺省情况下，打印的内容不进行分隔。$1 和 $2 分别代表文本分割后的第 1 项和第 2 项内容。

案例 4-1：已知/etc/passwd 文件中的各项以:分隔，若使用 awk 命令处理/etc/passwd 文件，提取其中的第 1 项和第 3 项，并使用空格分隔提取结果，则可使用如下命令。

```
awk -F: '{print $1 " " $3}' /etc/passwd
```

案例 4-1 的执行结果如下所示。

```
root 0
bin 1
daemon 2
adm 3
lp 4
sync 5
shutdown 6
⋮
```

awk 命令也可对标准输出中的文本进行操作。例如可先使用 cat 命令读取/etc/passwd 文本中的内容，再通过管道连接 awk 命令，同样可实现以上功能，此时使用的命令如下：

```
cat /etc/passwd | awk -F: '{printf $1 " " $3}'
```

此条命令的执行结果与案例 4-1 相同。

除了分割打印外，awk 还有许多其他功能，有兴趣的读者可查阅相关资料，自行学习。

4.3 Shell 编程

Shell 编程即 Shell 脚本编程，其实质是利用 Shell 的功能编写程序。这个程序是一个纯文本文件。编写 Shell 脚本之前需要先了解 Shell 脚本涉及的语法知识。本节将从一个简单的 Shell 程序入手，对 Shell 中的变量进行讲解。

4.3.1 第一个 Shell 程序

Shell 脚本有一套相对完善的语法规则，包括变量、数组的定义与使用、函数的构造以及流程控制等。下面通过一个简单的 Shell 程序来认识 Shell 脚本编程。

与 C 语言等编程语言一样，我们需要选择一种编辑器，本书主要使用第 2 章中学习过的 vi 编辑器来编辑所需的程序。

首先，使用 vi 编辑器创建一个名为 first 的文件；其次，在插入模式下，向 first 文件中输入以下内容并保存退出：

```
#!/bin/sh
#定义一个变量并初始化
data="first Shell script"
#输出变量 data
echo "data is:"
echo $data
exit 0
```

至此，一个简单的脚本文件就编辑好了。

执行该脚本的方法有两种：一种是将脚本本身作为一个可执行文件，若想执行该脚本程序，需要确保该文件可执行。但创建的文件一般默认没有可执行权限，因此需要使用第 2

章中学习的 chmod 命令来提升文件的权限：

```
[itheima@localhost ~]$chmod +x first
```

提升文件权限之后，便可以执行脚本文件了，执行该文件的方式如下所示：

```
[itheima@localhost ~]$./first
```

第二种方法是将该脚本文件作为一个参数，通过 Shell 解释器对其进行解析。具体方法如下所示：

```
[itheima@localhost ~]$sh first
```

使用以上两种方法执行 first 脚本文件后，执行结果都将被打印到终端中。first 脚本的执行结果如下所示：

```
data is:
first Shell script
```

下面对该脚本文件中的内容进行分析。

Shell 中以#开头的行一般为注释行，类似于 C 语言中的//，如脚本中的第 2 行和第 4 行，但第 1 行是例外。第 1 行的#!/bin/sh 是一种特殊的注释，#!后的参数表明了系统将会调用哪个程序来执行该脚本。在本例中，/bin/sh 是默认的 Shell 程序。

脚本的第 3 行定义了一个变量 data，并对该变量进行了初始化。

脚本第 5 行的 echo 是一个输出方法，类似于 C 语言中的 printf()函数，用于输出数据。

脚本的第 6 行同样是 echo 语句，输出的内容为 data 变量的值，符号$表示对变量的引用。

脚本的最后一行是 exit 命令，其作用是确保该脚本程序能够返回一个有意义的退出码。就本程序而言，此行代码没有太大意义，但当该脚本被别的脚本程序调用时，可以通过检查其退出码来确认该脚本程序是否成功执行，所以保留此行代码是一个良好的习惯。

4.3.2　Shell 中的变量

下面分别通过变量的定义、引用、分类以及运算方法等来讲解 Shell 中的变量。

1. 变量的定义

Shell 中的变量在使用之前无须定义，可以在使用的时候创建。不同于 C 语言等高级语言中的变量，Shell 中的变量没有细致的分类。一般情况下，Shell 中的一个变量保存一个串。Shell 不关心这个串的含义，只有在需要时，才会使用一些工具程序将变量转换为明确的类型。

Shell 变量的变量名由字母、数字和下画线组成，开头只能是字母或下画线。若变量名中出现其他字符，则表示变量名到此前为止。给变量赋值时，等号两边不能有空格，其格式如下：

```
变量名=值
```

若要给变量赋空值，可在等号后跟一个换行符，即缺省以上格式中“值”的部分；若字符串中包含空格，则必须将值放在引号（单引号/双引号）中。例如定义一个值为 hello itheima 的变量 var，可以使用以下格式：

```
var='hello itheima'
var="hello itheima"
```

Shell 中可以使用 readonly 将某个变量设置为只读变量，使用方法如下：

```
readonly 变量名
```

如要将上面定义的变量 var 设置为只读，可以使用以下方法：

```
readonly var
```

此时若要重新为变量 var 赋值，则会提示 bash：name：readonly variable。

2. 变量的引用

Shell 中使用$符号来引用变量，若要输出上文定义的变量，可以使用以下方式：

```
echo $var
```

其中 echo 命令类似于 C 语言中的 printf()函数，用于打印变量或字符串。以上语句中输出的结果为变量 var 中存储的值。

在定义时，使用双引号或单引号来标注变量皆可，但是在引用时，其效果略有差异。下面通过案例 4-2 来展示 Shell 中变量的引用方法。

案例 4-2：在 Shell 脚本中定义变量并进行引用。

```
1  #!/bin/sh
2  var="hello itheima"
3  echo $var
4  echo "$var"
5  echo '$var'
6  exit 0
```

案例 4-2 中脚本的执行结果如下：

```
[itheima@localhost ~]$ sh var
hello itheima
hello itheima
$var
```

案例 4-2 的第 2 行定义了一个变量 var，第 3 行通过 echo 将其输出，第 4 行与第 5 行分别在第 3 行的基础上多了一对双引号和一对单引号。根据输出结果可以看出：若由双引号引起来的字符串中有变量的引用，则会输出变量中存储的值；若由单引号引起来的字符串中有变量的引用，则会原样输出。

另外还有许多方式可以引用 Shell 中的变量，除了获取变量的值，还能获取变量的长度、子串等。Shell 中变量常见的引用如表 4-2 所示。

表 4-2　Shell 变量常见引用

引用格式	返回值	举　例
$var	返回变量值	var="itheima",$var 即 itheima
${var}	返回变量值	var="itheima",${var}即 itheima
${#var}	返回变量长度	var="itheima",${#var}即 7
${var:start_index}	返回从 start_index 开始到字符串末尾的子串,字符串中的下标从 0 开始	var="itheima",${var:2}即 heima
${var:start_index:length}	返回从 start_index 开始的 length 个字符。若 start_index 为负值,表示从末尾往前数 start_indexg	var="itheima" ${var:2:3}即 hei ${var:0-4:3}即 eim
${var#string}	返回从左边删除 string 前的字符串,包括 string,匹配最近的字符	var="itheimaitheima",${var#*e}即 imaitheima。*表示通配符
${var##string}	返回从左边删除 string 前的字符串,包括 string,匹配最长的字符	var="itheimaitheima",${var#**e}即 ima
${var:=newstring}	若 var 为空或未定义,则返回 newstring,并把 newstring 赋给 var,否则返回原值	var="",${var:=itheima}即 itheima,var=itheima; var="itheima",${var:=hello}即 itheima
${var:-newstring}	若 var 为空或未定义,则返回 newstring,否则返回原值	var="",${var:-itheima}即 itheima,var 仍为空; var="itheima",${var:-hello}即 itheima
${var:+newstring}	若 var 为空,则返回空值,否则返回 newstring	var="",${var:+itheima}为空; var="itheima",${var:+hello}即 hello
${var:?newstring}	若 var 为空或未定义,则将 newstring 写入标准错误流,该语句失败;否则返回原值	var="",${var:? itheima}将 itheima 写入标准错误流,此时输出为 bash:var:itheima; var="itheima",${var:?hello}即 itheima
${var/substring/newstring}	将 var 中第一个 substring 替换为 newstring 并返回新的 var	var="itheima",${var/hei/xy}即 itxyma
${var//substring/newstring}	将 var 中所有 substring 替换为 newstring 并返回新的 var	var="itheimaitheima//hei/xy}即 itxymaitxyma

3. 变量的输入

Shell 脚本中通过 echo 关键字打印变量,通过 read 关键字读取变量。当脚本需要从命令行读取数据时,只需要在其中添加如下的 read 语句即可:

```
read 变量名
```

当脚本执行到该语句时,终端会等待用户输入,用户输入的信息将被保存到 read 之后的变量中。

4. 变量的分类

在案例 4-1 和案例 4-2 中出现的变量称为局部变量或本地变量,这些变量定义在脚本中,只在该脚本中生效。除此以外,Shell 中还有一些独特的变量,包括环境变量、位置变量、标准变量和特殊变量。

(1) 环境变量

环境变量又称永久变量,与局部变量相对,用于创建该变量的 Shell 和从该 Shell 派生的子 Shell 或进程中。为了区别于局部变量,环境变量中的字母全部为大写。因为在系统启动时 Shell 自动登录,所以 Shell 中执行的用户进程均为子进程,环境变量可以用于所有用户进程。

环境变量使用 export 设定或定义。若要将一个已存在的本地变量修改为环境变量,可以使用以下方法:

```
export 变量名
```

若要定义一个环境变量,则使用以下格式:

```
export 变量名=值
```

(2) 位置变量

位置变量即执行脚本时传入脚本中对应脚本位置的变量。类似函数的参数,引用方法为$符号加上参数的位置,如$0、$1、$2。其中$0 较为特殊,表示脚本的名称,其余的分别表示脚本中的第一个参数、第二个参数,以此类推。假设当前有一个名为 loca 的脚本,其中的内容如下:

```
#!/bin/sh
echo "number of vars:"$#
echo "name of Shell script:"$0
echo "first var:"$1
echo "second var:"$2
echo "third var:"$3
```

执行该脚本时使用的命令与输出的结果如下所示:

```
[itheima@localhost ~]$ sh loca A B C
number of vars:3
name of Shell script:loca
first var:A
second var:B
third var:C
```

使用 shift 可以移动位置变量对应的参数,shift 每执行一次,参数序列顺序左移一个位置。移出去的参数不可再用。

假如在 loca 脚本的末尾追加以下内容：

```
shift
echo "first var:"$1
echo "second var:"$2
echo "third var:"$3
```

则 shift 之后的部分执行的结果如下所示：

```
first var:B
second var:C
third var:
```

(3) 标准变量

标准变量也是环境变量，在 bash 环境建立时生成。该变量自动解析，通过查看 etc 目录下的 profile 文件可以查看系统中的标准环境变量。

使用 env 命令可以查看系统中的环境变量，包括环境变量和标准变量。

(4) 特殊变量

Shell 中还有一些特殊的变量，这些变量及其含义分别如下：

- #　传递到脚本或函数的参数数量。
- ?　前一个命令执行情况，0 表示成功，其他值表示失败。
- $　运行当前脚本的当前进程 id 号。
- !　运行脚本最后一个命令。
- *　传递给脚本或函数的全部参数。

例如，查看传递到脚本的参数数量，可以使用以下语句：

```
echo $#
```

这些变量的使用方法与普通变量相同。

5. 变量的运算

Shell 中的变量没有明确的类型，变量值都以字符串的形式存储，但 Shell 中也可能进行一些算术运算。那么 Shell 中的算术运算是如何实现的呢？Shell 中的运算一般通过两个命令实现：let 和 expr。下面分别对这两个命令进行讲解。

(1) let

let 命令可以进行算术运算和数值表达式测试。使用 let 的格式如下：

```
let 表达式
```

命令行中的运算可以直接套用以上格式实现。下面通过示例来展示 let 在脚本中的使用方法。

假设现有一个名为 let 的脚本文件，其中内容如下：

```
#!/bin/sh
i=1
echo "i="$i
let i=i+2
echo "i="$i
let "i=i+4"
echo "i="$i
```

该脚本的执行结果如下：

```
i=1
i=3
i=7
```

let 命令也可以使用如下形式代替：

```
((算术表达式))
```

该形式在脚本中的使用方法如下：

```
#!/bin/sh
i=1
((i+=3))
echo "i="$i
```

脚本的执行结果如下：

```
i=4
```

（2）expr

expr 命令用于对整型变量进行算术运算。使用 expr 命令时可以使两个数值直接进行运算，例如进行加法运算 3＋5，我们可以在命令行中输入以下命令：

```
[itheima@localhost ~]$ expr 3+5
8
```

运算的结果会直接在命令行中输出。

若要通过变量的引用进行运算，添加$符号即可。需要注意的是，在运算符与变量或数据之间需要保留一个空格，否则该命令会将命令后的内容原样输出。

若要在 Shell 脚本中使用 expr 命令，需要使用符号'（该按键一般位于 Tab 键之上）将其内嵌到等式中。假设现在要使用一个变量接收另外两个变量的运算结果，方法如下：

```
#!/bin/sh
a=10
b=20
value='expr $a+$b'
echo "value is:$value"
exit 0
```

执行该脚本，结果如下：

```
value is:30
```

4.4　Shell 中的条件语句

条件语句是程序中不可或缺的组成部分，程序中往往需要先对某些条件进行判断，再根据判断的结果采取不同的方案。Shell 中也有条件语句，常用的条件语句为：if 语句、select 语句和 case 语句，本节着重讲解 Shell 中条件语句的使用方法。

4.4.1　条件判断

在学习 Shell 中的条件语句之前，需要先掌握 Shell 条件判断语句的书写方法。

条件判断是条件语句的核心，Shell 中通常使用 test 命令或[命令对条件进行判断，判断的内容可以是变量或文件。前文提到，每个脚本程序的末尾最好加上 exit 命令，以便提供该脚本的返回值给其他脚本程序，而这些退出码往往应用于条件判断中。下面讲解 test 命令和[命令的使用方法。

test 命令的语法格式如下：

```
test 选项 参数
```

假设要检测某个文件是否存在，可以使用如下语句进行判断：

```
if test -f file
then
  ⋮
fi
```

在此段代码中，条件语句会根据 test 命令的退出码来决定是否执行 then 之后的内容。

[命令与 test 命令的功能相同，因此以上功能也可以使用[命令来实现。使用[命令检测某个文件是否存在的代码如下：

```
if [ -f file ]
then
  ⋮
fi
```

需要注意的是，[命令也是命令，命令与选项及参数之间应有空格。因此在[]符号与[]符号中的检查条件之间需要留出空格，否则将会产生错误。

在使用[命令时，then 可以与 if 条件放在同一行，但使用这种格式时，需要使用分号“;”将条件语句与 then 分隔开来。示例代码如下：

```
if [ -f file ]; then
⋮
fi
```

Shell 中的条件判断语句通常可以分为三类：字符串比较、算术比较和针对文件的条件测试。

1. 字符串比较

字符串比较中较为常用的判断条件如表 4-3 所示。

表 4-3 字符串比较

条 件	说 明
str1＝str2	若字符串 str1 等于 str2，则结果为真
str1！＝str2	若字符串 str1 不等于 str2，则结果为真
-n str	若字符串 str 不为空，则结果为真
-z str	若字符串 str 为空，则结果为真

2. 算术比较

算术比较中比较的内容一般为整数，常用的判断条件如表 4-4 所示。

表 4-4 算术比较

条 件	说 明
expr1 -eq expr2	若表达式 expr1 与 expr2 的返回值相同，则结果为真
expr1 -ne expr2	若表达式 expr1 与 expr2 的返回值不同，则结果为真
expr1 -gt expr2	若表达式 expr1 的返回值大于 expr2 的返回值，则结果为真
expr1 -ge expr2	若表达式 expr1 的返回值大于等于 expr2 的返回值，则结果为真
expr1 -lt expr2	若表达式 expr1 的返回值小于 expr2 的返回值，则结果为真
expr1 -le expr2	若表达式 expr1 的返回值小于等于 expr2 的返回值，则结果为真
!expr	若表达式的结果为假，则结果为真

3. 文件测试

文件测试中通常是针对文件的属性做出判断，常用的判断条件如表 4-5 所示。

表 4-5 文件比较

条件	说 明
-d file	若文件 file 是目录，则结果为真
-f file	若文件 file 是普通文件，则结果为真
-r file	若文件 file 可读，则结果为真
-w file	若文件 file 可写，则结果为真
-x file	若文件 file 可执行，则结果为真
-s file	若文件 file 大小不为 0，则结果为真
-a file	若文件 file 存在，则结果为真

条件判断语句是 Shell 脚本编程的关键内容，读者应尽量掌握 Shell 脚本中条件判断语句的表示方法，以便实现灵活的 Shell 脚本。

4.4.2　if 条件语句

Shell 中的 if 条件语句分为：单分支 if 语句、双分支 if 语句和多分支 if 语句，其结构大体与其他程序设计语言的条件语句相同，下面我们将通过案例逐个讲解它们的用法。

1. 单分支 if 语句

单分支 if 语句是最简单的条件语句，它对某个条件判断语句的结果进行测试，根据测试的结果选择要执行的语句。单分支 if 语句的格式如下：

```
if [条件判断语句]; then
    ⋮
fi
```

其中的关键字为：if、then 和 fi，fi 表示该语句到此结束。

案例 4-3：输入文件名，判断文件是否为目录，若是，则输出“[文件名]是个目录”。

```
#!/bin/sh
#单分支 if 语句
read filename
if [ -d $filename ];then
    echo $filename"是个目录"
fi
exit 0
```

执行脚本，输入目录名 Videos，该案例的执行结果如下：

```
Videos
Videos 是个目录
```

2. 双分支 if 语句

双分支 if 语句类似于 C 语言中的 if…else…语句，其格式如下：

```
if [ 条件判断语句 ]; then
    ⋮
else
    ⋮
fi
```

其中的关键字为：if、then、else 和 fi。

案例 4-4：输入文件名，判断文件是否为目录，若是，则输出“[文件名]是个目录”；否则输出“[文件名]不是目录”。

```
#!/bin/sh
#双分支 if 语句
```

```
read filename
if [ -d $filename ];then
    echo $filename"是个目录"
else
    echo $filename"不是目录"
fi
exit 0
```

执行脚本，输入文件名 hello，案例 4-4 的输出结果如下：

```
hello
hello 不是目录
```

3. 多分支 if 语句

多分支 if 语句中可以出现不止一个的条件判断，其格式如下：

```
if [ 条件判断语句 ];then
    ⋮
elif [ 条件判断语句 ]; then
    ⋮
else
    ⋮
fi
```

多分支 if 语句中的关键字为：if、then、elif、else 和 fi，其中 elif 相当于其他编程语言中的 else if。

案例 4-5：判断一个文件是否为目录，若是，输出目录中的文件；若不是，判断该文件是否可执行。若能执行，输出“这是一个可执行文件”；否则输出“该文件不可执行”。

```
#!/bin/sh
read filename
if [ -d $filename ];then
    ls $filename
elif [ -x $filename ];then
    echo "这是一个可执行文件."
else
    echo "该文件不可执行."
fi
exit 0
```

执行脚本并输入不同内容测试脚本执行结果，输入项及输出结果分别如下。

① 输入目录./，输出结果如下：

```
./
a    a.out    Documents  _fc_add.c  hello.i   let    Public     test
a.c  a.txt    Downloads  first      hello.s   loca   second.c   var
…
```

② 输入可执行文件 hello，输出结果如下：

```
hello
这是一个可执行文件.
```

③ 输入不可执行的文件 file，其输出结果如下：

```
file
该文件不可执行.
```

4.4.3　select 语句

Shell 中的 select 语句可以将选项列表做出类似目录的形式，以交互的形式选择列表中的数据，传入 select 语句中的主体部分加以执行。

select 语句的格式如下：

```
select 变量 in 列表
do
    ⋮
    [break]
done
```

其中的关键字为：select、break 和 done。select 语句实质上也是一个循环语句，若不添加 break 关键字，程序将无法跳出 select 结构。

案例 4-6：编写脚本，脚本可输出一个包含 Android、Java、C++、IOS 这四项的目录。脚本根据用户的选择，输出对应的内容，如 Your have selected C++。

```
#!/bin/sh
#select 条件语句
echo "What do you want to study?"
select subject in "Android" "Java" "C++" "IOS"
do
    echo "You have selected $subject."
    break
done
exit 0
```

执行该脚本，输出结果如下：

```
What do you want to study?
1) Android
2) Java
3) C++
4) IOS
#?3                              #选择选项 3
You have selected C++.           #输出结果
```

4.4.4　case 语句

case 语句可以将一个变量的内容与多个选项进行匹配，若匹配成功，则执行该条件下对应的语句。case 语句的格式如下：

```
case var in
    选项 1)…;;
    '选项 2')…;;
    "选项 3")…;;
    ⋮
    *)…
esac
exit 0
```

其中选项表示匹配项，用于与 var 值进行匹配。匹配项可以使用引号（单引号/双引号）引起来，也可以直接列出；选项后需添加一个)，)之后才是对应匹配条件下执行的内容，每个匹配条件都以“;;”结尾；最后一个匹配项 * 类似 C 语言中的 default，是一个通配符，该匹配项的末尾不需要“;;”。

case 语句中的关键字有 case 和 esac。esac 表示 case 语句到此结束。

案例 4-7：实现一个简单的四则运算，要求用户从键盘输入两个数据和一个运算符。脚本程序根据用户的输入，输出计算结果。

```
#!/bin/sh
echo -e "a:\c"
read a
echo -e "b:\c"
read b
echo -e "select(+- * /):\c"
read var
case $var in
    '+')echo "a+b="'expr $a "+" $b';;
    "-")echo "a-b="'expr $a "-" $b';;
    "*")echo "a*b="'expr $a "*" $b';;
    "/")echo "a/b="'expr $a "/" $b';;
    *)echo "error"
esac
exit 0
```

该脚本中的 echo 后添加了选项-e，表示开启转义；输出内容的末尾添加了\c，表示输出内容之后不换行。执行该脚本，结果如下：

```
a:3
b:6
select(+- * /):+
a+b=9
```

case 语句的匹配条件可以是多个，每个匹配项的多个条件使用|符号连接。例如操作系统中常用的 yes 或 no 选项，当用户输入 Y、y 或 N、n 等时，系统应可以根据用户的输入给出肯定或否定的操作。下面给出实现该脚本的简单代码。

```
#!/bin/sh
read var
case $var in
    yes | y |Y)echo "true";;
    no | n | N)echo "false";;
    * )echo "input error"
esac
exit 0
```

执行该脚本，若用户输入 yes、y 和 Y，则脚本会打印 true；若用户输入 no、n 或 N，则脚本会打印 false；若用户输出其他信息，则脚本会打印 input error。

4.5　Shell 中的循环语句

循环是编程语言中不可或缺的重要部分，它可以将多次重复运算凝聚在简短程序中，大大减少代码量。Shell 脚本中常用的循环有 for 循环、while 循环和 until 循环。在下面的小节中，我们将分别通过简单的案例来展示这几种循环语句的使用方法。

4.5.1　for 循环

for 循环的格式如下：

```
for 变量 in 变量列表
do
    ⋮
done
```

其中变量是在当前循环中使用的一个对象，用来接收变量列表中的元素；变量列表是整个循环要操作的对象的集合，可以是字符串集合或文件名、参数等，变量列表的值会被逐个赋给变量。

下面通过案例来展示 for 循环的用法。

案例 4-8：使用 for 循环输出月份列表中的 12 个月份。

```
#!/bin/sh
for month in Jan Feb Mar Apr May Jun Jul Aug Sep Oct Nov Dec
do
    echo -e "$month\t\c"
done
echo
exit 0
```

执行该脚本，输出的结果如下：

```
Jan  Feb  Mar  Apr  May  Jun  Jul  Aug  Sep  Oct  Nov  Dec
```

需要注意的是，变量列表中的每个变量可以使用引号单独引起来，但是不能将整个列表置于一对引号中，因为使用一对引号引起来的值会被视为一个变量。

案例 4-9：在当前目录的 itheima 文件夹中存放着多个以. bxg 为后缀的文件，使用 for 循环将其中所有以. bxg 结尾的文件删除。

```
1  #!/bin/sh
2  for file in ~/itheima/*.bxg
3  do
4      rm $file
5      echo "$file has been deleted."
6  done
7  exit 0
```

脚本第 2 行代码中 * 表示通配符，*. bxg 表示文件名以. bxg 结尾的文件。执行该脚本，执行结果如下：

```
/home/itheima/itheima/11.bxg has been deleted.
/home/itheima/itheima/22.bxg has been deleted.
/home/itheima/itheima/33.bxg has been deleted.
```

4.5.2 while 循环

while 循环的格式如下：

```
while [ 表达式 ]
do
    ⋮
done
```

在 while 循环中，当表达式的值为假时停止循环，否则循环将一直进行。此处表达式外的[]表示的是[命令，而非语法格式中的中括号，不能省略。

案例 4-10：使用 while 循环计算整数 1～100 的和。

```
#!/bin/sh
count=1
sum=0
while [ $count -le 100 ]
do
    sum='expr $sum+$count'
    count='expr $count +1'
done
echo "sum=$sum"
exit 0
```

执行该脚本，输出的结果如下：

```
sum=5050
```

4.5.3 until 循环

until 循环的格式如下：

```
until [ 表达式 ]
do
    …
done
```

until 循环与 while 循环的格式基本相同,不同的是,当 until 循环的条件为假时,才能继续执行循环中的命令。

案例 4-11:使用 until 循环输出有限个数据。

```
#!/bin/sh
#until
i=1
until [ $i -gt 3 ]
do
    echo "the number is $i."
    i='expr $i+1'
done
exit 0
```

执行该脚本,输出的结果如下:

```
the number is 1.
the number is 2.
the number is 3.
```

4.6　Shell 脚本调试

程序的编写不可能总是一帆风顺,尤其是编写的代码较长或较复杂时,极其可能出现各种各样的错误。C 语言等高级语言的许多编辑器中都提供了编译调试工具,以便在程序执行前对程序进行编译和调试,Shell 脚本程序也不例外。

Shell 中提供了一些选项,用于 Shell 脚本的调试过程。Shell 脚本中常用于调试的选项为:-n、-v、-x,对应选项的功能分别如下:

- -n　不执行脚本,仅检查脚本中的语法问题;
- -v　在执行脚本的过程中,将执行过的脚本命令打印到屏幕;
- -x　将用到的脚本内容打印到屏幕上。

下面结合案例分别演示这些选项的使用方法。

案例 4-12:利用脚本 case_test(4.4.4 节中的案例 4-7)测试-n 选项的用法。

```
[itheima@localhost ~]$ sh -n case_test
```

因为脚本 case_test 中不存在语法问题,所以屏幕上没有内容输出。若将 *) echo "error"处的右引号删除,再次执行检测语句,则会在屏幕上打印出如下内容:

```
[itheima@localhost ~]$ sh -n case_test
case_test: line 13: unexpected EOF while looking for matching '"'
case_test: line 16: syntax error: unexpected end of file
```

案例 4-13：利用脚本 if_elif(4.4.2 节中的案例 4-5)测试-v 选项的用法。

```
[itheima@localhost ~]$sh -v if_elif
#!/bin/sh
read filename
a
if [ -d $filename ];then
    ls $filename
elif [ -x $filename ];then
    echo "This is a executable file."
else
    echo "This is not a executable file."
fi
This isn't a executable file.
exit 0
```

以上代码其中带下画线的内容为用户根据提示输入的文件名；黑色加粗的内容为脚本程序输出的信息；其余各行为脚本中的代码。由案例 4-13 中的代码可知，用户输出的内容穿插在脚本内容之间，终端打印的信息包含脚本程序中的全部内容。

案例 4-14：利用脚本 if_elif 测试-x 选项的用法。

```
[itheima@localhost ~]$sh -x if_elif
+read filename
a
+'[' -d a ']'
+'[' -x a ']'
+echo 'This is not a executable file.'
This isn't a executable file.
+exit 0
```

此段代码带下画线的为用户根据提示输入的内容；以+开头的为本次执行过程中使用到的内容；黑色加粗的为脚本程序输出的内容。由案例 4-14 中打印的信息可知，-x 选项只会打印程序执行过程中用到的代码。

4.7 Shell 中的函数

函数将某个要实现的功能模块化，使代码结构和程序的工作流程更为清晰，也提高了程序的可读性和可重用性，是程序中重要的部分。本节将从函数的定义、调用方法、函数中的参数这三个部分着手，讲解 Shell 中函数的相关知识。

1. 函数的定义

Shell 中的函数相当于用户自定义的命令，函数名相当于命令名，代码段用来实现该函数的核心功能。Shell 中函数的格式如下：

```
[function] 函数名[()]{
    代码段
```

```
    [return int]
}
```

在 Shell 脚本中定义函数时，可以使用 function 关键字，也可以不使用；函数名后的括号可以省略，若省略，则函数名与{之间需要有空格；Shell 脚本中的函数不带任何参数；Shell 脚本函数中可以使用 return 返回一个值，也可以不返回，若不设置返回值，则该函数返回最后一条命令的执行结果。

2. 函数的调用

Shell 脚本是逐行执行的，所以其中的函数需要在使用前定义。下面通过案例来展示 Shell 脚本中函数的使用方法。

案例 4-15：定义一个 hello 函数，该函数可以输出 hello itheima，并在脚本中使用该函数。

```
#!/bin/sh
#function hello
function hello(){
    echo "hello itheima."
}
#main
hello                                        #hello 函数调用
exit 0
```

执行该脚本，输出结果如下：

```
hello itheima.
```

3. 函数中的参数

若大家学习过 C 语言，应该知道，在 C 语言中有参数列表的概念。参数列表一般在函数名后的括号中，用于函数间的数据传递。类似地，Shell 脚本的函数中也会有数据的传递，但是 Shell 中的函数没有参数列表，那么它们是如何传递数据的呢？

4.3.2 节中介绍了 Shell 中位置变量的概念，其中$0 代表 Shell 脚本的名称，$1～$n 代表脚本中的位置变量，这些变量可以依次获取执行脚本时传入脚本的参数。Shell 脚本中的函数也使用此种方式获取参数，其中$0 代表函数名，$n 代表传入函数的第 n 个参数。

需要注意的是，函数中的位置变量不与脚本中的位置变量冲突。函数中的位置变量在函数调用处传入，脚本中的位置变量在脚本执行时传入。下面通过案例来展示函数中参数的传递方式。

案例 4-16：分别为脚本中的位置变量和函数中的位置变量传参。

```
#!/bin/sh
#function
function _choice(){
    echo "Your choice is $1."
}
```

```
#main
case $1 in
    "C++")_choice C++;;
    "Android")_choice Android ;;
    "Python")_choice Python;;
    *)echo "$0:please select in(C++/Android/Python)"
esac
exit 0
```

在命令行中输入 sh fun2 C++，执行该脚本，执行结果如下：

```
[itheima@localhost ~]$ sh fun2 C++
Your chioce is C++.
```

分析案例 4-16：其中的代码可视为两个部分，#function 和#main 之间的部分为函数_choice，#main 之后为脚本部分。脚本主体为 case…in…esac 结构，结构中的变量为脚本的位置变量$1；结构中的匹配项共调用了三次_choice 函数，调用的同时为_choice 函数传递一个参数，该参数被函数中的位置变量$1 接收。

4. 函数中的变量

在 C 语言中，函数内部定义的变量为局部变量，当函数调用结束时被销毁；Shell 脚本的函数中也可以定义变量，那么其中的变量是否是一个局部变量呢？我们可以通过一个案例来验证。

案例 4-17：验证 Shell 脚本函数中定义的变量是否是局部变量。

```
#!/bin/sh
function fun(){
    a=10
    echo "fun:a=$a"
}
a=5
echo "main:a=$a"
fun                                     #函数调用
echo "main:a=$a"
exit 0
```

执行该脚本，输出结果如下：

```
main:a=5
fun:a=10
main:a=10
```

分析输出结果：脚本中首先定义了全局变量 a 并输出，得到结果为 main:a=5，此时全局变量 a 值为 5；之后调用函数 fun，函数中也定义了一个 a 并被赋值为 10，输出该变量，值为 10，函数调用结束；再次在脚本中输出变量 a，输出结果为 main:a=10。由程序打印结果可知，函数调用后，全局变量 a 发生了变化，因此函数中的变量 a 是脚本中定义的全局变量 a，而非由函数重新定义的局部变量。

通过案例 4-17 可以看出，Shell 中的变量可以方便地在函数体中与函数外传递，但是也许有时仅仅想使用与全局变量相同的变量名，而非要修改全局变量的值，此时便需要在函数中定义一个局部变量。在 Shell 脚本的函数中定义局部变量的方法很简单，只需要在变量前添加 local 关键字即可。如此一来，函数中定义的同名变量的作用范围便被限制在函数之中。下面通过案例来展示 local 的用法。

案例 4-18：使用 local 在函数中定义一个局部变量。

```
#!/bin/sh
function fun(){
    local a=10
    echo "fun:a=$a"
}
a=5
echo "main:a=$a"
fun                                        #函数调用
echo "main:a=$a"
exit 0
```

执行脚本，输出结果如下：

```
main:a=5
fun:a=10
main:a=5
```

根据输出结果可知，在函数调用前后，脚本中全局变量 a 的值一致，这说明使用关键字 local 定义在函数中的变量是一个局部变量。

4.8　本章小结

本章主要介绍了 Shell 以及与 Shell 编程相关的知识，包括 Shell 的分类、功能、使用技巧和 Shell 编程中涉及的变量、条件语句、循环语句、脚本调试方法及脚本中函数的相关知识等。通过本章的学习，读者应对 Shell 和 Shell 编程有所了解，熟练掌握与 Shell 编程相关的基础知识，并能将这些知识灵活运用到脚本编写中。

4.9　本章习题

一、填空题

1. Linux 系统中的输入输出分为三类，分别为：________、标准输出和________。

2. 当执行 gcc -c hello. c 2>file 命令时，系统会将执行命令时的________输出到文件 file 中。

3. 执行 Shell 脚本的方法有两种，假设现有一个脚本文件 test. sh，则执行该脚本的方式分别为：________________和________________。

4. Shell 中的变量没有明确的类型，变量值都以字符串的形式存储，但 Shell 中也可能进行一些算术运算。Shell中的运算一般通过两个命令实现：________和________。

5. 条件判断是条件语句的核心，Shell中通常使用________命令或________命令对条件进行判断，这两个命令判断的条件可以是命令或脚本。

6. Shell脚本中常用的条件语句有三种，分别为：________语句、________语句和________语句。

二、判断题

1. cat<file命令的功能是将cat命令打印的结果重定向到文件file中。（ ）

2. Shell的原意为“壳”，它包裹在内核之外，处于硬件与内核之间。其主要功能为接收用户输入的命令，找到命令所在位置，并加以执行。（ ）

3. Shell最重要的功能是命令解释，Linux系统中的所有可执行文件都可以作为Shell命令来执行。（ ）

4. 使用&连接符连接的命令，其前后命令的执行遵循逻辑与关系，只有该连接符之前的命令执行成功时，后面的命令才会被执行。（ ）

5. 在Shell编程中，使用echo命令可打印字符串。若当前脚本中定义了变量var="hello itheima"，则语句echo '$var'打印的结果为hello itheima。（ ）

三、单选题

1. 分析以下脚本代码：

```
#!/bin/sh
var="hello itheima"
echo "$var"
echo '$var'
exit 0
```

从以下选项中选出正确的执行结果。（ ）

A. hello itheima
hello itheima

B. hello itheima
$var

C. $var
hello itheima

D. $var
$var

2. 从以下四个选项中，选出能成功将标准错误重定向到file文件中的选项。（ ）

A. gcc hello.c 2<file　　B. gcc hello.c 1<file

C. gcc hello.c 2>file　　D. gcc hello.c 2>>file

3. 若需要在当前终端上顺序执行命令，则应使用下列哪个符号连接？（ ）

A. ;　　B. |　　C. &&　　D. ||

四、简答题

1. 分析以下脚本代码：

```
#!/bin/bash
sum=1
```

```
for((i=1; i <=10; i++))
    do
        sum='expr $sum+$i'
        echo $sum
done
echo "sum1~10=$sum"
```

写出此脚本的执行结果。

2. 写出 Shell 脚本中 while 循环与 until 循环的基本格式，并简述这两种循环结构的区别。

五、编程题

1. 编写 Shell 脚本实现如下菜单界面：

```
Menu
1) exit
2) edit file
3) date
4) calc
#?
```

2. 编写 Shell 脚本，实现批量添加用户功能，要求如下：

① 用户名格式统一，为相同字符串加数字编号，如 qwe1～qwe9；

② 用户密码与用户名相同。

3. 编写 Shell 脚本，实现批量删除用户功能，其中用户的用户名格式统一（如 qwe1～qwe9）。

第 5 章

Linux文件系统与操作

学习目标

- 了解磁盘分区与目录结构
- 掌握 ext2 文件系统布局
- 掌握数据块寻址方式
- 熟悉 Linux 系统中的文件类型
- 掌握 Linux 系统中实现 I/O 操作的方法

计算机之所以能运行，是因为在机器硬件上配备了完整的操作系统。操作系统规定了计算机的运行方式和处理请求的方式，是计算机不可分割的一部分。在操作系统安装时，安装程序会为计算机安装一个文件系统。文件系统与操作系统类似，都相当于一个程序，存在于存储设备上，但文件系统用于规定文件的存取和操作方式。存储设备的正常使用离不开文件系统，本章将会结合磁盘结构对文件系统和 Linux 系统中的文件进行讲解。

5.1 磁盘与目录

磁盘是文件系统的底层支持，目录是文件系统的具体表现，磁盘与目录都和文件系统密不可分。本节先对磁盘的结构进行讲解，再讲解目录结构(即文件的组织方式)，以及存取文件时涉及的关键结构——inode 和 dentry。

5.1.1 磁盘与磁盘分区

磁盘是计算机中的主要存储设备，一般由主轴、盘片和读写磁头组成，如图 5-1 所示。磁盘中包含多张盘片，每张盘片包含上下两个盘面，盘片固定在磁盘的主轴上，盘片的每个盘面都有一个固定在动臂上的读写磁头；计算机中的数据存储在磁盘的盘面上，盘片随主轴的旋转而转动，固定在动臂上的读写磁头在盘片转动的同时读取盘面上存储的信息。

磁盘的盘片又可细分：图 5-1 中盘片上的圆环称为磁道，每张盘片上有许多磁道。多张盘片上半径相同的磁道组成的圆柱面称为柱面，一张盘片有多少磁道，磁盘就有多少柱面。磁道是读写磁头读写的轨迹，读写磁头可以在动臂的带动下切换访问的柱面。由内及外，扇区中的磁道逐渐增大。较大的磁道能够存储更多的数据，但因为磁道中能存储的数据量不同，所以以磁道作为存储单位显然会为数据存储带来麻烦。

磁盘上的盘片被细分为多个大小相同的扇区，扇区是磁盘空间的基本单位。一般来说，一个扇区的大小为 512 字节。磁盘中第一个扇区非常重要，其中存储了与磁盘正常使用相关的重要信息，分别为：主引导记录、磁盘分区表和魔数。

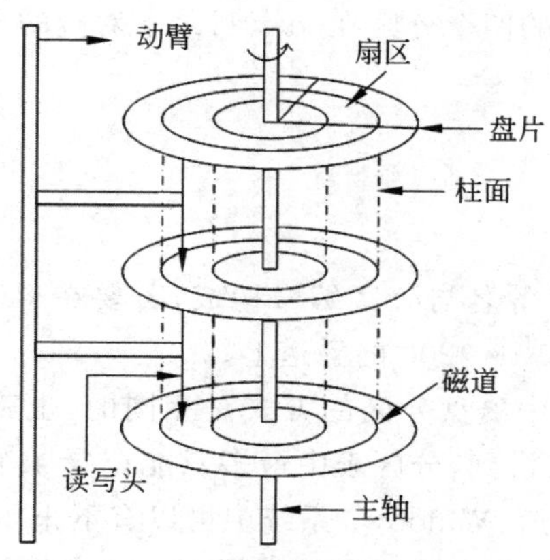

图 5-1　磁盘结构示意图

- 主引导记录(MBR,Master Boot Record)占用 446 个字节,其中包含一段引导加载程序(Boot Loader)。计算机启动后,会到磁盘 0 盘片的 0 扇区去读取 MBR 中的内容,只有 MBR 中的程序正确无误,计算机才能正常开机。
- 磁盘分区表(partition table)占用 64 个字节,其中记录整块磁盘的分区状态。每个分区的信息需要 16 个字节,因此磁盘分区表若只记录分区信息,便最多只能存储 4 个分区的分区信息。
- 魔数(magic number)占用两个字节,用来标识 MBR 是否有效。

在计算机诞生伊始,其存储空间是极其有限的,但随着计算机硬件与软件的发展,普通计算机中配备磁盘的存储空间已能用 T 来计算,这表示磁盘中能够存储的数据也有了极大的提升。为了更好地组织文件,并提高磁盘的读写效率,为磁盘分区是一个明智的选择。

若要为现实中的空间分区,如为一间房间分区,可以通过在房间中添加格档来实现,但对于磁盘来说,这种方法显然行不通。在对磁盘结构分区时,我们提到,磁盘的第一个扇区中存储着一张"磁盘分区表",其实利用这张表便能为磁盘分区。

磁盘由若干个柱面组成,假设一个磁盘有 500 个柱面,将磁盘分为 4 个分区,那么只需要将磁盘的分区信息记录在磁盘分区表中即可。按上述方式,磁盘分区与分区表的关系应如图 5-2 所示(每个分区的柱面数可不相同)。

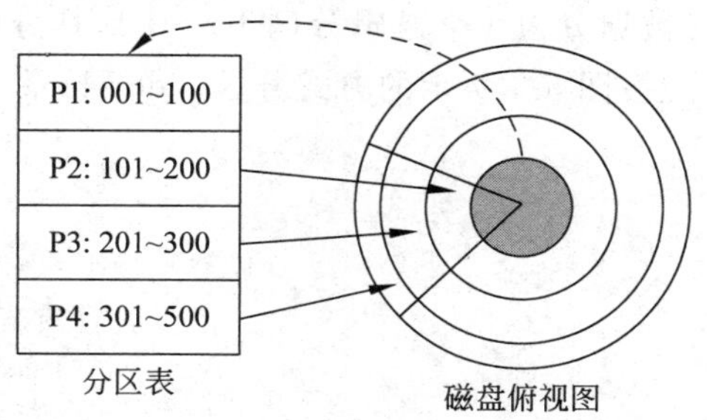

图 5-2　分区表与磁盘分区

Linux 系统中遵循"一切皆文件"的思想,Linux 下的设备也会被视为文件。硬盘作为设备的一种,其对应的文件被存储于系统的/dev 目录下。若磁盘为 SATA 类型,则磁盘路径名为/dev/sda，图 5-2 所示的四个分区在/dev 目录下对应的文件名如下所示：

- P1：/dev/sda1
- P2：/dev/sda2
- P3：/dev/sda3
- P4：/dev/sda4

设备的文件名由路径、设备名与分区编号构成，若要在 P2 分区中存储数据，则相应的数据会被写到磁盘中编号为 101～200 的磁道上。

Linux 和 Windows 系统中磁盘分区的方式是相同的，也就是说 Windows 系统中也有一个 64 字节的分区表。前文讲到，分区表中最多只能记录 4 个分区的属性信息，但是熟悉 Windows 系统的用户应该知道，Windows 系统中可以有不止 4 个分区，这是为什么呢？

原来磁盘除可以划分出主分区外，还可以划分出一个扩展分区，而扩展分区可以再次划分，由扩展分区划分出的分区被称为逻辑分区。逻辑分区中的信息同样需要存储，通常这些信息会被存储在由扩展分区划分出的第一个逻辑分区的第一个扇区中。

若磁盘中包含 500 个磁道，磁盘被分为一个主分区和一个扩展分区，且扩展分区又被划分为 4 个逻辑分区，那么主分区表和逻辑分区表中的分区与磁盘的对应关系如图 5-3 所示。

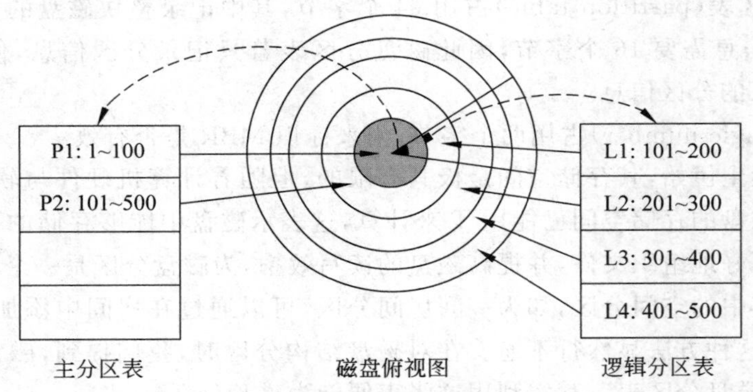

图 5-3 主分区与逻辑分区

图 5-3 的磁盘中有两个分区表(分别用黑色扇形和方块表示)。存在于分区 P1 中的分区表为主分区表，共占 64 字节，其中只记录了两个分区：P1 和 P2。分区 P1 为主分区，分区 P2 为扩展分区，分区 P2 又被划分为 4 个逻辑分区 L1～L4，其分区信息存储于第 101 个柱面的扇区中。若 Linux 系统按图 5-3 所示的方式分区，/dev 目录下将会有 6 个设备文件，文件的路径名分别如下：

- P1：/dev/sda1
- P2：/dev/sda2
- L1：/dev/sda5
- L2：/dev/sda6
- L3：/dev/sda7
- L4：/dev/sda8

可注意到逻辑分区 L1～L4 的设备文件编号从 5 开始，这是因为编号 1～4 被预留给主分区表中的设备文件使用，即使主分区表中的分区不足 4 个，逻辑分区的设备文件也不能使用编号 1～4。

虽然磁盘分区表中最多可以存储 4 个分区的信息，但使用时一般只使用两个分区，即一个主分区和一个扩展分区。主分区可以马上被使用，但不能再分；扩展分区必须再划分为逻辑分区才能使用，因为系统不能识别未划分的扩展分区。

5.1.2　目录结构

目录结构是磁盘等存储设备上文件的组织形式，主要体现在对文件和目录的组织方式上。Linux 使用标准的目录结构，在操作系统安装的同时，安装程序会为用户创建文件系统，并根据文件系统层次化标准(Filesystem Hierarchy Standard，FHS)建立完整的目录结构。FHS 采用树形结构组织文件，是多数 Linux 版本采用的文件组织标准，它定义了系统中每个区域的用途、所需要的最低限量的文件和目录等。

Windows 系统以磁盘作为树形组织结构的根结点，其中的每个磁盘有各自的树状结构。如此一个系统中会存在多个树状结构，其文件或目录的路径一般以磁盘号开头，如 C://program file。而 Linux 操作系统中只有一个树状结构，根目录/存在于所有目录和文件的路径中，是唯一的根结点。Linux 操作系统中的目录树结构如图 5-4 所示。

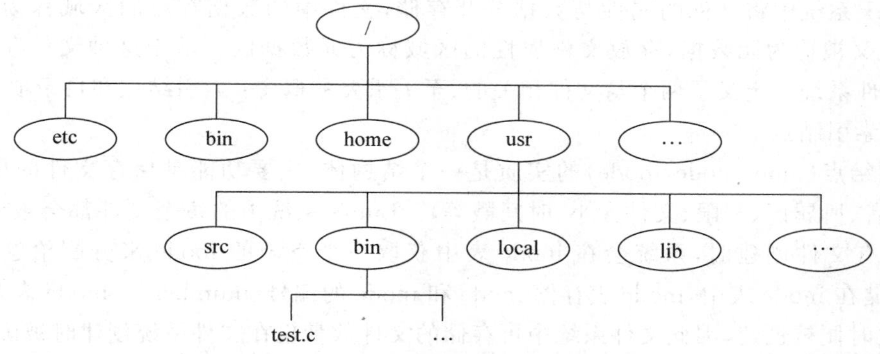

图 5-4　目录树结构示意图

Linux 系统是一个多用户的系统，因此制订一个固定的基础目录结构能方便对系统文件与不同用户文件的统一管理。Linux 目录结构固有的目录中按照规定存放功能相似的文件，其发行版本中常用的目录以及目录中存放的文件如下：

- /：根目录，只包含目录，不包含具体文件。
- /bin：存放可执行的文件，如常用命令 ls、mkdir、rm 等，都以二进制文件的形式存放在该目录中。
- /dev：存放设备文件，包括块设备文件(如磁盘对应文件)、字符设备文件(如键盘对应文件)等。
- /root：超级用户，即管理员的工作目录。
- /home：普通用户的工作目录，每个用户都有一个/home 目录。
- /lib：主要存放动态链接共享库文件，类似于 Windows 中的. dll 文件，该目录中的文件一般以. a、. dll、. so 结尾(后缀不代表文件类型)；也会存放与内核模块相关的文件。

- /boot：存放操作系统启动时需要用到的文件，如内核文件、引导程序文件等。
- /etc：主要包含系统管理文件和配置文件。
- /mnt：存储挂载存储设备的挂载目录。
- /proc：存放系统内存的映射，可直接通过访问该目录来获取系统信息。
- /opt：存放附加的应用程序软件包。
- /tmp：存放临时文件，重启系统后该目录的文件不会被保存；每个用户都能创建该目录，但不能删除其他用户的/tmp 目录。
- /swap：存放虚拟内存交换时所用的文件。
- /usr：包含所有的用户程序(/usr/bin)、库文件(/usr/lib)、文档(/usr/share/doc)等，是占用空间最大的目录。

对用户来说，Linux 系统是自由的系统，用户可以几乎不受约束。掌握 Linux 系统中的目录结构有助于用户掌握 Linux 系统的文件组织方式，因此读者应对目录结构有所了解，并掌握 Linux 系统的常用目录中存储的文件种类。

5.1.3 inode 与 dentry

Linux 系统中将文件的属性与数据分开存储，文件中的数据存放的区域称为数据区。文件属性又被称为元数据，存放文件属性的区域称为元数据区。基于这种文件存储方式，Linux 文件系统中定义了两个与文件相关的、至关重要的概念：索引结点和目录项。

(1) 索引结点

索引结点(index node，inode)的实质是一个结构体，主要功能是保存文件的属性信息(如所有者、所属区、权限、文件大小、时间戳等)。Linux 系统中的每个文件都会被分配一个 inode，当有文件创建时，系统会在 inode 表中获取一个空闲的 inode 来分配给这个文件。inode 存储在 inode 表中，inode 表存储 inode 和 inode 的编号(inumber)。inode 表在文件系统创建之时便被创建，因此文件系统中可存储的文件数量也在文件系统创建时被确定。

文件的 inode 编号可通过 ls -i 命令查看，如查看当前目录中普通文件 test. c 的 inode 编号：

```
[itheima@localhost ~]$ls -i test.c
665964 test.c
```

由打印结果可知，test. c 的 inode 编号为 665964。

对于 Linux 的每个文件系统来说 inode 编号唯一，但 Linux 系统中可以为每个分区安装一个文件系统，因此 inode 编号并不能唯一标识 Linux 系统中的一个文件。

(2) 目录项

Linux 文件系统中的索引结点保存着文件的诸多属性信息，但并未保存文件的文件名。实际上，Linux 系统中文件的文件名并不保存在文件中，而是保存在存放该文件的目录中。

Linux 系统中定义了一个被称为目录项(dentry)的结构体，该结构体主要存储文件的文件名与 inode 编号，系统通过读取目录项中的文件名和文件的 inumber 来判断文件是否存在于这个目录中。dentry 中允许同一个 inode 对应不同的文件名，但不允许相同的文件名对应不同的 inode。

不同于 Windows 系统中多树并存的目录结构，Linux 系统中只以根目录为根结点，向下扩散出多个目录结点。也就是说，所有文件的路径都从根目录开始，而根目录是可以自引用的。任务发起后，内核会根据获得的路径名自动找到根目录，之后根据路径名中的目录名与文件名，通过逐级检测目录中的目录项来寻找文件。

5.2 Linux 文件系统

对计算机而言，要访问文件，需要先获取文件在磁盘上的存储位置，但存储在磁盘上的文件不过是一段 0、1 代码，那么计算机该如何准确找到文件和正确读取文件信息呢？这便与文件系统相关了。

文件系统是管理操作系统中文件的一组规则，它规定了数据在磁盘上的组织存储形式，也规定了系统访问数据的方式，文件的存储与访问都要依赖文件系统。在传统形式的磁盘中，一个分区只能有一个文件系统，但随着新技术的研发，一个分区可以被格式化为多个文件系统，多个分区也能合成一个文件系统。虽然分区与文件系统之间不存在一一对应关系，但为了弱化磁盘的概念，本节仍基于分区对文件系统进行讲解。

5.2.1 Linux 文件系统版本

Linux 早期在 Minix 系统上进行跨平台开发，其最初使用的文件系统是基于 Minix 的文件系统。虽然该文件系统非常稳定，但它能支持的最大空间仅有 64M，支持的文件名最长只能有 14 个字符。随着 Linux 的不断发展，该文件系统逐渐无法满足 Linux 对于文件存储管理的需求，因此开发人员考虑开发一套属于 Linux 的独立的文件系统，也就是第一代扩展文件系统(Extended File System，ext)。

ext 文件系统是一个虚拟文件系统，发布于 1992 年 4 月。为了避免新文件系统的出现可能带来的问题，也为了能给文件系统提供更好的接口，开发人员在 Linux 内核中添加了一个文件系统的虚拟层。ext 文件系统是第一个使用虚拟层的文件系统，该文件系统解决了 Minix 文件系统的不足，它最多支持 255 个字符的文件名，支持 2GB 的空间。但 ext 文件系统自身又有新的问题出现：文件访问、inode 修改与文件内容修改使用相同的时间戳。

为了解决 ext 的不足，第二代扩展文件系统(Second Extended File System，ext2)逐渐被开发。1993 年 1 月，ext2 文件系统首次被发布，该文件系统在 ext 的基础上结合了 UNIX 中文件系统的诸多优点，性能再次得到提升。ext2 中添加了许多新特性，如 POSIX、访问控制表等。此外，ext2 具备可扩展性，它为自己未来的发展预留了一定空间。在之前的 Linux 内核版本中，由于块驱动的限制，ext2 最大支持大小为 2TB 的单个文件。

ext2 是 Linux 历史上第一个商业级的文件系统，之后随着 Linux 的逐渐发展，可用于 Linux 的文件系统有 JFS2、ReiserFS、XFS 以及 ext2 的后继版本 ext3。虽然 ext3 的速度比其他文件系统略有不足，但因可以在适当的时候由 ext2 升级且无须备份和恢复数据以及 CPU 使用率比同期部分文件系统低等原因，该文件系统最终成为 Linux 系统中默认安装的文件系统。ext3 文件系统较之 ext2 的最大更新在于，ext3 是一个日志文件系统，其中添加了日志，保证文件系统在故障时能快速恢复，并保持系统的一致性。

由于 ext3 系统的设计目标是高度兼容 ext2，它与 ext2 的差别不是很大，又因其自身有许多限制与不足，于是后续有了 ext4 的开发。ext4 在初期开发时目标只是提升 etx3 的性能，但因为在其中添加的提升性能所需的延伸包可能会影响其稳定性，因此部分 Linux 开发者拒绝在 ext3 中添加延伸包，并要求将其命名为 ext4，作为 ext3 的分支进行开发。2008 年 10 月 11 日，ext4 作为稳定版本加入 2.6.29 版的源代码中，ext4 的开发基本完成。2008 年 12 月 25 日，ext4 成为 Linux 官方建议的默认文件系统。

5.2.2 fdisk/mke2fs

Linux 系统中提供了用于创建和管理磁盘分区的命令 fdisk 以及创建文件系统的命令 mke2fs，下面分别对这两个命令进行讲解。

1. fdisk

fdisk 命令可以查看当前系统中的磁盘，以及磁盘中的分区情况，也可以用于磁盘分区。其命令格式如下：

```
fdisk [选项] [参数]
```

当使用 fdisk 命令查看磁盘使用情况时，常用的选项为-l，该选项可以列出指定设备的分区表状况；该命令的参数一般为设备文件，若参数被省略，则打印系统中所有磁盘的使用状况。使用命令 fdisk -l 后输出的信息如下：

```
[root@localhost itheima]#fdisk -l

Disk /dev/sda: 21.5 GB, 21474836480 bytes
255 heads, 63 sectors/track, 2610 cylinders
Units=cylinders of 16065 * 512=8225280 bytes
Sector size(logical/physical): 512 bytes / 512 bytes
I/O size(minimum/optimal): 512 bytes / 512 bytes
Disk identifier: 0x00048bf4

   Device Boot      Start         End      Blocks   Id  System
/dev/sda1   *           1          39      307200   83  Linux
Partition 1 does not end on cylinder boundary.
/dev/sda2              39        2358    18631680   83  Linux
/dev/sda3            2358        2611     2031616   82  Linux swap / Solaris
```

观察打印的信息：命令执行后，该信息被空行分割成两部分，其中第一部分为该磁盘实体的描述信息，第二部分为磁盘的分区情况以及各个分区的信息。

在第一部分的第 1 行信息中，/dev/sda 代表磁盘名，21.5GB 代表磁盘的容量（该数字不一定精确），21474836480 bytes 同样代表磁盘的大小，单位为字节；第 2 行信息表示该磁盘有 255 个磁头、每个磁道上有 63 个扇区、磁盘中共有 2610 个柱面；第 3 行信息表示一个柱面上扇区的数量：磁盘中所有的磁头应在同一个柱面上，每个磁道上有 63 个扇区，因此一个柱面上扇区的总数＝磁头数×每个磁道上的扇区数；第 4 行信息代表扇区的逻辑大小和物理大小（都是 512 字节）；第 5 行信息代表最小和最佳的 I/O 尺寸（都为 512 字节）；最后一行代表磁盘标识符。

第二部分的每一行表示一个分区的信息，分别包含设备名、分区起始柱面、分区结束柱面、分区总块数等信息。

根据以上的信息可以大致掌握系统中磁盘的情况，另外亦可将-u 与-l 搭配使用，此时第二部分的开始与结束的显示单位将会被更换为扇区。

fdisk 也是 Linux 系统中用于分区的工具，使用该命令可以为设备进行分区。在将设备添加或连接到主机时，可以先使用 fdisk 命令查看系统中的磁盘。假设新增的设备是一块新磁盘，其在系统中的名称为/dev/hd。使用 fdisk 命令后，除初始的磁盘/dev/sda 外，还能看到/dev/hd 的大致信息，只是该磁盘第二部分信息只有一行。确认磁盘已被系统识别后，可为该磁盘分区。

fdisk 使用传统的问答式界面，用户在分区时需要通过键盘来选择要执行的内容，其中常用的按键如表 5-1 所示。

表 5-1　fdisk 命令常用按键

按键	说　　明
p	打印分区信息
n	创建一个新的分区
d	删除一个分区
w	将分区信息写入分区表，保存并退出
q	退出但不保存

主机默认磁盘的分区可以在安装时确定，此处读者只需要对 fdisk 命令的基本用法有所了解即可。若有需要，读者可自行对 fdisk 的分区功能进行实践。

2. mke2fs

为了让操作系统识别磁盘并知道如何控制数据的存取，我们需要为已完成分区的磁盘创建一个文件系统。所谓创建文件系统，并非在分区中安装一个实现文件系统功能的工具，而是定义一组符合文件系统存取方式的规则。Linux 中通过高级格式化来创建文件系统。

高级格式化又称逻辑格式化，它是指根据用户选定的文件系统，在磁盘的特定区域写入特定数据，以达到初始化磁盘或磁盘分区、清除原磁盘或磁盘分区中所有文件的目的。高级格式化会对主引导记录中分区表的相应区域进行重写，并将分区空间划分为两部分，一部分用于存储数据，另一部分用于存储与分区文件管理相关的数据。

Linux 系统中提供了 mke2fs 命令来为磁盘分区创建 ext2、ext3 文件系统，该命令的格式如下：

```
mke2fs [选项] [参数]
```

mke2fs 命令常用的选项如表 5-2 所示。

表 5-2 mke2fs 命令常用选项

选　项	说　明
-b 区块大小	指定区块大小，单位为字节
-c	检查是否有损坏的区块
-f 不连续区段大小	指定不连续区段的大小，单位为字节
-F	忽视设备，强制执行 mke2fs
-N	指定 inode 的数目
-S	仅写入 superblock 与 GDT

该命令的参数一般为要格式化的设备文件或文件系统磁盘块的数量。若要使用该命令将 Linux 系统中的分区/dev/sda5 格式化为 ext2 格式，可使用如下命令：

```
mke2fs ext2 /dev/sda5
```

Linux 系统中还有个类似的命令——mkfs。该命令也可将磁盘分区格式化为指定格式，其常用选项为-t，之后的参数为文件系统类型，使用该选项可以指定要建立的文件系统种类。若要将 Linux 系统中的分区/dev/sda5 格式化为 ext2 格式，可使用如下命令：

```
mkfs -t ext2 /dev/sda5
```

文件系统中存储数据的最小单位是块(block)，块的大小在格式化时确定。在使用 mke2fs 命令格式化的分区中，块的大小一般为 1KB、2KB 或 4KB，可使用参数-b 指定。

其实使用过电子设备的大多数读者都应该接触过高级格式化：当设备提示存储空间不足时，若设备中没有存储重要文件，有些用户会选择对设备进行格式化，这个格式化就是高级格式化。

与高级格式化相对的是低级格式化。我们使用的电子设备一般是不提供低级格式化功能的，因为低级格式化后的磁盘中只存在柱面、磁道、扇区以及扇区细节的划分，这样的设备无法直接被使用。但低级格式化是高级格式化之前需要进行的一项操作。

多学一招：du/df

du 和 df 是 Linux 系统中与磁盘使用情况相关的命令，下面对这两个命令分别进行讲解。

(1) du

du 即 disk usage，意为磁盘使用情况，该命令可以计算文件或目录占用的磁盘空间。其命令格式如下：

```
du [选项] [参数]
```

du 的参数一般为目录或文件，选项可以对显示信息进行控制。当选项与参数都缺省时，该命令会逐级进入当前工作目录与其所有子目录，检测目录占用的磁盘块数，并在最后显示工作目录占用的总块数。du 命令常用的选项如表 5-3 所示。

表 5-3　du 命令常用选项

选　项	说　明
-a	显示所有目录以及目录中每个文件所占用的磁盘空间
-s	只显示目录及文件占用磁盘块的总和
-b/-k/-m/-g	以 B/KB/MB/GB 为单位，显示目录占用磁盘块的总和
-x	以最初处理时的文件系统为准，跳过不同文件系统上的文件
-D	显示指定符号链接的源文件大小

du 命令后可跟多个参数，若参数皆为文件，执行命令后系统会逐条显示每个参数占用空间的大小；若参数中有目录，系统会计算目录中每个文件占用的磁盘块数并逐条输出，指定参数的统计信息会在最后输出。

案例 5-1：使用 du 命令统计文件所占的磁盘块数。

使用的命令和打印的信息分别如下：

```
[itheima@localhost ~]$du -a
487520.
4    dir
4    itheima
```

du 打印的结果通常只有两项，第一项为磁盘块数，第二项为目录的路径名。

(2) df

df 命令用于查看与磁盘空间相关的信息，其命令格式如下：

```
df [选项] [参数]
```

df 的参数可以是文件，但打印的信息会是该文件所在文件系统磁盘的使用情况。在命令行中输入命令 df，会打印如下所示的信息：

```
Filesystem      1K-blocks     Used Available Use%Mounted on
/dev/sda2        18208184 3761136  13515464  22%/
tmpfs              502068     228    501840   1%/dev/shm
/dev/sda1          289293   34635    239298  13%/boot
```

打印的信息共有六项，分别为：文件系统(Filesystem)、总容量(1K-blocks，单位为 K)、已用容量(Used)、可用容量(Available)、已用容量百分比(Use%)、挂载目录(Mounted on)。其中与容量相关的项默认显示单位为千字节；挂载目录即文件系统在目录树上的入口，挂载是文件系统中的一个重要概念，将会在之后的小节中讲解。

5.2.3　ext2/ext3 文件系统

执行 mke2fs 命令之后，磁盘或磁盘分区中就创建了文件系统。下面主要以 ext2 文件系统中的分区格式为例来讲解 Linux 系统中的文件系统。

1. ext2 文件系统

磁盘的容量是比较大的，一般情况下，磁盘中的空间被划分为多个分区，分区中的空间会再被划分为更小的子空间,这些子空间称为块组。每个块组都由相同个块组成,块是文件系统中存储数据的基本单位,块的大小在创建文件系统时确定。当使用 mke2fs 命令进行格式化时,可以使用其选项-b 设定数据块大小为 1024 字节、2048 字节或 4096 字节。需要注意的是,磁盘分区中存储数据的单位是块,也就是说,即便一个文件的大小不足一个块,它也要占用一个块来存储。假设一个分区中块的大小为 1024 字节,有个大小为 1025 字节的文件要存储到该分区中,那么这个文件就要占用两个块空间。

图 5-5 所示为磁盘分区格式化为 ext2 文件系统后的结构布局。

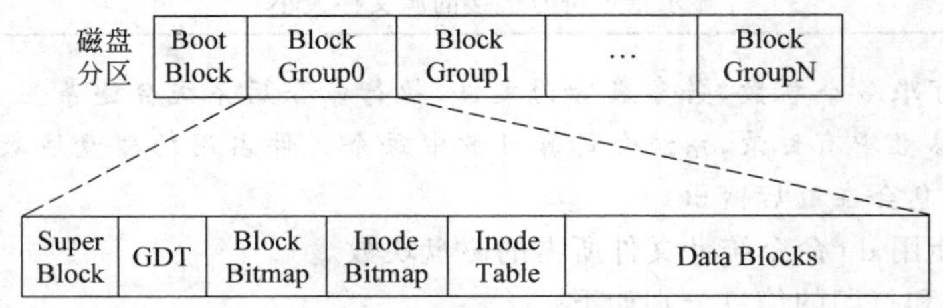

图 5-5　ext2 文件系统布局

图 5-5 中磁盘分区的第一个部分为启动块(Boot Block),启动块占用一个块空间,用来存储磁盘的分区信息和启动信息。图 5-5 中启动块之后是多个块组,每个块组中包含 6 个部分,即超级块(Super Block)、组描述符表(GDT)、块位图(Block Bitmap)、inode 位图(Inode Bitmap)、inode 表(Inode Table)、数据块(Data Block)。下面分别对这 6 个部分进行讲解。

(1) 超级块

超级块描述整个分区所用文件系统的信息,包括块的大小、块组中块的数量、inode 占用的字节数、文件系统的版本类型等,它是文件系统中非常重要的一部分。超级块是分区正常使用的前提,为避免因超级块损坏导致分区异常,一般会在其他块组中备份超级块。

(2) 组描述符表

组描述符表(Group Descriptor Table,GDT)中存储块组描述符信息。块组描述符存储一个块组的描述信息,包括块组中 inode 表的位置、数据块的位置、空闲的 inode 数以及空闲数据块数量等。整个分区中所有块组的描述信息构成一张组描述符表。

组描述符表与超级块同等重要。一旦超级块与组描述符表损坏或丢失,系统将无法正常获取整个分区中文件系统的信息与块组的描述信息,分区也就不能正常使用,因此在其他块组中也存在块组描述符的备份。

(3) 块位图

类似于堆空间的使用,文件在磁盘上占据的块空间通常是不连续的,因此系统需要知道块的使用情况。Linux 系统中用块位图来描述块组中块的使用情况,它本身占用一个块,其中的每个位表示块组中一个块的状态:若块空闲则记为 0,否则记为 1。块组中块的数量与分区中块组的数量在块大小确定时就能确定:因为一个块最多记录 8B(B 为块的大小,单位为字节)个块的信息,所以块组中最多有 8B 个块;若整个分区中块的数量为 s,那么就可以有 s/(8B)个块组。

(4) inode 位图

inode 位图记录块组中 inode 的使用情况。与块位图相同,inode 位图中的每一位对应一个 inode 的使用情况。

(5) inode 表

除文件中的数据外,文件的属性信息(如文件类型、文件大小、时间戳、权限、所属组等)也要被记录。文件的属性信息保存在 inode 结构体中,每个文件都有一个 inode,一个块组中的所有 inode 组成一个 inode 表。

inode 表占据空间的大小也是在分区格式化时确定的,mke2fs 命令默认以 8KB 为单位分配 inode。也就是说,一个块组中数据块有多少个 8KB,就分配多少个 inode,这个数值是一个平均值,当分区存满的时候 inode 表也会被充分利用。当然 inode 对应的空间大小也可以指定,若对该分区中将要存储的文件有个预估——例如将来这个分区中存储的都是大文件(如电影等大视频文件),则可以提升 inode 对应的空间大小,降低 inode 表中 inode 的数量;如果将来这个分区中存储的都是 1KB、2KB 的小文件,则需要降低 inode 对应的空间大小,扩大 inode 表的容量。

inode 的数量要尽量合理,因为无论是数据块不足还是 inode 耗尽,分区中都无法再存储文件。如此多余的 inode 或数据块无法被使用,将导致存储空间的浪费。

(6) 数据块

数据块是块组中专门用于存储文件数据的块,系统可通过文件的 inode 编号找到文件的 inode 结构体,再从 inode 结构体中获取数据块在磁盘上的位置,进而读取数据信息。

ext2 文件系统的这种结构有以下几个优点:

- Linux 的管理员可以在创建 ext2 文件系统时,根据预期的平均文件长度来选择最佳的块大小,从而有效防止磁盘碎片的产生或者减少磁盘传送次数,降低系统消耗。
- 管理员也可以根据给定分区的大小预计该分区中存放的文件数,从而确定分区中 inode 的数量,保证磁盘空间的利用率。
- ext2 文件系统将磁盘块划分为组,每组包含存放在相邻磁道上的数据块和索引结点,因此能降低对存放于一个单独块组中的文件并行访问时磁盘的平均寻道时间。
- 支持快速符号链接。当链接文件的路径名较短时,ext2 文件系统会将该路径存放在索引结点中。

虽然 ext2 文件有以上优点,但随着 Linux 的应用范围逐渐扩大,其弱点也逐渐显露。ext2 文件系统最大的弱点是不包含日志功能,这成为 Linux 系统在关键行业应用中的一个致命缺点,因此 ext2 文件系统逐渐被 ext3 文件系统取代。

2. ext3 文件系统的特点

ext3 是一个完全兼容 ext2 文件系统的日志文件系统(Journaling File System),它在 ext2 的基础上添加了一个被称为日志的块,专门来记录写入或修订文件时的步骤。除此之外,它的构造与 ext2 文件系统相同。

日志文件系统会在文件系统发生变化时,先将相关信息写入系统日志中,再将此种变化应用到主文件系统的文件系统。即便操作中途因异常终止,文件系统也可以按照日志文件中的记录将数据恢复。而非日志文件系统不包含日志功能,很难处理操作中断导致的异常。

日志文件系统可以按照不同的方式进行工作，ext3 中可通过对/etc/fstab 文件中的 data 属性进行设置来修改文件系统的工作模式。日志文件系统的工作模式分为三种，其设置与实现方式分别如下：

① data＝journal。当 data＝journal 时，ext3 的日志文件中会记录所有改变文件系统的数据和元数据。此种记录日志的方式风险最小，但速度较慢，因为所有的数据都要写入文件系统两次、写入日志一次。

② data＝ordered。当 data＝ordered 时，日志中只记录改变文件系统的元数据，且溢出文件数据要补充到磁盘中，这是 ext3 文件系统中日志的默认工作方式。此种方式的性能与风险都为中等。

③ data＝writeback。当 data＝writeback 时，只记录改变文件系统的元数据。这种工作模式的速度最快，因为它只记录元数据的变化，而无须关注文件数据相关信息的更新。但这种方式不能保证数据按顺序写入。

因为在 ext2 的基础上添加了日志功能，所以 ext3 在文件处理的速度和数据完整性的保证方面都有很大提升，另外，ext3 开发的初衷是兼容 ext2，因此 ext2 文件系统可以方便地转换为 ext3 文件系统。

多学一招：数据块寻址

文件的属性信息与数据分开存放是为了提高文件查找的效率，那么文件的数据该如何访问？Linux 系统中通过文件 inode 中的索引项 Block 来查找文件数据。

inode 结构体的 Block[]中共有 15 个索引项，记为 Block[0]～Block[14]，每个索引项占 4 个字节。其中 Block[0]～Block[11]是直接索引项，这些索引项中直接存放数据块的编号，例如 Block[2]中保存了 17，就表示第 17 个块是该文件的数据块。

如果一个块的大小为 1KB 且后三个索引也是一级索引项，那么这 15 个索引最大只能表示大小为 15KB 的文件，这显然远远不能满足需求。

因此 Block[12]被设计为间接索引。间接索引存储的块号对应的块中存储的不再是文件的数据，而是直接索引项。若一个块大小为 1KB，那么一个间接索引项可以存储 B/4 个索引项。假设 Block[12]～Block[14]为间接索引项，那么这 15 个索引项最多能索引(1024/4＊3＋12)＊1024(即 780KB)的文件。

与 15KB 相比，780KB 虽然大了许多，但仍不够用，因此 Block[13]被设置为二级间接寻址项，Block[14]被设置为三级间接寻址项。如此，当块大小为 1KB 时，这 15 个索引项共能索引约 16.06GB 大小的数据块。inode 中各索引项的寻址方式如图 5-6 所示，其中索引 Block[13]和 Block[14]指向的 Block 中存储的都是索引。

若此时有一个文件的路径名为：/czbk/itheima/bxg.c，在终端使用 cat 命令查看该文件的内容，那么系统查找文件 bxg.c 的步骤如下：

(1) 内核找到根目录，访问根目录数据块中的 dentry。

(2) 遍历根目录的 dentry，通过文件名 czbk 匹配 inumber。

(3) 根据获得的 czbk 的 inumber 到 inode 表中查找 czbk 索引结点所在的位置，访问其 inode。

(4) 根据文件 czbk 的 inode 信息获取 czbk 数据块存储位置，访问其中的 dentry。

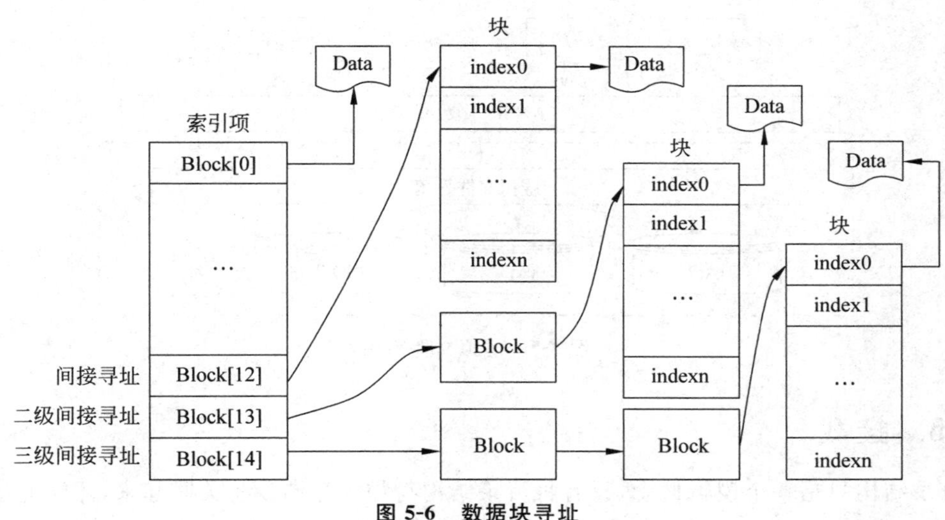

图 5-6　数据块寻址

(5) 遍历目录 czbk 的 dentry,通过文件名 itheima 匹配 inumber。

(6) 根据获得的 itheima 的 inumber 返回到 inode 表中查找 itheima 索引结点所在的位置,访问其 inode。

(7) 根据文件 itheima 的 inode 信息获取 itheima 数据块存储位置,访问其中的 dentry。

(8) 遍历目录 itheima 的 dentry,通过文件名 bxg.c 匹配 inumber。

(9) 根据文件 bxg.c 的 inumber 返回到 inode 表中查找 bxg.c 索引结点所在的位置。

(10) 根据 bxg.c 的 inode 信息获取文件 bxg.c 数据块所在位置,进行数据访问。

以上步骤不考虑因路径名中目录或文件不存在导致查找失败的情况。通过以上步骤可知,文件的查找时间与其路径名有关,且随着路径名的增长而逐渐增加。

5.2.4　虚拟文件系统

文件系统应支持操作文件的一系列功能(open、close、stat 等),然而命令的实现方法虽大致相同,但各种文件系统提供的接口却有差异。若想使用多种操作系统就必须掌握每个文件系统提供的一套接口,这势必会增加使用者的负担;但若将文件系统的命令内置到用户命令中,又会增加用户命令的体积,显然这两种方法都有极大的缺陷。为了解决这个问题,Linux 系统在各种文件系统之上添加了虚拟文件系统(virtual files ystem,VFS)。

虚拟文件系统又称虚拟文件切换系统(virtual file switch system),是操作系统中文件系统的虚拟层,其下才是具体的文件系统。虚拟文件系统的主要功能是实现多种文件系统操作接口的统一,既能让上层的调用者使用同一套接口与底层的各种文件系统交互,又能对文件系统提供一个标准接口,使 Linux 系统能同时支持多种文件系统。虚拟文件系统与上层应用以及底层的各种文件系统之间的关系如图 5-7 所示。

正是基于虚拟文件系统,Linux 系统才能支持多种文件系统。除 Linux 上常用的文件系统 ext2～ext4、XFS、ReiserFS、JFS(日志文件系统)外,Linux 还支持网络上常用的文件系统 NFS、OCFS2、GFS2,以及其他的文件系统(如 FAT32、NTFS、ISO 9660、CIFS 等)。

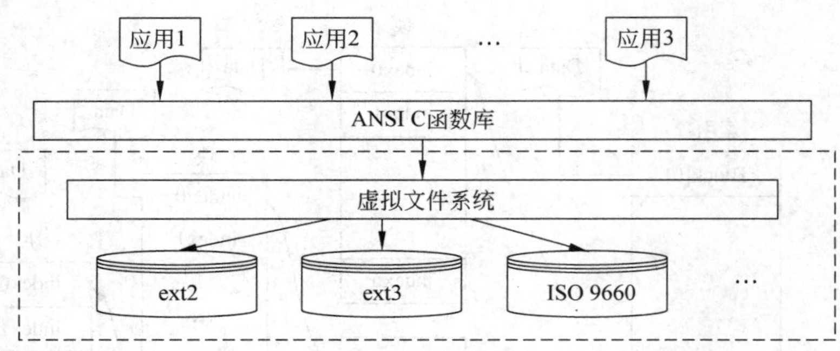

图 5-7 虚拟文件系统

5.2.5 挂载

目录结构只是一个逻辑概念，只有将目录结构与物理存储设备关联起来，才能通过目录结构访问磁盘上的数据。对于 Windows 系统，先有盘符，后有目录，而 Linux 系统中则是先有目录，之后再通过物理地址与目录之间的映射开始文件访问。将物理地址与目录进行映射的方式称为挂载。

所谓挂载，是指将一个目录作为入口，将磁盘分区中的数据放置在以该目录为根结点的目录关系树中。这相当于为文件系统与磁盘建立联系，指定了某个分区中文件系统访问的位置。Linux 系统中根目录是整个磁盘访问的基点，因此根目录必须要挂载到某个分区。

Linux 系统中通过 mount 命令和 unmount 命令实现分区的挂载和卸除，下面分别对这两个命令进行讲解。

1. mount

Linux 系统中可以使用 mount 命令将某个分区挂载到目录，该命令常用的格式如下：

```
mount [选项] [参数] 设备 挂载点
```

mount 命令常用的选项有两个，分别为-t 和-o。

选项-t 用于指定待挂载设备的文件系统类型，常见的类型如下：

- 光盘/光盘镜像：ISO 9660
- DOS FAT16 文件系统：MSDOS
- Windows 9x FAT32 文件系统：VFAT
- Windows NT NTFS 文件系统：NTFS
- Mount Windows 文件网络共享：SMBFS
- UNIX(Linux)文件网络共享：NFS

Linux 支持待挂载设备中的文件系统类型时，该设备才能被成功挂载到 Linux 系统中并被识别。

选项-o 主要用来描述设备的挂载方式，常用的挂载方式如表 5-4 所示。

表 5-4 常用挂载方式

方 式	说 明
loop	将一个文件视为硬盘分区挂载到系统
ro	采用只读的方式挂载设备(即系统只能对设备进行读操作)
rw	采用读写的方式挂载设备
iocharset	指定访问文件系统所用的字符集
remount	重新挂载

mount 的参数通常为设备文件名与挂载点。设备文件名为要挂载的文件系统对应的设备名;挂载点指挂载点目录。设备必须被挂载到一个已经存在的目录上,其中的内容才能通过目录访问。挂载的目录可以不为空,但将某个设备挂载到该目录后,目录中之前存放的内容不可再用。

下面以硬盘与镜像文件的挂载为例来讲解 mount 命令的使用方法。

(1) 挂载移动硬盘

移动硬盘是一个硬件设备,在挂载之前,需要先将该设备连接到主机。为了确定新连接的设备在系统中的文件名,应先使用 fdisk -l 命令了解当前系统中的磁盘以及分区情况,之后连接移动硬盘。再次执行 fdisk -l 命令,通过比对,从而获得新连接设备的名称与分区情况。此时才可以使用 mount 命令挂载硬盘或其某个分区到指定目录下,需要注意,指定的目录必须已经存在。

假设新添设备的设备名为/dev/sdb,其中的逻辑分区为/dev/sdb5,要将该逻辑分区挂载到/mnt/dir1,则需要使用如下命令:

```
mount /dev/sdb5 /mnt/dir1
```

该命令中省略了待挂载设备的文件类型,系统将会自动识别该设备的文件类型。U 盘挂载的方式与移动硬盘大同小异,读者可参考移动硬盘的挂载方式自行实践。

(2) 挂载镜像文件

镜像文件类似文件压缩包,但它无法直接使用,需要先利用虚拟光驱工具将其解压。镜像文件可以视为光盘的“提取物”,它也可以挂载到 Linux 系统中使用。

假如在/usr 目录下有一个名为 test.iso 的镜像文件,要求以读写的方式从源目录/usr/test.iso 挂载到目标目录/home/itheima,则需要使用如下命令:

```
mount -o rw -t iso9660 /usr/test.iso /home/itheima
```

2. umount

当需要挂载的分区只是一个移动存储设备(如移动硬盘)时,要进行的工作是在该设备与主机之间进行文件传输,那么在文件传输完毕之后,需要卸下该分区。Linux 系统中卸下分区的命令是 umount,该命令的格式如下:

```
umount [选项] [参数]
```

umount 命令的参数通常为设备名与挂载点，即它可以通过设备名或挂载点来卸载分区。若以挂载点为参数，假设挂载点目录为/mnt，则使用的命令如下：

```
umount /mnt
```

通常以挂载点为参数卸载分区，因为以设备为参数时，可能会因设备正忙或无法响应，导致卸载失败。也可以为命令添加选项-l，该选项代表 lazy mount。使用该选项时，系统会立刻从文件层次结构中卸载指定的设备，但在空闲时才清除文件系统的所有引用。

5.3 Linux 文件类型

Windows 系统中常以文件后缀作为区分文件格式的标识：若文件的后缀为.mp3，用户会判断其为音频文件；若文件的后缀为.txt，用户会判断其为文本文件。但是当文件后缀名被修改且修改的后缀名与原后缀名没有任何联系时——例如将后缀.txt 修改为.mp3——系统仍会根据后缀去选择应用程序，此时显然无法正确打开文件。Linux 系统中的文件也有类型之分，但 Linux 系统中的文件类型不以扩展名区分。虽然文件也可能有扩展名，但是这些扩展名只表示与程序的关联(如 tar、gz 等)，不代表具体的文件类型。

5.3.1 文件类型概述

在第 2 章的基本命令中，我们对使用 ls -l 输出的文件属性进行了简单讲解。根据讲解内容可知，Linux 系统中文件的类型存储在文件属性中。ls 长选项格式中第一项的第一个字符代表文件类型，该字符有 7 种取值，分别对应不同的文件。

- d：directory，目录文件。
- l：link，符号链接文件。
- s：socket，套接字文件。
- b：block，块设备文件。
- c：character，字符设备文件。
- p：pipe，管道文件。
- -：不属于以上任何一种文件的普通文件。

其中块设备文件和字符设备文件又可统称为设备文件；管道文件、套接字文件、符号链接文件统称为特殊文件，因此可以认为 Linux 系统中有 4 种文件，即普通文件、目录文件、设备文件和特殊文件。

(1) 普通文件

普通文件的范围最广，是指以字节为单位的数据流，包括二进制文件、文本文件、可执行文件等。文本文件和二进制文件对 Linux 来说没有区别，对普通文件的解释由处理该文件的关联程序进行。

(2) 目录文件

Linux 系统中的目录文件类似 Windows 系统中的目录，只是在 Linux 中目录以文件的形式存储。目录文件中可以包含其他类型的文件，也可以包含目录。

（3）设备文件

Linux 系统中将 I/O 设备（如鼠标、键盘、光驱、打印机等）都视为文件来处理，这类文件被称为设备文件。

（4）特殊文件

特殊文件中较为常见的是符号链接文件，符号链接文件实际就是软链接文件。Linux 中可以为一个文件取多个名称，这种功能称为链接。被链接的文件可以存放在相同的目录下，但是必须有不同的文件名；也可以以相同的文件名存放在不同的目录下，这种情况下使用链接文件的好处是，当对某个目录下的文件进行修改后，其他目录下的同名链接文件都会被修改。Linux 系统中的链接文件分为软链接文件和硬链接文件，硬链接文件的本质是普通文件，不属于符号链接文件。

为了加强读者对 Linux 系统中文件类型的认识，下面将对普通文件中的硬链接文件、特殊文件中的符号链接文件（硬链接文件和符号链接文件统称链接文件）和设备文件进行讲解。

5.3.2　链接文件

Linux 系统中的链接文件类似于 Windows 中的快捷方式，Windows 中的快捷方式实际上就是一个存储路径的文件，使用快捷方式可以通过不同路径寻找同一个文件。在 Linux 系统中，链接文件分为两种：硬链接文件和软链接文件。这两种文件都能实现 Windows 中快捷方式的功能，但它们的实现方式不同。

Linux 系统中创建链接文件的命令是 ln，其命令格式如下：

```
ln [选项] 源文件 目标文件
```

当 ln 命令的选项缺省时，系统会创建一个硬链接文件；若搭配-s 选项，则会创建一个软链接文件。ln 命令的第一个参数为被链接的文件，即源文件的路径名；第二个参数为链接文件的路径名，指定链接文件的存储位置。

（1）软链接文件

当使用 ln -s 命令创建一个软链接文件时，系统会创建出一个新文件。何为创建一个新文件？在讲解 inode 时提到，每当系统创建文件时，会在 inode 表中获得一个空闲的 inode 分配给新文件。也就是说，只有文件被分配一个未被占用的 inode 时，这个文件才是新创建的文件。软链接文件就是一个新文件，执行 ln -s 时，目标文件会获取一个独享的 inode。

以工作目录为当前目录，使用如下命令，在./czbk 中创建./itheima/a.txt 的软链接文件 softlink。

```
$ln -s ./itheima/a.txt ./czbk/softlink
```

在源文件与软链接文件所在目录中，使用 ls -l 命令查看它们的属性信息，打印的信息分别如下：

```
-rw-rw-r--. 1 itheima itheima 23 Nov 10 17:47 a.txt
lrwxrwxrwx. 1 itheima itheima 14 Nov 11 11:20 softlink ->/itheima/a.txt
```

观察以上信息发现，软链接文件的大小为 14 字节，且软链接文件名后的箭头->指向的源文件的路径名/itheima/a. txt 的长度恰好为 14。文件的大小代表文件数据块中存储的数据的大小，事实上，软链接文件中存储的数据就是源文件的路径名。当访问软链接文件时，系统会从它的数据块中获取源文件的路径，再到这个路径中访问源文件。

(2) 硬链接文件

创建硬链接文件时，系统并不会去查找 inode 表，而是在硬链接文件上级目录的 dentry 中添加一条记录。若在系统中执行以下命令：

```
$ln /home/itheima/a.txt /home/itheima/hardlink
```

那么硬链接文件会显示在路径/home/itheima 中，而系统只是将源文件 a. txt 的 inumber 和硬链接文件的文件名 hardlink 作为一条记录添加到目录 itheima 的 dentry 中。此时目录 itheima 的 dentry 中就会出现同一个 inumber 对应不同文件名的情况，这种情况是被允许的。

相对来说，软链接文件与 Windows 系统中的快捷方式更为相似，无论被链接的文件有多大，软链接的数据都只是被链接文件的文件名；而硬链接文件虽然也是链接文件，但当使用 ls 命令查看该文件的属性信息时，除文件名外，该文件的属性信息与源文件信息完全相同。

经过以上讲解，相信读者对 Linux 系统中的链接文件有了初步了解，但在创建链接文件时，有以下几个要点需要注意：

- 创建硬链接文件时，源路径中的对象不能是一个目录，因为硬链接文件与源文件的 inode 相同，若创建的硬链接文件包含在源文件目录中，则会产生循环访问；软链接的 inode 与源文件不同，不受此限制。
- 磁盘分区中的 inode 表是文件系统级别的，硬链接文件与源文件的 inode 相同，因此为文件创建硬链接时，硬链接文件可以在同一文件系统的不同目录中，但不能跨文件系统；而软链接文件与源文件的 inode 不同，因此软链接文件可以跨文件系统。
- 在创建硬链接文件时，文件的硬链接数会加 1(可使用 ls -l 命令查看)，若执行删除操作，只有在硬链接数为 1 时该文件才会真正被删除，其他时候只是删除文件路径目录项中的记录并使文件硬链接数减 1；创建软链接时不会增加被链接文件的链接次数。
- Linux 系统中文件类型之一的符号链接文件只包含软链接文件，硬链接文件本质上是 Linux 系统中的普通文件。

5.3.3 设备文件

Linux 系统中将外部设备视为一个文件来管理，设备文件被保存在系统中的/dev 目录下。将设备抽象为文件的好处是：应用程序可以使用与操作普通文件一样的方式，对设备文件执行打开、关闭和读写等操作。例如查看属性信息时，无论是普通文件还是设备，都可以使用 ls -l 命令。

使用 ls -l /dev 命令查看设备文件的详细信息，在屏幕上会打印如下信息：

```
⋮
crw-rw-rw-. 1 root tty       5,   0 Nov 11 10:47 tty
crw--w----. 1 root tty       4,   0 Nov 11 10:47 tty0
crw--w----. 1 root tty       4,   1 Nov 11 10:47 tty1
crw--w----. 1 root tty       4,  10 Nov 11 10:47 tty10
⋮
```

以上为/dev 目录下部分设备文件的详细信息。与普通文件相同，设备文件的详细信息也分为七项。普通文件的第五项信息表示文件大小，但设备文件的第五项是由“，”分隔的两个数字，这两个数字分别表示设备的主设备号和次设备号。

设备文件的主设备号标识设备的类型，次设备号标识属于同一设备类型的不同设备。系统在引用设备时，通过设备文件的主设备号和次设备号实现引用。设备文件没有数据块，它最重要的信息就是主、次设备号，这两项信息存储在设备文件的 inode 中。

Linux 中的设备分为三类：字符设备、块设备和网络设备。此处主要讲解字符设备和块设备。

字符设备提供连续的数据流，应用程序可以从字符设备中顺序读取数据，常见的字符设备有键盘、打印机、绘图仪等，此类设备通常不支持随机存取，而是按字节为单位来读写数据；块设备的读写以块的倍数为单位进行，它支持数据的随机访问，应用程序可自行确定读取位置，本章第 5.1 节中学习的磁盘就是典型的块设备。

Linux 将块设备和字符设备分别视为块设备文件和字符设备文件，在属性信息中，它们的文件类型分别用字符 b 和字符 c 来表示。字符设备和块设备的驱动程序设计差异较大，但 Linux 的文件系统通过一个结构体 file_operations 为它们实现了接口的统一。file_operations 结构体定义在头文件 linux/fs. h 中，该结构体中存储了内核驱动模块提供的对设备进行各种操作的函数指针。

5.4　文件操作

计算机操作系统的核心是内核，它是基于硬件的第一层软件扩充，计算机上实现的许多操作(如文件 I/O 操作等)都要依靠内核完成。文件 I/O 中最常涉及的操作有打开文件、读文件、写文件及关闭文件，其中打开文件是实现其他文件 I/O 操作的前提。众所周知，系统中可以同时打开许多文件，那么内核是如何区分这些文件并对文件进行操作的呢？在计算机中，内核通过文件描述符来引用系统中已打开的文件。

5.4.1　文件描述符

文件描述符是一个非负整数，它实质上是一个索引值，存储于由内核维护的进程打开的文件描述符表中。(进程是系统分配资源的基本单位，是一个程序在内存中的一次运行过程。计算机中的操作一般都是由进程发起的。此处用户对进程有个概念即可，详细概念将在第 6 章中讲解)。文件描述符的有效范围是 0～OPEN_MAX，OPEN_MAX 是进程最多可以打开的文件的数量。虽说系统中有多少内存就能打开多少文件描述符，但为了避免出现一个进程消耗所有文件资源的情况，系统会对单个进程可打开的文件数量进行限制，默认值一般为 1024。

系统为每一个进程维护了一个打开文件描述符表(open file description table),用于存储进程打开的文件的文件描述符。表中的数值从 0 开始,0～2 号在程序启动时被系统标准文件(标准输入、标准输出和标准错误文件)占用,因此进程打开的普通文件的文件描述符从 3 开始。不同的文件描述符可以指向同一个文件,对于多个进程而言,数值相同的文件描述符可以指向不同的文件。

存在于进程中的文件描述符是进程级别的。除此之外,内核也对所有打开的文件维护了一个文件描述符表,这是一个系统级的文件描述符表。该表又称为打开文件表(open file table),表中的记录被称为打开文件句柄(open file handle)。打开文件句柄中与已打开文件相关的信息如下所示:

- 当前文件偏移量
- 打开文件时所用的状态标识
- 文件访问模式
- 与信号驱动相关的设置
- 对该文件 inode 对象的引用
- 文件类型和访问权限
- 指向该文件所持有的锁列表的指针
- 文件的各种属性信息

相同的文件可以被不同的进程打开,也可以在一个进程中打开多次。每个文件描述符都会与一个已打开的文件对应,不同的文件描述符也可以指向同一个文件。两个不同的文件描述符若指向同一个打开文件句柄,那么它们将共享同一文件偏移量,当通过其中一个文件描述符对一个文件偏移量进行修改时,另一个文件描述符也能察觉到文件偏移量的变动。

5.4.2 文件 I/O

内核中存在一系列具备预定功能的函数,操作系统将这些函数功能抽象为一组被称为系统调用的接口提供给应用程序使用,open()、read()、write()、lseek()、close()等都是系统调用中与 I/O 操作相关的接口。下面对系统调用级的 I/O 接口函数进行讲解。

1. open()函数

open()函数的功能是打开或创建一个文件,该函数存在于系统函数库 fcntl. h 中,其函数声明如下:

```
int open(const char *pathname,int flags[,mode_t mode]);
```

open()函数的第一个参数通常为待打开文件的文件路径名;第二个参数为文件的访问模式,一般使用定义在函数库 fcntl. h 中的一组宏来表示,常用的宏及其含义如表 5-5 所示。

表 5-5 文件访问模式相关宏定义

编号	宏	说　明
1	O_RDONLY	以只读方式打开文件
2	O_WRONLY	以只写方式打开文件

续表

编号	宏	说　　明
3	O_RDWR	以读写方式打开文件
4	O_CREAT	创建一个文件并打开，若文件已存在则会出错
5	O_EXCL	测试文件是否存在，若不存在则创建文件
6	O_NOCTTY	若 pathname 为终端设备，则不会将该设备分配给对应进程作为控制终端
7	O_TRUNC	当以只写或读写方式成功打开文件时，将文件长度截断为 0
8	O_APPEND	以追加的方式打开文件

其中编号 1～3 的宏必须使用，且一次只能使用一个；编号 4～8 的宏可有选择地通过管道符号|与前三个宏搭配使用。只有第二个参数 flags＝O_CREAT 时，第三个参数才会被使用，该参数用于设置新文件的权限，取值如表 5-6 所示。

表 5-6　参数 mode 相关取值

mode	说　　明
S_IRWXU	文件所有者对文件具有读、写与执行权限
S_IRUSR	文件所有者对文件具有读权限
S_IWUSR	文件所有者对文件具有写权限
S_IXUSR	文件所有者对文件具有执行权限
S_IRWXG	文件所属组对该文件有读、写与执行权限
S_IRGRP	文件所属组对该文件有读权限
S_IWGRP	文件所属组对该文件有写权限
S_IXGRP	文件所属组对该文件有执行权限
S_IRWXO	其他人对该文件有读、写与执行权限
S_IROTH	其他人对该文件有读权限
S_IWOTH	其他人对该文件有写权限
S_IXOTH	其他人对该文件有执行权限

open()函数的返回值为一个整数，若函数调用成功，则会返回一个文件描述符，否则返回-1。

使用如下所示的 open()函数可以创建一个文件：

```
open(pathname,O_WRONLY|O_CREAT|O_TRUNC,mode);
```

也可以使用系统调用中专门用于创建文件的函数 creat()，creat()的函数声明如下：

```
int creat(const char * pathname,mode_t mode);
```

该函数的第一个参数 pathname 为路径名，第二个参数 mode 用于为文件设定权限，取值同表 5-6。

creat()函数的返回值与 open()函数相同，若文件创建成功，会返回一个文件描述符，否则返回-1。

2. read()函数

read 函数用于从已打开的设备或文件中读取数据，该函数存在于函数库 unistd.h 中，其函数声明如下：

```
ssize_t read(int fd, void * buf, size_t count);
```

read()函数基于文件描述符对文件进行操作，其中第一个参数为从 open()函数或 creat()函数获取的文件描述符，第二个参数为缓冲区，第三个参数为计划读取的字节数。调用 read()函数后，该函数会从文件描述符 fd 对应的文件中读取 count 个字节的数据，存储到缓冲区 buf 中并重新记录文件偏移量。

read()函数的返回值类型为 ssize_t，表示有符号的 size_t。read()函数的返回值可以是正数、0 或者-1：若读取文件时出错，则返回-1；若成功读取文件，则返回一个正数。该正数一般为本次请求读取的字节数，但在读取常规文件时，由于文件长度有限，若当前读写位置距文件末尾只有 20 个字节，但该函数请求读取 30 个字节，那么在第一次读取时，read()的返回值为 20；第二次读取时，文件读写位置已在末尾，此时会返回 0。

Linux 系统中将一切都视为文件，因此 read()函数也可以从设备或网络中读取数据。read()是一个阻塞函数，从常规文件中读取数据时，read()必定会在有限时间内返回，但从终端设备或网络端读取数据时，read()函数可能会阻塞。例如在程序中调用 read()函数，该函数要求从终端读取数据，但终端写入的数据中没有回车，那么该数据就不会被传送给 read()函数，read()函数就会一直阻塞；若要求 read()函数从网络端读取数据，用于网络通信的 socket 文件中没有数据，read()函数同样会阻塞。

3. write()函数

write()函数用于向已打开的设备或文件中写入数据，该函数存在于函数库 unistd.h 中，其函数声明如下：

```
ssize_t write(int fd, const void * buf, size_t count);
```

write()函数的第一个参数为文件描述符，第二个参数为需要输出的缓冲区，第三个参数为最大输出字节数。当 write()函数调用成功时会返回写入的字节数；否则返回-1 并设置 errno。

同 read()函数一样，write()在写常规文件时会立刻返回请求写入的字节数 count，但向终端或网络端写数据时，可能会进入阻塞状态。

4. lseek()函数

每个打开的文件都有一个当前文件偏移量，该数值是一个非负整数，表示当前文件的读写位置，Linux 系统中可以通过系统调用 lseek()对该数值进行修改。lseek()函数位于函数库 unistd.h 中，其函数声明如下：

```
off_t lseek(int fd, off_t offset, int whence);
```

lseek()函数的第一个参数 fd 为文件描述符；第二个参数 offset 用于对文件偏移量的设置，该参数值可正可负；第三个参数 whence 用于控制设置当前文件偏移量的方法，该参数有 3 个取值。

(1) 若 whence 为 SEEK_SET，文件偏移量将被设置为 offset。

(2) 若 whence 为 SEEK_CUR，文件偏移量的值将会在当前文件偏移量的基础上加上 offset。

(3) 若 whence 为 SEEK_END，文件偏移量的值将会被设置为文件长度加上 offset。

lseek()函数的返回值类型与参数 offset 相同，若偏移量设置成功，则会返回新的偏移量，否则返回-1。

5. close()函数

打开的文件在操作结束后应该主动关闭，Linux 系统调用中用于关闭文件的函数为 close()，该函数的使用方法很简单，只要在函数中传入文件描述符，便可关闭文件。close()函数位于函数库 unistd.h 中，其声明如下：

```
int close(int fd);
```

若函数 close()成功调用，则返回 0，否则返回-1。

Linux 系统中与文件相关的 5 个基础 I/O 函数已讲解完毕，下面通过一个案例来演示这 5 个函数的使用方法。

案例 5-2：使用 open()函数打开或创建一个文件，将文件清空，使用 write()函数在文件中写入数据，并使用 read()函数将数据读取并打印。

案例实现如下：

```
#include <stdio.h>
#include <stdlib.h>
#include <unistd.h>
#include <fcntl.h>
#include <string.h>
int main()
{
    int fd=0;
    //路径中的目录若不存在将导致文件创建失败
    char filename[20]="/home/itheima/a.txt";
    //打开文件
    fd=open(filename,O_RDWR|O_EXCL|O_TRUNC,S_IRWXG);
    if(fd==-1){                        //判断文件是否成功打开
        perror("file open error.\n");
        exit(-1);
    }
    //写数据
    int len=0;
```

```
    char buf[100]={0};
    scanf("%s",buf);
    len=strlen(buf);
    write(fd,buf,len);
    close(fd);                                  //关闭文件
    printf("---------------------\n");
    //读取文件
    fd=open(filename,O_RDONLY);                 //再次打开文件
    if(fd==-1){
        perror("file open error.\n");
        exit(-1);
    }
    off_t f_size=0;
    f_size=lseek(fd,0,SEEK_END);                //获取文件长度
    lseek(fd,0,SEEK_SET);                       //设置文件读写位置
    while(lseek(fd,0,SEEK_CUR)!=f_size)         //读取文件
    {
        read(fd,buf,1024);
        printf("%s\n",buf);
    }
    close(fd);
    return 0;
}
```

使用 GCC 工具编译以上代码，执行二进制文件，代码运行后根据题述输入数据，运行结果如下所示：

```
itheima
---------------------
itheima
```

由运行结果可知，read()成功读取指定文件中的数据。

Linux 系统调用中的文件 I/O 又被称为无缓存 I/O。除此之外，在程序编写时我们还可以使用一种有缓存的 I/O。有缓存的 I/O 又被称为标准 I/O，是符合 ANSI C 标准的 I/O 处理。标准 I/O 有两个优点，一是执行系统调用 read()和 write()的次数较少；二是不依赖系统内核，可移植性强。

文件 I/O 虽然被称为无缓存 I/O，但并不是说它的整个操作过程没有使用缓存。在用户通过 read()或 write()向内核发送请求时，内核会先将要读写的数据写入系统内存的缓存区中，待系统的缓存区存满时，再对数据统一进行一次操作。系统内存区缓存的存在减少了内存与磁盘之间的读写次数。

标准 I/O 在用户层建立了一个流缓存区，当用户进程调用标准 I/O 请求执行读写操作时，要读写的数据会先被写入流缓存区。当流缓存区写满或读写完毕时，内核再通过函数调用将其中的数据写入内存缓存区中，如此便减少了内核调用 read()和 write()的次数。文件 I/O 和标准 I/O 与内存缓存区的关系如图 5-8 所示。

结合图 5-8，若进行写操作，对于无缓存的文件 I/O，数据走过的路径为：数据→内存缓存区→磁盘；对于标准 I/O，数据走过的路径为：数据→流缓存区→内存缓存区→磁盘。标

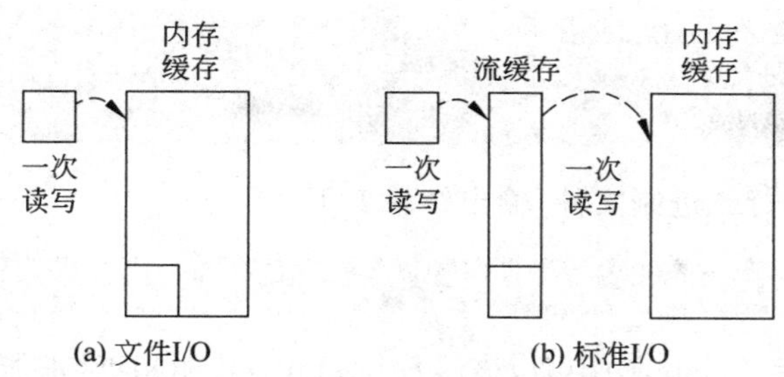

图 5-8　系统 I/O、标准 I/O 与内存缓存关系示意图

准 I/O 中常用的接口为 fopen()、fwrite()、fread()、fseek()、fclose()、fputs()、pgets()等，这些函数与文件 I/O 函数的使用方法大致相同，读者可参考相关资料自行学习，此处不再赘述。

5.4.3　文件操作

除文件 I/O 操作外，Linux 系统的内核中还封装了许多具有丰富功能的函数，在编程工作中比较常见的有：stat()函数、access()函数、chmod()函数、truncate()函数、link()函数，下面对其中的几个函数进行讲解。

1. stat()函数

stat()函数用于获取文件的属性，该函数存在于函数库 sys/stat. h 中，其声明如下：

```
int stat(const char *path, struct stat *buf);
```

stat()函数中的参数 path 为文件路径，参数 buf 用于接收获取到的文件属性。文件的属性存储于 inode 中，因此 stat()函数实际上是从 inode 结构体中获取文件信息。stat()函数的返回值为整型，当调用成功时函数返回 0，调用失败时返回 -1 并设置 errno。stat()函数的参数分别为文件名与 inode 结构体指针，当该函数调用结束后，程序可以通过读取参数 buf 获取文件的属性信息。

案例 5-3：使用 stat()函数获取文件属性，并且输出文件的大小。

```
#include <stdio.h>
#include <unistd.h>
#include <stdlib.h>
#include <sys/stat.h>
int main()
{
    struct stat sbuf;
    int ret=2;
    ret=stat("a.out",&sbuf);
    if(ret==-1){
        perror("stat error:");
        exit(1);
    }
```

```
    printf("len=%ld\n",sbuf.st_size);
    return 0;
}
```

编译案例代码，执行二进制文件，输出结果如下：

```
len=7401
```

系统调用中还有一个 lstat()函数，该函数与 stat()功能相近，都能获取文件属性。只是在面向符号链接时，stat()会穿透符号链接，获取被连接文件的属性，而 lstat()不穿透符号链接，直接获取符号链接文件的属性。lstat()函数的声明如下：

```
int lstat(const char * path, struct stat * buf);
```

若函数调用成功则返回 0，失败则返回-1 并设置 errno 的值。

lstat()通常用于判断文件类型，文件类型存储于参数 inode 结构体成员 st_mode 的高四位中。当使用 lstat()函数获取文件 inode 中的 st_mode 后，可以使用一组宏函数判断文件类型，这组宏函数有 7 个，分别如下：

① S_ISREG(m)——判断文件是否为普通文件。

② S_ISDIR(m)——判断文件是否为目录文件。

③ S_ISCHR(m)——判断文件是否为字符设备文件。

④ S_ISBLK(m)——判断文件是否为块设备文件。

⑤ S_ISFIFO(m)——判断文件是否为命名管道文件。

⑥ S_ISLNK(m)——判断文件是否为符号连接文件。

⑦ S_ISSOCK(m)——判断文件是否为套接字文件。

判断结果若为真，则是某种文件，否则不是某种文件。

2. access()函数

access()函数用于测试文件是否拥有某种权限，该函数存在于库函数 unistd. h 中，其声明如下：

```
int access(const char * pathname, int mode);
```

access()函数的第一个参数 pathname 为文件名，第二个参数 mode 取值有 4 个：R_OK、W_OK、X_OK 及 F_OK，前 3 个值分别测试文件是否具备读、写、执行权限，最后一个值测试文件是否存在。若该函数的返回值为 0，则表示调用成功，且指定文件存在或具有某个权限；若返回-1，则表示函数调用失败，或者文件不存在或不具备某种权限。

3. chmod()函数

chmod()函数用于修改文件的访问权限，该函数存在于函数库 sys/stat. h 中，其函数声明如下：

```
int chmod(const char * path, mode_t mode);
```

chmod()函数的第一个参数 path 为路径名，第二个参数 mode 用于传递修改后的权限。若该函数调用成功则返回 0，否则返回-1 并设置 errno 的值。

4. truncate()函数

truncate()函数用于修改文件大小，常用于扩展文件，其功能与 lseek()类似。该函数存在于函数库 sys/stat.h 中，其函数声明如下：

```
int truncate(const char *path, off_t length);
```

truncate()函数中的参数 path 为路径名，参数 length 用于设置文件大小。若该函数调用成功则返回 0，否则返回-1 并设置 errno 的值。

5.5　本章小结

本章主要讲解了文件系统的结构、Linux 系统中的文件类型以及与文件相关的基础文件操作。通过本章的学习，读者应对 Linux 系统中的目录结构、文件系统、文件类型等知识有所了解，并能使用基础的 I/O 函数对文件进行操作。

5.6　本章习题

一、填空题

1. 磁盘中的第一个扇区非常重要，因为其中存储了与磁盘正常使用相关的重要信息，包括：________、________和魔数。

2. 文件的 inode 编号可以通过________命令查看，若要查看当前目录中普通文件 test.c 的 inode 编号，所用的命令为________。

3. 在 ext2 文件系统中，磁盘分区中的空间会被分为多个块组，每个块组又分为 6 个部分，分别为：________、________、________、inode 位图、________和数据块。

4. 目录结构只是一个逻辑概念，只有将目录结构与物理存储设备关联起来，才能通过目录结构访问磁盘上的数据。Linux 系统中通过________的方式将物理地址与目录进行映射。

5. Linux 系统中的文件可分为：________、________、设备文件和________。

二、判断题

1. 在 Linux 系统的文件描述符表中，进程打开的普通文件的文件描述符从 3 开始。（　）

2. 特殊文件中较为常见的是链接文件，链接文件包括软链接文件和硬链接文件。（　）

3. 在 ext2 文件系统布局中，每个块组分为 6 个部分，即启动块、组描述符表、块位图、inode 位图、inode 表和数据块。（　）

4. inode结构体的索引数组中共有15个索引项，其中索引项0～11是直接索引项，索引项12是间接索引项，索引项13是二级间接索引，索引项14是三级间接索引。 （ ）

5. Linux系统中文件的后缀名不表示文件类型，只表示与程序的关联。 （ ）

6. Linux系统中文件的文件名存储在文件所在目录的dentry中，而非文件本身中。 （ ）

三、单选题

1. 选出下列各选项中不属于特殊文件的选项。（ ）

A. 管道文件　B. 符号链接文件　C. 软链接文件　D. 硬链接文件

2. 选出下列选项中不属于ext2文件系统块组组成部分的选项。（ ）

A. 启动块　B. 组描述符表　C. inode位图　D. 数据块

3. 已知inode结构体中的每个索引项占4个字节，假设数据块的大小为1KB，那么一个二级索引项可索引的数据块数量为：（ ）

A. 256　B. 256^2　C. 256^3　D. 1024^2

4. 选出下列选项中用于创建文件系统的命令。（ ）

A. fdisk　B. mkfs　C. du　D. mount

5. 若系统中的硬盘驱动设备以图5-3所示的方式进行分区，那么以下各选项中，哪个文件不是与该设备对应的设备文件。（ ）

A. /dev/sda1　B. /dev/sda5　C. /dev/sda2　D. /dev/sda3

6. 若要删除一个文件，需要有哪种权限？（ ）

A. 对文件有读权限和执行权限　B. 对文件有读权限和写权限

C. 对文件有读、写和执行权限　D. 对文件所在目录有写和执行权限

四、简答题

1. 简单说明软链接文件和硬链接文件的区别。

2. 已知inode结构体中共有15个索引项，其中直接索引项12个，间接索引项、二级索引项、三级索引项各一个，另外每个索引项的大小为4个字节。假设系统中每个数据块的大小为1KB，计算inode结构体中索引项可索引的数据块总大小。

3. 简述文件I/O与标准I/O的区别。

五、编程题

编写程序，使用系统I/O从指定文件中读取数据并打印到终端。

第 6 章 Linux进程管理

学习目标

- 掌握进程属性与进程处理机制
- 熟练使用 fork()、exec 等系统调用创建进程，处理系统请求
- 掌握实现进程同步的方法
- 熟悉终端常用的进程管理命令

经常使用计算机和手机的读者必然接触过进程，甚至管理过一些进程：当想关闭主机上的某个应用，程序却“无响应”，或者当主机的运行内存将被耗尽导致系统运行缓慢时，你会怎么做？等待？打开任务管理器直接关闭进程？还是打开内存清理工具一键加速？若选择后两种方法，实际上就关闭了一些进程。

6.1 进程概述

进程是一个二进制程序的执行过程。在 Linux 操作系统中，向命令行输入一条命令，按下回车键，便会有一个进程被启动。例如在命令窗口中输入./a.out，对应的二进制文件 a.out 就会被加载到内存中，结合系统为其分配的资源，完成一次运行；每个命令都会对应一个进程，若使用管道符连接两个或多个命令，系统就会创建多个进程。

6.1.1 进程处理机制

虽说进程在程序执行时产生，但它并不是程序。程序是“死”的，进程是“活”的。程序是指编译好的二进制文件，它存放在磁盘上，不占用系统资源，是具体的；而进程存在于内存中，占用系统资源，是抽象的。当一次程序执行结束之后，进程随之消失，进程所用的资源被系统回收。

对计算机用户而言，计算机似乎能够同时运行多个进程，听音乐、玩游戏、语音聊天等都能在同一台计算机上同时进行。但实际上，一个单核的 CPU 同一时刻只能处理一个进程。用户之所以认为同时会有多个进程在运行，是因为计算机系统采用了“多道程序设计”技术。

所谓多道程序设计，是指计算机允许多个相互独立的程序同时进入内存，在内核的管理控制之下相互之间穿插运行。多道程序设计必须有硬件基础作为保障。

采用多道程序设计的系统会将 CPU 的整个生命周期划分为长度相同的时间片，在每个 CPU 时间片内只处理一个进程。也就是说，在多个时间片上，系统会让多个进程分时使用 CPU。假如现在内存中只有 3 个进程 A、B、C，那么 CPU 时间片的分配情况如图 6-1 所示。

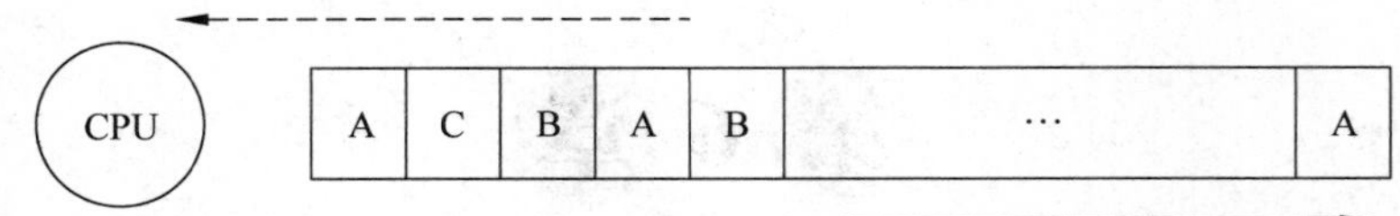

图 6-1 CPU 处理进程示意图

虽然在每个时间片中一个 CPU 只能处理一个进程,但 CPU 划分的时间片是非常微小的,且当下 CPU 运行速度极快(已达到纳秒级,1 秒可执行约 10 亿条指令)。因此,在宏观上,可以认为计算机能并发执行多个程序,处理多个进程。

进程对 CPU 的使用权是由内核分配的,内核必须知道内存中有多少个进程,并且知道此时正在使用 CPU 的进程,这就要求内核必须能够区分进程并可获取进程的相关属性。

6.1.2 进程属性

进程的属性保存在一个被称为进程控制块(Process Control Block,PCB)的结构体中,内核为每个进程维护了一个进程控制块,用于管理相应进程的属性信息。PCB 的本质是一个 task_struct 结构体,其中包括进程标识符(Process Identifier,pid)、进程组、进程环境、进程的运行状态等。Linux 内核通过管理 PCB 来调度进程。

task_struct 结构体可以在 Linux 源码的/include/linux/sched.h 中找到,搜索/struct task_struct 即可查看文件中结构体的定义(需要先安装源码包)。掌握 PCB 中的一些属性信息对我们理解、学习和操作进程都有帮助,下面我们来学习 PCB 中一些常用的重要属性。

1. 标识符

Linux 系统中进程的标识符主要有进程标识符、父进程标识符、用户标识符和组标识符。

(1) 进程标识符

进程标识符即进程 ID,简称 pid,它是进程的唯一标识。内存中同时可以存在多个进程,每个进程都有不同的 pid,内核通过这个标识来识别不同的进程;用户也可以根据内核提供的 pid,通过系统调用去操作用户进程。

pid 是一个 32 位的非负无符号整型数据,通常进程的 pid 会被顺序编号,即新创建的进程的 pid 通常为前一个进程的 pid 加 1。但是 Linux 系统上 pid 的取值范围是有限的,因此若当前进程的 pid 已为最大值,系统创建的下一个进程的 pid 就必须使用闲置的数值。

(2) 父进程标识符

父进程标识符(Parent Process Identifier)简称 ppid,是进程的父进程,即创建该进程的进程所对应的 pid。在 Linux 系统中,除编号为 1 的进程(init 进程)外,其他进程都应有对应的父进程。

(3) 用户标识符

用户标识符(User Identifier)标识创建这个进程的用户,简称 uid。除此之外,PCB 中还有 euid 的概念,即有效用户标识符,表示以有效权限发起进程的用户。假设发起一个进程的用户是 itheima,但实际有权限的是 root,也就是 itheima 以 root 的权限发起了进程,那么这个进程的 uid 对应的用户为 itheima,euid 对应的用户为 root。

(4) 组标识符

组标识符(Group Identifier)标识创建进程的用户的所属组,简称 gid。euid 对应的组标识符记为 egid。

Linux 中提供了获取进程标识符的接口,不同标识符对应的函数如表 6-1 所示。

表 6-1　进程标识符与函数接口

标识符	函数接口
pid/ppid	pid_t getpid(void)/pid_t getppid(void)
uid/euid	uid_t getuid(void)/uid_t geteuid(void)
gid/egid	gid_t getgid(void)/gid_t getegid(void)

表 6-1 中展示的函数在头文件 unistd. h 与 sys/types. h 中声明,其返回值类型 pid_t、uid_t、gid_t 都是宏定义,实质是 unsigned int。在使用函数接口前需要先在文件中引入对应头文件。

2. 进程状态

系统中的资源是有限的,进程若要运行,就必须先获取足够的资源;多个进程分时复用 CPU,当分配给进程的时间片结束后,内核会收回进程对 CPU 的使用权。因此,进程在内存中可能会出现不同的状态。

通常进程的状态被划分为 5 种:初始态、就绪态、运行态、睡眠态和终止态。初始态一般不进行讨论,因为当初始化完成后,进程会立刻转换为就绪态。

(1) 就绪态

处于就绪态的进程所需的其他资源已分配到位,此时只等待 CPU,当可以使用 CPU 时,进程会立刻变为运行态。内核中的进程通常不是唯一的,因此内核会维护一个运行队列,用来装载所有就绪态的进程,当 CPU 空闲时,内核会从队列中选择一个进程,为其分配 CPU。

(2) 运行态

进程处于运行态时会占用 CPU,处于此状态的进程的数目必定小于等于处理器的数目,即每个 CPU 上至多能运行一个进程。

(3) 睡眠态

处于睡眠态的进程会因某种原因而暂时不能占有 CPU。睡眠态分为不可中断的睡眠和可中断的睡眠。不可中断的睡眠是由外部 I/O 调用等造成的睡眠,此时该进程正在等待所需的 I/O 资源,即便强制中断睡眠状态,进程仍无法运行,这种睡眠态亦可称为阻塞;当进程处于可中断的睡眠态时,往往是因为进程对应的当前用户请求已处理完毕,因此暂时退出 CPU,当用户再次发出请求时,该进程可随时被唤醒,这种睡眠态也被称为挂起。

(4) 终止态

处于终止态的进程已运行完毕,此时进程不会被调度,也不会再占用 CPU。

进程通常会在这 4 种状态间转换,这 4 种状态间可能发生的转换如图 6-2 所示。

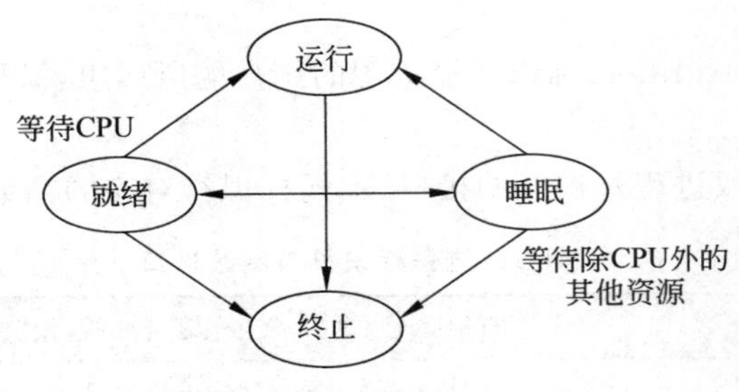

图 6-2 进程状态转换

3. 寄存器信息

CPU 中寄存器的数量是有限的，若进程 p1 的时间片结束，进程 p2 将获得 CPU，CPU 中的寄存器应给进程 p2 使用。但进程 p1 可能尚未执行结束，在之后的某个时间片，进程 p1 需要重新获得 CPU 的使用权。因此在进程切换时，应先保存寄存器中存储的进程 p1 的数据，以便进程 p1 再次使用 CPU 时，能从中断的位置继续向下执行。

4. 页表指针

当程序运行时，系统会为其开辟一段 4G 大小的虚拟内存，其中 0～3G 的虚拟地址用于存放程序的代码段、数据段等信息。当虚拟内存与物理内存相映射时，各个虚拟内存中地址相同的数据会被 MMU(Memory Management Unit，内存管理单元)映射到内存中不同的物理地址。为保证内核能根据进程中的虚拟地址在物理磁盘中找到进程中所需的数据，PCB 应存储虚拟地址与物理地址的对应关系。

Linux 系统采用分页存储的方式管理内存：在进程装载入内存之前，系统将用户进程的逻辑地址空间分成若干个大小相等的片(这些片称为页面或页)并为各个页编号；相应地，内存空间也使用相同的方式，划分为与逻辑地址页面大小相同的块并进行编号。之后当为进程分配内存时，以块为单位将进程中的若干个页装入多个可以不相邻的物理块中。此时逻辑地址与物理地址间应有个对应关系。Linux 操作系统中使用页表来存储这个对应关系，这个页表的实质是一个结构体。每个进程的 PCB 中都有一个指向页表的指针，进程、页表与内存之间的映射关系如图 6-3 所示。

5. 进程组与会话

打开音乐播放器播放音乐时，音乐播放、歌词显示、时间控制等多个进程都会被启动，虽然实际上用户只启动了一个进程，但用户启动的这个进程会主动启动各种实现功能所需的附加进程，此时这些进程被视为同一个进程组(process group)中的进程，进程组由用户启动的进程创建，用户启动的进程是进程组中的领导进程(process group leader)。进程组中领导进程的 pid 亦是识别进程组的进程组 id，即 pgid。

会话(session)是进程组的集合，会话中的每个进程组称为一个工作(job)。会话由其中的进程创建，创建会话的进程称为会话的领导进程(session leader)，会话领导进程的 pid 也是标识会话的会话 id，即 sid。一个会话中一般有一个进程组工作在前台，使用终端，其余进

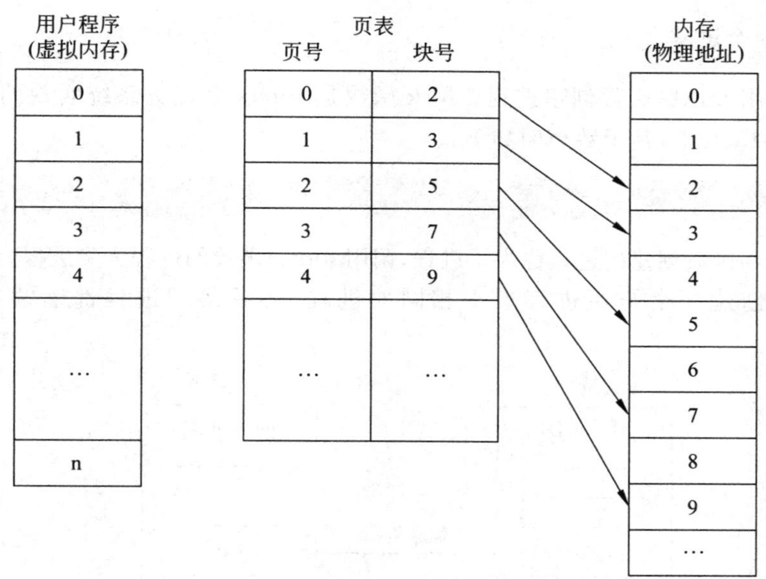

图 6-3　映射关系示意图

程组工作在后台(从终端执行命令时,在命令之后添加 & 则命令启动的进程将被放在后台执行)。会话的意义在于可在同一个终端执行多个进程组。

除以上介绍的几项属性外,PCB 中还包含很多其他属性,如控制终端的描述信息、文件描述符表、当前工作目录、进程可用的资源上限等。这些属性比较简单,此处不再讲解。

6.2　进程控制

Linux 用户登录时会获取一个 Shell,产生一个进程;在 Shell 中输入一条命令,Shell 就会创建一个进程,该进程是 Shell 的子进程。进程由进程启动,所有进程都应该有父进程。Linux 系统中的进程结构类似树形结构,使用 pstree 命令可以查看当前系统中的进程树。进程树的顶端是进程 init,它是系统启动后创建的第一个进程,负责启动 getty 进程、设置进程运行级别和回收孤儿进程等工作,是所有进程的祖先。

Linux 系统中对进程的控制主要包含:进程创建、进程任务转变、进程同步和退出进程。Linux 提供了一些与进程控制相关的接口,常用的接口为 fork()、exec 函数族、wait()、exit()。下面将通过这些函数接口的使用来讲解控制进程的方法。

6.2.1　创建进程

多道程序环境中需要创建进程的情况通常有 4 种:用户登录、作业调度、用户请求和应用请求。当一个程序执行时,它可能需要申请一些资源,如打开某个文件、请求某项服务等。根据之前讲解的知识,遇到这种情况,进程会进入睡眠态并放弃占用的 CPU。若要申请的资源与之后的操作并不冲突,为了保障当前进程的持续执行(走完当前的时间片),此时可以在内存中再创建一个进程,让新的进程代替原进程执行资源申请的工作。

1. 创建一个进程

Linux 使用 fork()函数创建进程。fork 函数是 Linux 多任务系统实现的基础，它包含在函数库 unistd. h 中，其函数声明如下：

```
pid_t fork(void);
```

调用 fork()函数创建的进程称为子进程，调用 fork()函数的进程为父进程。fork()函数执行后，系统会创建一个与原进程近乎相同的进程，之后父子进程都继续往下执行，如图 6-4 所示。

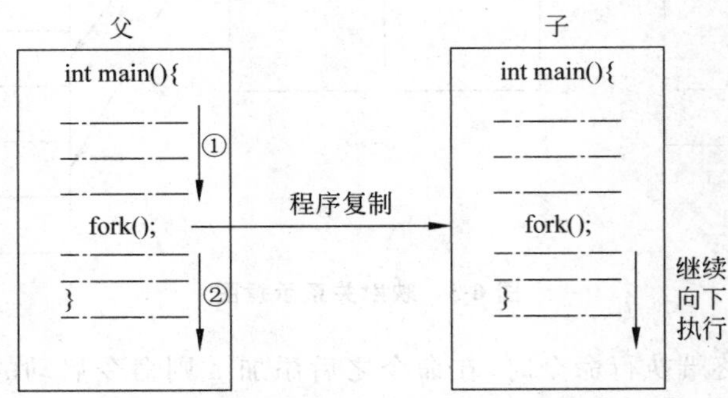

图 6-4 fork()函数创建子进程

一般情况下，C 风格的函数只能有一个返回值，但 fork()函数非常特殊，“它”能返回两个值。当然，并不是因为 fork()函数的构造特殊，而是因为 fork()函数调用后，若子进程创建成功，那么原程序会被复制，也就有了两个 fork()函数。子进程创建成功后，父进程中的 fork()函数会返回子进程的 pid，子进程中的 fork()函数返回 0；若子进程创建失败，原程序不会被复制，父进程的 fork()函数返回-1。

下面通过一个案例来展示 fork()函数的使用方法。

案例 6-1：使用 fork()函数创建一个进程，进程创建成功后使父进程与子进程分别执行不同的功能。

案例实现如下：

test_fork. c

```
#include <stdio.h>
#include <stdlib.h>
#include <unistd.h>
int main()
{
    pid_t pid;
    pid=fork();                              //调用 fork()函数创建子进程
    if(pid==-1)                              //创建失败
    {
        perror("fork error");
        exit(1);                             //退出进程，指定返回值 1
    }
```

```
13     else if(pid>0)                            //父进程
14     {
15         printf("parent process,pid=%d,ppid=%d\n",getpid(),getppid());
16     }
17     else if(pid==0)                           //创建成功——子进程
18     {
19         printf("child process,pid=%d,ppid=%d\n",getpid(),getppid());
20     }
21     printf("........finish..........\n");
22     return 0;
23 }
```

编译程序文件 test_fork.c，指定可执行文件名为 test_fork，在程序所在目录下执行 test_fork，程序的执行结果如下所示：

```
[itheima@localhost ~]$ ./test_fork
parent process,pid=3336,ppid=2707
........finish..........
child process,pid=3337,ppid=3336
........finish........
```

根据执行结果可以得知，父进程的 pid 为 3336，子进程的 pid 为 3337，在父进程 pid 的基础上加 1；父进程也有父进程，其 ppid 为 2207。子进程创建成功，且父子进程分别执行了不同的功能。

读者可能会有疑惑：为什么代码第 21 行的 printf()函数打印了两次 finish 呢？其实由图 6-4 就能看出，调用 fork()函数后，程序变为了两份，每份程序在结束前都打印了一次 finish。而案例 6-1 中多线程实现多任务的实质是父子进程根据两个程序中 fork()函数不同的返回值，分别执行不同的分支，因此程序的执行结果中 finish 被打印了两次。

思考 1：多次执行文件 test_fork 会发现这种情况：child process 后输出的 ppid 不等于 parent process 的 pid，而等于 1。这是什么原因？

2. 创建多个进程

计算机能实现的功能是很复杂的，可能在一个进程执行的过程中需要创建多个线程，这些进程又需要分别申请不同的资源或执行其他操作。假设现在要求进程创建 5 个子进程，很容易便会想到使用循环：将 fork()函数放在循环结构中循环 5 次，就能创建 5 个进程。那么实际情况是不是这样呢？我们来验证一下。

对案例 6-1 中的代码进行修改，使用以下代码替代案例 6-1 中第 7 行的代码：

```
int i;
for(i=0;i<5;i++)
{
    pid=fork();
}
```

再次编译源程序，在命令窗口中执行可执行文件，按下回车键，执行结果将被输出。按照预期，执行结果中应打印6条进程信息，但实际输出信息的数量远远超过6条。对代码进行分析：当第一次循环结束时，父进程创建了一个子进程，如图6-5所示。

6.2.1节中讲到：每次调用fork()函数，系统会复制原程序。那么此时系统中应有两份test_fork文件；之后两个test_fork文件都继续向下执行，也就是父进程与其创建的子进程1都会进行第二次循环，那么产生的进程如图6-6所示。

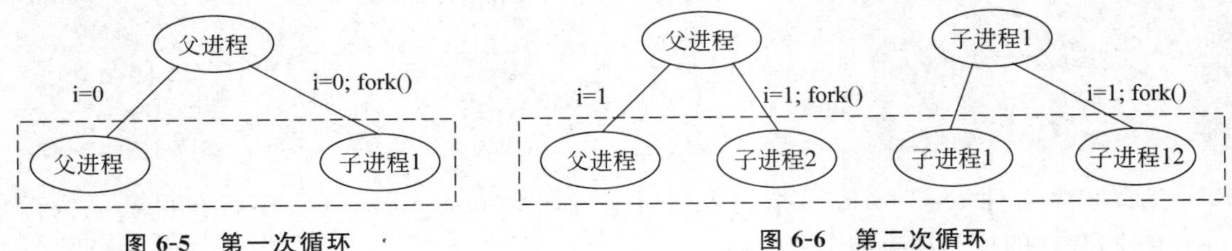

图6-5 第一次循环

图6-6 第二次循环

按照这种规律，每一次循环后，进程的总数应为当前进程数量的两倍。5次循环之后，进程实际的数量应为2^5，也就是32个，这显然与设想不符。

结合原设想，分析循环过程可以发现，我们本来只希望父进程可以创建新进程，但实际执行时，子进程也会创建进程。因此，应该在for循环中添加一个判断：若当前进程不是父进程，那么就跳出循环。

按照这个思路，再次设计代码。为了使输出结果格式清晰，案例6-2中删除打印finish的printf()。代码实现如下。

案例6-2：

```
#include <stdio.h>
#include <stdlib.h>
int main()
{
    pid_t pid;
    int i;
    for(i=0;i<5;i++){                   //循环创建进程
        if((pid=fork())==0)             //若当前进程为子进程,便跳出循环
            break;
    }
    if(pid==-1){
        perror("fork error");
        exit(1);
    }
    else if(pid>0){                     //父进程
        printf("parent process:pid=%d\n",getpid());
    }
    else if(pid==0){                    //子进程
        printf("I am child=%d,pid=%d\n",i+1,getpid());
    }
    return 0;
}
```

编译程序，执行可执行文件，执行结果如下：

```
I am child=4,pid=2945
parent process:pid=2941
I am child=1,pid=2942
I am child=5,pid=2946
[itheima@localhost ~]$I am child=3,pid=2944
I am child=2,pid=2943
|(终端提示符)
```

观察程序执行结果发现，该结果中共打印了 6 条进程信息，由此可知程序已实现了我们的最初设定，案例 6-2 实现成功。

进程创建是 Linux 编程学习中重要的一项，理解进程创建的过程才能避免在以后的学习工作中创建进程时可能发生的一些错误。读者应能理解进程的创建过程，并熟练运用 fork()函数，根据程序需求创建进程。

思考 2：观察案例 6-2 的输出结果，会发现输出结果有以下问题：

(1) 子进程的编号不是递增的；

(2) 终端提示符后面仍有子进程信息打印，而命令提示符在最后一行的开头闪烁。

这是为什么？

3. 数据共享机制

当进程调用 fork()函数创建子进程后，子进程可以访问到与父进程完全相同的代码信息、数据信息和堆栈信息，因此我们认为 fork()函数调用后，系统将父进程空间中的数据完全给了子进程，其实不然。早期的 UNIX 系统确实采用完全复制的方式，但这种方式既浪费空间，又消耗时间，效率比较低下；现在的 UNIX 和 Linux 系统经过优化，在调用 fork()函数时，遵循“读时共享，写时复制”原则。

在讲解读写机制前，我们先来了解 fork()函数工作的详细过程：fork()函数创建子进程后，子进程获得父进程的数据空间、堆栈、页表等的副本，此时父子进程中变量的虚拟地址相同，虚拟地址对应的物理地址也相同。父子进程共享物理内存中的页面信息，但为了防止一方修改导致另一方出现访问异常，系统将页面信息标记为只读，fork()函数执行完毕。

之后父子进程都继续向下执行：此时子进程中拥有与父进程相同的页表，若进程只需要进行数据的访问，则到对应的物理地址中便能获取数据，因为父子进程相同的虚拟空间对应相同的物理地址。其访问机制如图 6-7 所示。

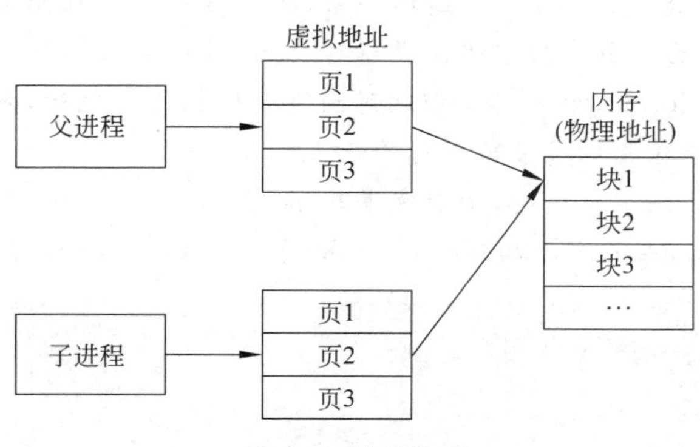

图 6-7 读时共享

若子进程要对数据段、堆栈中的数据进行修改，则系统将待操作的数据复制到内存中一块新的区域，修改副本数据权限为可写。之后子进程修改数据的副本，如此父子进程就能保存各自的数据，父子进程中相同的虚拟地址对应内存中不同的物理地址。访问机制如图 6-8 所示。

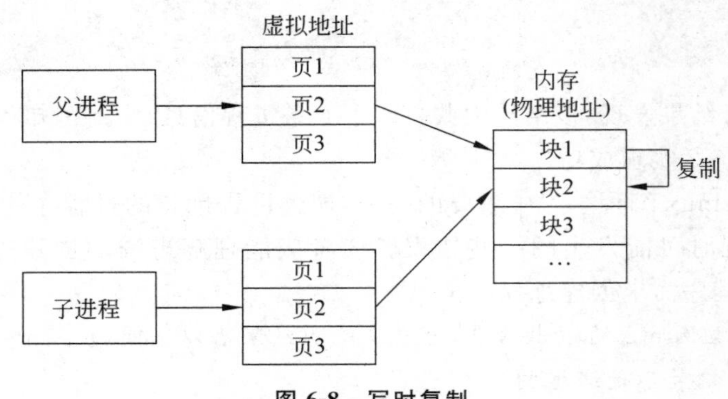

图 6-8　写时复制

在图 6-8 中，系统将物理块 1 中待修改的数据赋值到物理块 2，子进程访问物理块 2 中的数据，执行修改操作。

需要注意的是，同样的虚拟地址可能会对应不同的物理地址。这是因为虚拟地址是与进程关联的，每个进程都有一段 0～4G 的虚拟内存，因此多个进程中会有数据处于相同的虚拟地址中；但“虚拟内存”只是系统管理内存的一种技术，目的是使进程认为自己拥有的是一段连续的地址空间，方便地址分配与数据管理。它不是“实际”的，进程中的数据实际存在于内存对应的物理空间中，因此同样的虚拟地址可以对应不同的物理地址。

多学一招：进程的执行顺序

读者是否留意到 6.2.1 节中的思考 1 与思考 2？出现这种情况，是因为父进程先于子进程终止。在 Linux 系统中，子进程应由父进程回收，但是当子进程被创建后，它与父进程及其他进程共同竞争系统资源，所以父子进程执行的顺序是不确定的，终止的先后顺序也是不确定的。

在案例 6-1 中，父进程先于子进程终止，子进程变为“孤儿进程”，后由进程 init 接收；在案例 6-2 中，创建了 5 个子进程，这 5 个子进程与父进程共同竞争资源。6 个进程使用 CPU 的顺序不确定，因此子进程的编号不是递增关系，父进程在子进程尚未全部终止前便终止。另外，父进程是一个前台进程。当它终止退出后，会释放命令提示符，输出当前工作路径及终端提示符[itheima@localhost ~]$ |，但此时尚有子进程仍在执行，终端仍有信息输出，因此命令提示符会出现在输出结果最后一行的开头。

解决这种问题的方法不止一种，读者容易理解的方法是：使用 sleep()函数，暂缓进程执行。以案例 6-2 为例，在其中添加 sleep()函数，修改后的代码如下：

```
#include <stdio.h>
#include <stdlib.h>
#include <unistd.h>
int main()
```

```
{
    pid_t pid;
    int i;
    for(i=0;i<5;i++){
        if((pid=fork())==0)
            break;
    }
    if(pid==-1){
        perror("fork error");
        exit(1);
    }
    else if(pid>0){
        sleep(5);
        printf("parent pid=%d\n",getpid());
    }
    else if(pid==0){
        sleep(i);
        printf("I am child%d pid=%d\n",i+1,getpid());
    }
    return 0;
}
```

重新编译该文件，执行程序，可观察到每隔 1 秒，屏幕会打印一行信息，执行结果如下所示：

```
I am child1 pid=2906
I am child2 pid=2907
I am child3 pid=2908
I am child4 pid=2909
I am child5 pid=2910
parent pid=2905
```

以上代码中让每个进程分别沉睡不同的时间，子进程在之前创建的子进程执行之后执行，父进程等待所有子进程执行结束后执行。但这种方法只是权宜之计，因为内存中进程的运行状况是不确定的，实际情况中我们无法预测程序所需的执行时间。若都使用 sleep()函数控制进程的执行顺序，将会浪费 CPU，降低 CPU 的运行效率。

6.2.2 exec 函数族

使用 fork()函数创建的子进程中包含的程序代码完全相同，只是能根据 fork()函数的返回值执行不同的代码分支。当每个分支的内容较多时，代码自身便较为庞大；另外，若要执行的分支与程序其他内容并不相干，对子进程来说，除与之对应的分支外的大多数内容都是没有意义的。但 fork()函数每创建一个子进程，都要将这个“庞大”程序或无意义的代码复制一次，如此代码冗余造成的空间消耗将不可忽视。

高级编程语言中提出了函数的概念，使用函数可以提高代码使用率，优化代码结构。进程控制中也有类似的功能，若要使进程执行另外一段程序，可以通过调用 exec 函数族来实现。

exec 函数族的功能是：根据指定的文件名或路径找到可执行文件，用该文件取代调用该函数的进程中的程序，再从该文件的 main()函数开始执行文件的内容。

调用 exec 函数族时不创建新进程，因此进程的 pid 不会改变。exec 只是用新程序中的数据替换了进程中的代码段、数据段以及堆和栈中的数据。exec 调用成功时没有返回值。

exec 函数族一般与 fork()函数一起使用：使用 fork()函数创建进程，使用 exec 函数族修改进程任务。调用这两个函数后，进程与其中数据的变化情况如图 6-9 所示。

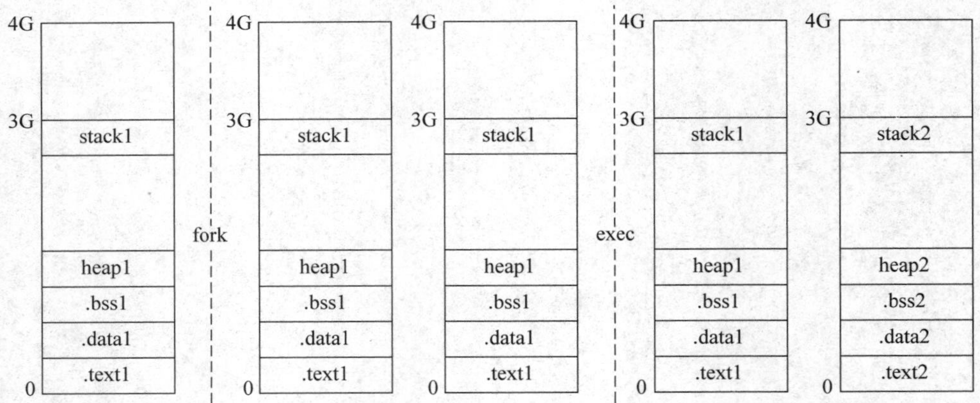

图 6-9 fork()函数与 exec

exec 函数族中包含 6 个函数，分别为 execl()、execlp()、execle()、execv()、execvp()、execve()。它们包含在系统库 unistd. h 中，其声明分别如下：

```
int execl(const char * path, const char * arg, …);
int execlp(const char * file, const char * arg, …);
int execle(const char * path, const char * arg, …, char * const envp[]);
int execv(const char * path, char * const argv[]);
int execvp(const char * file, char * const argv[]);
int execve(const char * path, char * const argv[], char * const envp[]);
```

这 6 个函数的函数名非常相似，但函数名与函数的参数列表之间是有联系的。下面对函数的函数名与其中的参数进行分析。

① 函数的第一个参数为 file 或 path，它们的区别是：当参数为 path 时，传入的数据为路径名；当参数为 file 时，传入的数据为可执行文件名。使用 file 作为参数时，若传入的数据中包含/，就将其视为路径名；否则系统会根据进程的环境变量 PATH，在它指定的各个目录中搜索传入的可执行文件。

② 读者可以将 exec 函数族分为以 execl 与 execv 开头的两类：若属于 execl 类，函数将以列举的方式传递参数，参数列表会将执行第一个文件用到的参数逐一列举，由于参数列表长度不定，因此最后要用哨兵 NULL 表示列举结束；若属于 execv 类，函数将通过参数向量表传递参数，函数中以 char * argv[]的形式传递文件执行时使用的参数，数组中最后一个参数为 NULL。

③ 当以 execl 和 execv 为前缀时，若函数名后缀为空，则参考分析(1)(2)即可；若以 execp 为前缀，则该函数将会使用默认的环境变量；若以 execv 为前缀，表示参数列表中对应

有参数 char * const envp[]——该参数用于接收用户传入的环境变量，则 exec 函数会使用接收到的环境变量替代默认的环境变量。

读者可在 man 手册中查询学习更多关于 exec 函数族的知识。实际上，只有 execve() 是真正的系统调用，其他 5 个函数最终都调用 execve()。

下面通过案例来展示 exec 函数族的用法。

案例 6-3：在程序中创建一个子进程，之后使父进程打印自己的 pid 信息，使子进程通过 exec 函数族获取系统命令文件，执行 ls 命令。

案例实现如下：

```
#include <stdio.h>
#include <stdlib.h>
#include <unistd.h>
int main()
{
    pid_t pid;
    pid=fork();
    if(pid==-1)
    {
        perror("fork error");
        exit(1);
    }
    else if(pid>0)
    {
        printf("parent process:pid=%d\n",getpid());
    }
    else if(pid==0)
    {
        printf("child process:pid=%d\n",getpid());
        //execl("/bin/ls","-a","-l","test_fork.c",NULL);          //①
        //execlp("ls","-a","-l","test_fork.c",NULL);              //②
        char *arg[]={"-a","-l","test_fork.c",NULL};              //③
        execvp("ls",arg);
        perror("error exec\n");
        printf("child process:pid=%d\n",getpid());
    }
    return 0;
}
```

在案例 6-3 中分别使用 execl()(①)、execlp()(②)和 execvp()(③)函数对 ls 命令进行了调用，它们的输出结果相同，如下所示：

```
parent process:pid=3587
child process:pid=3588
-rw-rw-r--. 1 itheima itheima 375 Oct 18 16:18 test_fork.c
```

需要注意，exec 函数族在调用成功时不会产生返回值，但由于种种原因(调用的文件不存在、环境变量错误等)，调用失败的概率比较大。因此在使用时，最好在调用 exec 函数后通过 perror()函数打印错误信息，获取函数的调用结果。

其他三个函数的使用方法与以上三个函数的使用方法大同小异，读者可自行尝试使用。

6.2.3 进程退出

Linux 系统中进程的退出通过 exit()函数实现。exit()函数存在于系统函数库 stdlib. h 中，其函数声明如下：

```
void exit(int status);
```

在进程中，exit()函数的功能其实就相当于"return 返回值"，其中参数 status 表示进程的退出状态(0 表示正常退出，非 0 表示异常退出，一般使用-1 或 1 表示)。为了增强可读性，标准 C 中定义了两个宏：EXIT_SUCCESS 和 EXIT_FAILURE，分别表示正常退出和非正常退出。本章的案例 6-1～6-3 中已经使用过该函数。

Linux 系统中有一个与 exit()函数非常相似的函数——_exit()，_exit()函数定义在 unistd. h 中，其函数声明如下：

```
void _exit(int status);
```

exit()和_exit()都是用来终止进程的，但它们所做的操作有些许差别：当程序执行到_exit()函数时，系统会无条件地停止操作，终止进程并清除进程所用内存空间以及进程在内核中的各种数据结构；exit()函数对_exit()进行了包装，在执行退出前还有若干道工序，最重要的就是它会在调用_exit()之前先检查文件的打开情况，将缓冲区中的内容写回文件。相对而言，exit()函数比_exit()函数更为安全。

多学一招：特殊进程

Linux 系统中有两种特殊的进程：孤儿进程和僵尸进程。

父进程应负责子进程的回收工作，但父子进程是异步运行的，父进程不知道什么时候接收子进程，父进程甚至会在子进程结束之前结束。若父进程在子进程退出之前退出，子进程就会变成孤儿进程，此时子进程会被进程 init 收养，之后 init 会代替其原来的父进程完成状态收集工作。

当进程调用了 exit()函数后，该进程并不是马上消失，而是留下一个称为僵尸进程的数据结构。僵尸进程是 Linux 系统中的另一种特殊进程，它几乎放弃进程退出前占用的所有内存，既没有可执行代码也不能被调度，只在进程列表中保留一个位置，记载进程的退出状态等信息供父进程收集。若父进程中没有回收子进程的代码，子进程将会一直处于僵尸态。

6.2.4 进程同步

在多道程序环境中，进程是并行执行的，父进程与子进程可能没有交集，各自独立执行；但也有可能，子进程的执行结果是父进程的下一步操作的先决条件，此时父进程就必须等待子进程的执行。我们把异步环境下的一组并发进程因相互制约而互相发送消息、互相合作、互相等待，使得各进程按一定速度和顺序执行称为进程间的同步。

前文中使用 sleep()函数来控制进程的执行顺序，但这种方法只是一种权宜之计。系统中进程的执行顺序是由内核决定的，使用这种方法很难做到对进程的精确控制。

Linux 系统中提供了 wait()函数和 waitpid()函数来获取进程状态，实现进程同步。

1. wait()函数

wait()存在于系统库函数 sys/wait.h 中，函数声明如下：

```
pid_t wait(int * status);
```

调用 wait()函数的进程会被挂起，进入阻塞状态，直到子进程变为僵尸态，wait()函数捕获到该子进程的退出信息时才会转为运行态，回收子进程资源并返回；若没有变为僵尸态的子进程，wait()函数会让进程一直阻塞。若当前进程有多个子进程，只要捕获到一个变为僵尸态的子进程的信息，wait()函数就会返回并使进程恢复执行。

函数中的参数 status 是一个 int * 类型的指针，它用来保存子进程退出时的状态信息。但通常，我们只想消灭僵尸进程，不在意子进程如何终止，因此一般将该参数设为 NULL。若 wait()调用成功，wait()会返回子进程的进程 id；若调用失败，wait()返回-1，errno 被设置为 ECHILD。

案例 6-4：若子进程 p1 是其父进程 p 的先决进程，使用 wait()函数使进程同步。

```
1   #include <stdio.h>
2   #include <sys/wait.h>
3   #include <stdlib.h>
4   int main()
5   {
6       pid_t pid,w;
7       pid=fork();
8       if(pid==-1){
9           perror("fork error");
10          exit(1);
11      }
12      else if(pid==0){
13          sleep(3);
14          printf("Child process:pid=%d\n",getpid());
15      }
16      else if(pid>0){
17          w=wait(NULL);
18          printf("Catched a child process,pid=%d\n",w);
19      }
20      return 0;
21  }
```

编译案例 6-4，执行可执行程序，执行结果如下：

```
Child process:pid=3432
Catched a child process,pid=3432
```

以上结果在执行程序 3 秒后输出，因为代码第 13 行使用 sleep()函数使子进程沉睡 3 秒才执行。观察程序执行情况：子进程在程序执行 3 秒后完成并输出子进程 pid；因为父进程中执行的操作只是回收子进程，所以父进程在子进程终止后立刻输出。由执行情况可知,父进程在子进程结束后才结束,父进程成功捕获了子进程。

当然,wait()函数中的参数可以不为空。若 status 不为空,wait()函数会获取子进程的退出状态,退出状态被存放在 exit()函数参数 status 的低八位中。使用常规方法读取比较麻烦,因此 Linux 系统中定义了一组用于判断进程退出状态的宏函数,其中最基础的是 WIFEXITED()和 WEXITSTATUS(),它们的参数与 wait()函数相同,都是一个整型的 status。宏函数的功能分别如下:

(1) WIFEXITED(status):用于判断子程序是否正常退出,若是,则返回非 0 值;否则返回 0。

(2) WEXITSTATUS(status):WEXITSTATUS()通常与 WIFEXITED()结合使用,若 WIFEXITED 返回非 0 值(即正常退出),则使用该宏可以提取子进程的返回值。

案例 6-5:使用 wait()函数同步进程,并使用宏获取子进程的返回值。

```
1  #include <stdio.h>
2  #include <sys/wait.h>
3  #include <stdlib.h>
4  int main()
5  {
6      int status;
7      pid_t pid,w;
8      pid=fork();
9      if(pid==-1){
10         perror("fork error");
11         exit(1);
12     }
13     else if(pid==0){
14         sleep(3);
15         printf("Child process:pid=%d\n",getpid());
16         exit(5);
17     }
18     else if(pid>0){
19         w=wait(&status);
20         if(WIFEXITED(status)){
21             printf("Child process pid=%d exit normally.\n",w);
22             printf("Return Code:%d\n",WEXITSTATUS(status));
23         }
24         else
25             printf("Child process pid=%d exit abnormally.\n",w);
26     }
27     return 0;
28 }
```

编译案例 6-5,执行可执行程序,执行结果如下:

```
Child process:pid=3547
Child process pid=3547 exit normally.
Return Code:5
```

案例 6-5 的第 6 行中定义了一个整型变量 status,该变量在 wait()函数中获取子进程的退出码。之后通过宏 WIFEXITED 判断返回码是否为 0，当不为 0 时，使用宏 WEXITSTATUS 将返回码转换为一个整型数据。

2. waitpid()函数

wait()函数具有一定局限性，若当前进程有多个子进程，那么该函数就无法确保作为先决条件的子进程在父进程之前执行，此时可使用 waitpid()函数实现进程同步。

waitpid()函数同样位于系统函数库 sys/wait.h 中，它的函数声明如下：

```
pid_t waitpid(pid_t pid,int * status,int options);
```

waitpid()函数比 wait()函数多两个参数：pid 和 options。

参数 pid 一般是进程的 pid，但也会有其他取值。参数 pid 的取值及其意义分别如下：

① pid>0 时，只等待 pid 与该参数相同的子进程，若该子进程退出，waitpid()函数就会返回；若该子进程仍未结束，waitpid()函数就一直等待该进程。

② pid=-1 时，waitpid()函数与 wait()函数作用相同，将阻塞等待并回收一个子进程。

③ pid=0 时，会等待同一个进程组的所有子进程，若子进程加入了其他进程组，waitpid()将不再关心它的状态。

④ pid<-1 时，会等待指定进程组中的任何子进程，进程组的 id 等于 pid 的绝对值。

参数 options 提供控制 waitpid()的选项，该选项是一个常量或由|连接的两个常量。该参数支持的选项如下：

① WNOHANG。即使子进程没有终止，waitpid()也会立即返回，即不会使父进程阻塞。

② WUNTRACED。如果子进程暂停执行，则 waitpid()立刻返回。

另外若不想使用该参数，可以将其值设置为 0。

waitpid()函数的返回值会出现 3 种情况：

① 正常返回时，waitpid()返回捕捉到的子进程的 pid。

② 若 options 的值为 WNOHANG，但调用 waitpid()时发现没有已退出的子进程可收集，则返回 0。

③ 若调用过程出错，则返回-1。errno 会被设置成相应的值以指示错误位置。

waitpid()函数可以等待指定的子进程，也可以在父进程不阻塞的情况下获取子进程状态，相对于 wait()来说，它的使用更为灵活。下面通过两个案例来学习 waitpid()函数的用法。

案例 6-6：使父进程等待进程组中某个指定的进程，若该进程不退出，则让父进程一直阻塞。

```
#include <stdio.h>
#include <stdlib.h>
#include <sys/wait.h>
int main()
{
    pid_t pid,p,w;
```

```
7       pid=fork();                                     //创建第一个子进程
8       if(pid==-1){                                    //第一个子进程创建后父子进程的执行内容
9           perror("fork1 error");
10          exit(1);
11      }
12      else if(pid==0){                                //子进程沉睡
13          sleep(5);
14          printf("First child process:pid=%d\n",getpid());
15      }
16      else if(pid>0){                                 //父进程继续创建进程
17          int i;
18          p=pid;
19          for(i=0;i<3;i++)                            //由父进程创建3个子进程
20          {
21              if((pid=fork())==0)
22                  break;
23          }
24          if(pid==-1){                                //出错
25              perror("fork error");
26              exit(2);
27          }
28          else if(pid==0){                            //子进程
29              printf("Child process:pid=%d\n",getpid());
30              exit(0);
31          }
32          else if(pid>0){                             //父进程
33              w=waitpid(p,NULL,0);                    //等待第一个子进程执行
34              if(w==p)
35                  printf("Catch a child Process:pid=%d\n",w);
36              else
37                  printf("waitpid error\n");
38          }
39      }
40      return 0;
41  }
```

编译案例 6-6，执行可执行程序，执行结果如下：

```
Child process:pid=2835
Child process:pid=2836
Child process:pid=2837
First child process:pid=2834
Catch a child Process:pid=2834
```

CPU 的执行速度极高，执行程序后可看到执行结果中的前 3 行会立刻被输出；结果中的第 4 行在 5 秒后输出，因为第 13 行代码要求程序中创建的第一个子进程沉睡 5 秒；结果中的第 5 行为父进程执行的操作，当第一个子进程终止后，此行立刻被输出。

案例 6-7：使用 waitpid()函数不断获取某进程中子进程的状态。

```
#include <stdio.h>
#include <stdlib.h>
#include <sys/wait.h>
int main()
{
    pid_t pid,w;
    pid=fork();
    if(pid==-1){
        perror("fork error");
        exit(1);
    }
    else if(pid==0){
        sleep(3);
        printf("Child process:pid=%d\n",getpid());
        exit(0);
    }
    else if(pid>0){
        do{
            w=waitpid(pid,NULL,WNOHANG);
            if(w==0){
                printf("No child exited\n");
                sleep(1);
            }
        }while(w==0);
        if(w==pid)
            printf("Catch a Child process:pid=%d\n",w);
        else
            printf("waitpid error\n");
    }
    return 0;
}
```

编译案例 6-7，执行可执行程序，执行结果如下：

```
No child exited
No child exited
No child exited
Child process:pid=3663
Catch a Child process:pid=3663
```

案例 6-7 的父进程代码中设置了一个循环，在循环中调用 waitpid()函数，并使用 sleep()函数控制 waitpid()，使其每隔 1 秒捕捉一次子进程信息；同时使子进程沉睡了 3 秒，因此父进程会输出 3 次 No child exited。3 秒后子进程终止，waitpid()成功捕获到子进程的退出信息并使父进程继续运行，从而输出捕捉到的子进程 id。

多学一招：特殊进程的危害

僵尸进程不能再次被运行，但是却会占据一定的内存空间：当系统中僵尸进程的数量很多时，不光会占用系统内存，还会占用进程 id。若僵尸进程一直存在，新的进程可能会因内存不足或一直无法获取 pid 而无法被创建。因此，应尽量避免僵尸进程的产生，使用 wait()

和 waitpid()可以有效避免僵尸进程。

若僵尸进程已经产生,就应该想办法终止僵尸进程。通常情况下,解决僵尸进程的方法是终止其父进程。当僵尸进程的父进程被终止后,僵尸进程作为孤儿进程被 init 接收,init 会不断调用 wait()函数获取子进程状态,收集已退出的子进程发送的状态信息。孤儿进程永远不会成为僵尸进程。

6.3 进程管理命令

进程 id 既能方便系统对进程的管理和调度,也方便用户对进程的管理。Linux 系统中提供了许多进程管理命令,掌握这些命令能帮助用户更好地管理进程,以及进程所需的相关资源。本节将对常用的进程管理命令进行讲解。

1. ps

ps 是 process status 的缩写。在命令行中输入 ps 后回车就能查看当前系统中正在运行的进程。ps 命令的格式如下:

```
ps [选项] [参数]
```

执行 ps 命令后终端打印的信息如下所示:

```
  PID TTY          TIME CMD
2670 pts/0    00:00:00 bash
3448 pts/0    00:00:00 ps
```

输出信息中包含 4 项:pid 就是进程的 id;TTY 表明启动进程的终端;TIME 表示进程到目前为止真正占用 CPU 的时间;CMD 表示启动该进程的命令。

ps 命令可以与一些选项搭配,实现更丰富的功能。它的选项有两种风格:SysV 和 BSD。我们在第 2 章中学习的命令的选项都是 SysV 风格。SysV 风格的选项需要与“-”一起使用,BSD 风格的选项可以直接使用。

ps 命令中常用的 BSD 风格的选项如表 6-2 所示。

表 6-2 ps 命令 BSD 风格的常用选项

选项	说　明
a	显示当前终端机下的所有进程,包括其他用户启动的进程
u	以用户的形式显示系统中的进程
x	忽视终端机,显示所有进程
e	显示每个进程使用的环境变量
r	只列出当前终端机中正在执行的进程

当使用选项 u 时,ps 共会输出 11 项。使用 ps au 命令输出的信息如下所示:

```
USER        PID %CPU %MEM    VSZ   RSS TTY      STAT START   TIME COMMAND
itheima    2670  0.0  0.1 108352  1836 pts/0    Ss   10:57   0:00 /bin/bash
itheima    2812  0.0  0.1 108352  1832 pts/1    Ss   11:54   0:00 /bin/bash
⋮
```

其中 USER 表示启动进程的用户，pid、TTY、TIME 这些选项的含义与 ps 默认输出的相同，其余各项代表的含义分别如下：

- %CPU 表示进程占用 CPU 的时间与进程已运行时间的百分比，一般情况下这个数值不会达到 100%。
- %MEM 表示进程的物理内存集与系统物理内存的百分比。
- VSZ 表示虚拟内存集，即进程占用虚拟内存的大小(1024 字节为一个单位)。
- RSS 表示驻留集大小，即进程使用的物理内存的大小(1024 字节为一个单位)。
- STAT 表示进程当前的状态。D 表示不可中断的睡眠态，R 表示运行态，S 表示可中断的睡眠态，T 表示停止，Z 表示僵死态(即僵尸进程)。状态之后的 s 表示该进程是会话进程中的首进程。
- COMMAND 即 CMD，表示启动该进程的命令。

SysV 格式的选项也能实现 BSD 风格选项所能实现的部分功能，SysV 风格的选项如表 6-3 所示。

表 6-3　ps 命令 SysV 风格的常用选项

选项	说　　明
-a	显示所有终端机中除阶段作业领导之外的进程
-e	显示所有进程
-f	除默认显示外，显示 uid、ppid、C、STIME 项
-o	指定显示哪些字段；字段名可以使用长格式，也可以使用“%字符”的短格式指定；多个字段名使用逗号分隔
-l	使用详细的格式显示进程信息，等同于 BSD 风格的选项 l

ps 命令是最基本也是最强大的进程查看命令，它能够获取系统中当前运行的所有进程、查看进程的状态及占用的资源等，因此其输出的信息非常之多，此处只列举出比较常用的11 项信息。读者可以在 Linux 系统的 man 手册中查看该命令的详细信息，以掌握 ps 命令的更多功能。

2. top

ps 命令执行后，会显示执行命令那一刻系统中进程的相关信息。若想使信息动态地显示，可以使用命令 top。top 命令的格式如下：

```
top [选项]
```

top 命令可以实时观察系统的整体运行情况，默认时间间隔为 3 秒，即每 3 秒更新一次页面，类似 Windows 系统中的任务管理器，是一个很实用的系统性能监测工具。在终端执行 top 命令后的界面如图 6-10 所示：

```
top - 11:38:17 up  1:14,  2 users,  load average: 1.00, 0.71, 0.51
Tasks: 161 total,   1 running, 159 sleeping,   1 stopped,   0 zombie
Cpu(s):  0.9%us,  1.6%sy,  0.0%ni, 97.2%id,  0.0%wa,  0.0%hi,  0.2%si,  0.0%st
Mem:   1004136k total,   730976k used,   273160k free,    52304k buffers
Swap:  2031612k total,        0k used,  2031612k free,   344988k cached

  PID USER      PR  NI  VIRT  RES  SHR S %CPU %MEM    TIME+  COMMAND
 2539 itcast     9 -11  439m 5044 3644 S 10.5  0.5   0:02.98 pulseaudio
 2591 itcast    20   0  301m  18m  14m S  3.1  1.9   0:08.90 vmtoolsd
```

图 6-10　top 默认输出信息展示

图 6-10 第 1 行中显示的是 top 命令的相关信息，其中各项分别表示：系统当前时间为 11:38:17；系统到现在已运行 1 小时 14 分；系统中当前有两个用户登录；系统 1 分钟、5 分钟、15 分钟内的平均负载分别为 1.00、0.71、0.51。

第 2 行显示与进程相关的信息：系统中共有 161 个进程，其中 1 个处于运行态，159 个处于睡眠态，1 个处于停止状态，0 个处于僵死态。

第 3 行显示与 CPU 相关的信息，若系统是单核的，则这个信息只有一行；若系统是双核或多核的，则每个 CPU 都会有对应的信息。其中各项分别表示：用户占用 CPU 的百分比为 0.9%，系统占用 CPU 的百分比为 1.6%，优先级被更改过的进程占用 CPU 的百分比为 0.0%，空闲 CPU 的百分比为 97.2%，I/O 等待占用 CPU 的百分比为 0.0%，硬中断占用 CPU 的百分比为 0.0%，软中断占用 CPU 的百分比为 0.2%，虚拟机被 hypervisior(虚拟机监视器)偷去的时间所占的百分比为 0.0%。

第 4 行显示与内存状态相关的信息：系统的物理内存总量为 1004136KB，已经使用的内存总量为 730976KB，空闲内存总量为 273160KB，缓存的内存量为 52304KB。

第 5 行显示 swap 交换分区的信息：交换区的总容量为 2031612KB，已经使用的容量为 0KB，空闲容量为 2031612KB，缓冲的交换区容量为 344988KB。

以上几行信息的显示可以通过热键 l、t、m 来分别控制。

第 6 行为一个空行，之后黑色背景行为 top 命令默认显示的输出项。pid 等项不再赘述，其余尚未介绍的输出项代表的含义分别如下：

- PR：进程优先级。进程共有 140 个优先级，编号为 0～139，其中 100～139 为用户可控制的优先级，数字越小，优先级越高。
- NI：nice 值，用来控制进程的优先级。取值范围为-20～+19，对应 100～139 号优先级，它与 PR 的关系为：new PR=PR+nice。
- VIRT：虚拟内存集大小，即进程使用的虚拟内存总量，单位为 KB。
- RES：常驻内存集大小，即进程使用的未被换出的物理内存大小，单位为 B。
- SHR：共享内存的大小，单位为 KB。
- S：表示进程状态，对应 ps 命令中的 STAT。
- %CPU：上次更新到现在的 CPU 时间占用百分比，top 命令默认以此项排序。
- %MEM：进程使用的物理内存占总内存的百分比。
- TIME+：进程占用 CPU 的总时长，单位为 1/100 秒。

热键 M、P、T 分别可以根据以上某个选项对 top 显示的信息进行排序。热键对应的功能如表 6-4 所示。

表 6-4 top 命令中的热键功能

热键	说明
l	控制是否显示平均负载和启动时间(第 1 行)
t	控制是否显示进程统计信息和 CPU 状态信息(第 2、3 行)
m	控制是否显示内存信息(第 4、5 行)
M	根据常驻内存集 RES 大小为进程排序
P	根据%CPU 为进程排序
T	根据 TIME+为进程排序
r	重置一个进程的优先级
i	忽略闲置和僵死的进程
k	终止一个进程

当使用热键 r、k 时，第 6 行会给出相应的提示并等待输入。若要终止进程，在提示信息后输入要操作的进程的 pid 即可；若要重置优先级，按下热键 r，输入 pid 后，第 6 行会提示输入 nice 值。

top 的监测界面默认每隔 3 秒刷新一次，读者可以使用选项-d 自定义刷新间隔；top 显示的内容只有一屏，超出一屏的进程无法查看，若想查看更多进程的状态，可以使用选项-b，该选项使用批处理的模式进行操作，一次显示一屏，3 秒滚动一次；若只想观察某段时间内的变化情况，可以使用选项-n 来指定循环显示的次数。top 的选项还有很多，读者可通过 man 手册学习更多内容。

3. pstree

pstree 命令以树状图的形式显示系统中的进程，可以直接观察进程之间的派生关系。pstree 命令的格式如下：

```
pstree [选项]
```

pstree 命令中的常用选项如表 6-5 所示。

表 6-5 pstree 命令常用选项

选项	说明
-a	显示每个进程的完整命令(包括路径、参数等)
-c	不使用精简标识法
-h	列出树状图，特别标明当前正在执行的进程
-u	显示用户名称
-n	使用程序识别码排序(默认以程序名称排序)

4. pgrep

pgrep 命令根据进程名从进程队列中查找进程，查找成功后默认显示进程的 pid。pgrep 命令的格式如下：

```
pgrep [选项] [参数]
```

Linux 系统中可能存在多个同名的进程，pgrep 命令可以通过选项缩小搜索范围，其常用选项如表 6-6 所示。

表 6-6 pgrep 命令常用选项

选项	说　明
-o	仅显示同名进程中 pid 最小的进程
-n	仅显示同名进程中 pid 最大的进程
-p	指定进程父进程的 pid
-t	指定开启进程的终端
-u	指定进程的有效用户 id

5. nice

除了在使用 top 命令时通过热键 r 来重置进程优先级外，Linux 系统中也提供了专门更改优先级的命令，即 nice 命令。nice 命令的格式如下：

```
nice [选项] [参数]
```

nice 常用的选项为-n，n 表示优先级，是一个整数。nice 的参数通常为一个进程名。假设进程 top 的优先级为 0，要修改 bash 的优先级为 5，则可以使用以下命令实现：

```
nice -n 5 bash
```

修改后可使用 top 命令检测 bash 的优先级。

nice 命令不但能修改已存在进程的优先级，还能在创建进程的同时，通过设置进程的 nice 值为进程设定优先级。此时选项后的参数应为所要执行的命令。假设当前 top 命令的优先级已被设置为 5，那么再次调用 top 命令，修改其优先级为 11，则应使用的命令如下所示：

```
nice -n 6 top
```

当更改 nice 值时，优先级 PR 和 nice 值 NI 都会改变，其变化的规律为：新值=原值+n，n 为本次命令中指定的 nice 值。

6. bg 和 fg

Linux 系统中的命令分为前台命令和后台命令。所谓前台命令，即在命令执行后，命令执行过程中的输出信息会逐条输出到屏幕，或者命令打开的内容(如 vi 打开 vim 编辑器)会替代原来的终端命令，如压缩解压命令等；所谓后台命令，即命令执行后，不占用命令提示符，用户可继续在终端中输入命令，执行其他操作的命令。

Linux 系统中可以使用 bg 命令和 fg 命令使进程在前台和后台之间进行切换。

bg 命令的作用是将进程放入后台运行，使前台可以执行其他任务。其命令格式如下：

```
bg 参数
```

也可以在命令后追加符号 &，在进程创建时将其直接调入后台执行，其用法如下：

```
command &
```

使用快捷键组合 Ctrl＋Z 也能将进程调入后台，但调入后台的进程会被暂时停止。

fg 命令的作用与 bg 相反，是将后台的进程调往前台。其命令格式如下：

```
fg 作业号
```

假设要将后台的进程 top 调回前台(假设 top 进程的作业编号为 1)，可以使用以下命令：

```
fg 1
```

7. jobs

当 top 命令或 vi 编辑器等前台进程正在运行时，按下快捷键 Ctrl+Z，终端会在输出如下一行信息后，才返回命令提示符：

```
[1]+  Stopped                 top
```

这是一个作业的状态信息，1 表示作业号，Stopped 表示进程 top 现在被停止。

使用 jobs 命令可以查看 Linux 系统中的作业列表及作业状态。进程中的作业也有编号，编号从 1 开始。Linux 系统中作业从用户角度进行编号，进程从系统管理员的角度进行编号。jobs 命令的语法格式如下：

```
jobs [选项] [参数]
```

当选项和参数缺省时，默认显示作业编号、作业状态和启动作业的命令。

jobs 命令的常用选项如表 6-7 所示。

表 6-7 jobs 命令常用选项

选项	说　明
-l	显示进程号
-p	仅显示作业对应的进程号
-n	显示作业状态的变化

续表

选项	说　明
-r	仅显示运行状态的任务
-s	仅显示停止状态的任务

jobs 命令的参数为作业号，用于显示某个作业的信息。该命令一般与 bg、fg 命令配合使用。

8．kill

kill 命令用来终止正在运行的进程，它的工作原理是发送某个信号到指定进程，以终止该进程。kill 命令的格式如下：

```
kill [选项] [参数]
```

信号的详细内容将在第 7 章讲解，此处只介绍 kill 命令中最常用的信号：编号为 15 的信号 SIGTERM 和编号为 9 的信号 SIGKILL。这两个信号的区别是：若使用信号 15，kill 命令会在运行进程终止前，安置好正在进行的工作；若使用信号 9，则进程会立即被终止，正在进行的修改将不会被保存。

kill 命令的预设信息为 SIGTERM(15)，即默认情况下 kill 命令发送编号为 15 的信号 SIGTERM 以期终止进程。若该信号无法终止进程，可以使用编号为 9 的信号 SIGKILL 强制关闭进程。

使用指定信号(如信号 SIGKILL)杀死一个进程的命令格式如下：

```
kill -9 pid
```

6.4　本章小结

本章讲解了 Linux 系统中与进程相关的知识，包括进程的概念、属性、进程的控制方法和进程的管理命令。进程是 Linux 系统中一个重要的概念，通过本章内容的学习，读者应能理解进程的概念，掌握在程序中和在终端管理进程的方法。

6.5　本章习题

一、填空题

1．进程的属性保存在一个被称为________的结构体中，这个结构体中包括________、进程组、进程环境、进程的运行状态等。

2．进程在内存中可能会出现不同的状态，通常进程的状态被划分为 5 种：初始态、________、________、________和终止态。

3．Linux 系统中的进程结构类似树形结构，使用________命令可以查看当前系统中的进程树。进程树的顶端是进程________，它是系统启动后创建的第一个进程。

4. 调用 fork()函数成功创建子进程后，父进程中的 fork()函数会返回________，子进程中的 fork()函数会返回________。

5. 若在程序中通过如下所示的循环创建进程，循环结束后，会创建________个子进程。

```
for(int i=0;i<5;i++)
{
    pid=fork();
}
```

二、判断题

1. 进程是程序的一次执行过程。 ( )

2. exec 函数族的功能是：根据指定的文件名或路径找到可执行文件，用该文件取代调用该函数的进程中的程序，再从该文件的 main()函数开始执行文件的内容。 ( )

3. 解决僵尸进程的方法是终止其父进程，使其变为孤儿进程。 ( )

4. fork()函数执行后，系统会立刻为子进程复制一份父进程的资源。 ( )

5. 进程同步机制中的 waitpid()函数和 wait()函数用于使父进程阻塞等待子进程终止，将子进程进行回收，因此当父进程中调用了这两个函数时，就不会再有僵尸进程产生。 ( )

三、单选题

1. 在程序中调用 fork()函数创建进程，父子进程会获取不同的返回值。下面关于 fork()函数的说法错误的是：( )

A. 若子进程创建成功，父进程的 fork()返回子进程 pid，子进程的 fork()返回 0

B. 若子进程创建成功，子进程的 fork()返回子进程 pid，父进程的 fork()返回 0

C. 若子进程创建失败，父进程的 fork()函数返回-1

D. 若子进程创建成功，子进程将从 fork()函数调用处之后的代码开始执行

2. 下列哪种方法无法查看进程的信息？( )

A. ps　　B. top　　C. kill　　D. 查看/proc 目录

3. 下列哪种方法可以等待接收进程号为 pid 的子进程的退出状态？( )

A. waitpid(pid,&status,0)

B. waitpid(pid,&status,WNOHANG)

C. waitpid(-1,&status,0)

D. waitpid(-1,&status,WNOHANG)

4. 从后台启动进程，应在命令后添加哪个符号？( )

A. &　　B. #　　C. *　　D. ~

四、简答题

1. 简单说明程序和进程的区别。

2. 分析程序，写出程序的执行结果。

```
#include <stdio.h>
#include <stdlib.h>
#include <sys/wait.h>
#include <unistd.h>
int main()
{
    pid_t pid1,pid2;
    if((pid1=fork())==0)
    {
        sleep(3);
        printf("child process_1\n");
        exit(0);
        printf("child process_1\n");
    }
    else
    {
        if((pid2=fork())==0)
        {
            sleep(1);
            printf("child process_2\n");
            return 0;
        }
        else
        {
            wait(NULL);
            wait(NULL);
            printf("info1 from parent process\n");
            printf("info2 from parent process\n");
            return 0;
        }
    }
    return 0;
}
```

五、编程题

1. 编写程序，在程序中创建一个子进程，使父子进程分别打印不同的内容。

2. 编写程序，在程序中创建一个子进程，使子进程通过 exec 更改代码段，执行 cat 命令。

第 7 章 信 号

学习目标

- 了解信号的分类与产生方式
- 掌握不同情况下信号的产生方法
- 掌握屏蔽、捕捉信号的方法
- 熟练处理程序中产生的信号
- 熟练掌握利用信号机制实现进程同步的方法

使用 kill 命令杀死进程的实质是向目标进程发送一个信号，当目标进程接收到这个信号后，会根据信号的处理函数执行指定动作。信号是实现 Linux 系统中进程间通信的方式之一，本章将讲解与信号相关的内容，包括信号的来源、处理方式以及信号使用过程中出现的执行时序等问题。

7.1 信号及信号来源

信号全称软中断信号，其本质是软件层次上对中断机制的一种模拟，用于提醒进程某件事情已经发生。UNIX 早期版本中就提供了信号模型，但当时的信号模型并不可靠，信号容易丢失。之后加州伯克利大学和美国的 AT&T 公司对信号模型做了改进，添加了可靠信号机制，POSIX 标准又对可靠信号的功能和应用接口进行了标准化，逐渐发展出了如今 Linux 系统中使用的信号。但不同 Linux 版本中的信号仍有所不同，读者可以使用 kill -l 命令查看系统中的信号，CentOS 6.8 版本 Linux 系统中的信号如图 7-1 所示。

```
 1) SIGHUP       2) SIGINT       3) SIGQUIT      4) SIGILL       5) SIGTRAP
 6) SIGABRT      7) SIGBUS       8) SIGFPE       9) SIGKILL     10) SIGUSR1
11) SIGSEGV     12) SIGUSR2     13) SIGPIPE     14) SIGALRM     15) SIGTERM
16) SIGSTKFLT   17) SIGCHLD     18) SIGCONT     19) SIGSTOP     20) SIGTSTP
21) SIGTTIN     22) SIGTTOU     23) SIGURG      24) SIGXCPU     25) SIGXFSZ
26) SIGVTALRM   27) SIGPROF     28) SIGWINCH    29) SIGIO       30) SIGPWR
31) SIGSYS      34) SIGRTMIN    35) SIGRTMIN+1  36) SIGRTMIN+2  37) SIGRTMIN+3
38) SIGRTMIN+4  39) SIGRTMIN+5  40) SIGRTMIN+6  41) SIGRTMIN+7  42) SIGRTMIN+8
43) SIGRTMIN+9  44) SIGRTMIN+10 45) SIGRTMIN+11 46) SIGRTMIN+12 47) SIGRTMIN+13
48) SIGRTMIN+14 49) SIGRTMIN+15 50) SIGRTMAX-14 51) SIGRTMAX-13 52) SIGRTMAX-12
53) SIGRTMAX-11 54) SIGRTMAX-10 55) SIGRTMAX-9  56) SIGRTMAX-8  57) SIGRTMAX-7
58) SIGRTMAX-6  59) SIGRTMAX-5  60) SIGRTMAX-4  61) SIGRTMAX-3  62) SIGRTMAX-2
63) SIGRTMAX-1  64) SIGRTMAX
```

图 7-1 Linux 系统中的信号

信号的编号从 1 开始，其中 1～31 号信号为常规信号，也就是早期信号模型中的不可靠信号；34～64 号信号为实时信号，是用于计算机底层开发中的信号，也是经 POSIX 标准统一过接口和功能的可靠信号。本章重点讲解的是常规信号中的部分常用信号。

信号被应用于进程间通信，但它实际并不由进程发送，在遇到某种情况时，内核会发送某个信号到某个进程。通常产生信号的情况有以下 5 种：

① 用户在终端输入某些组合按键时，终端驱动程序会通知内核产生一个信号，之后内核将该信号发送到相应进程。这些信号的功能通常为停止或终止正在占用终端的进程，如使用 Ctrl+C 时会发送 2 号信号 SIGINT、使用 Ctrl+\时会发送 3 号信号 SIGQUIT 中断前台进程；使用 Ctrl+Z 时会发送 20 号信号 SIGTSTP 到正在占用终端的进程将其挂起。

② 当硬件检测到异常时，如段错误、除 0(浮点数除外)、总线错误等异常，内核会产生信号并发送信号到正在运行的程序。

③ 满足某种软件条件时内核也会产生信号，例如 alarm 计时器计时结束时会发送 26 号信号 SIGALRM 到正在运行的进程。

④ 用户进程可以在程序中通过系统调用 kill、raise、abort 等，发送指定信号给指定进程或进程组。

⑤ 用户在 Shell 命令行中可以使用 kill 命令向指定进程发送信号。在第 6 章中使用 kill 命令杀死进程，其实质就是发送 9 号信号 SIGKILL 到指定进程。

信号的产生是一个异步事件，从信号产生到信号递达进程需要一定时间，在这个过程中，可能会因为一些原因导致信号无法成功递达进程。Linux 系统中的信号可能会处于以下几个状态：

- 发送状态：当某种情况驱使内核发送信号时，信号会有一个短暂的发送状态。
- 阻塞状态：由于某种原因，发送的信号无法被传递，那么将处于阻塞状态。
- 未决状态：发送的信号被阻塞，无法到达进程，内核就会将该信号的状态设置为未决。
- 递达状态：若信号发送后没有阻塞，信号就会被成功传递并到达进程，此时为递达状态。
- 处理状态：信号被递达后会被立刻处理，此时信号处于处理状态。

信号递达进程后才可能被处理，信号的处理方式有三种：忽略、捕获和执行默认动作。

(1) 忽略：大多数信号都可以被忽略，但 9 号信号 SIGKILL 和 19 号信号 SIGSTOP 是超级用户杀死进程的可靠方法，不能被忽略。

(2) 捕获：对信号做捕获处理时，进程通常需要先为该信号设置信号响应函数，这是一个回调函数。当指定信号产生时，内核会为该进程调用并执行对应的信号响应函数。9 号信号 SIGKILL 和 19 号信号 SIGSTOP 同样不能被捕获。

(3) 执行默认动作：系统为每个信号设置了一些默认动作。当信号递达而进程又未设置信号的响应函数时，系统会对进程执行信号的默认动作。

信号的默认动作有 5 个，分别为 Term、Ign、Core、Stop 和 Cont，每个动作代表的含义如下。

- Term：终止进程。
- Ign：忽略信号。
- Core：终止进程并生成 Core 文件。

- Stop：暂停进程。
- Cont：继续运行进程。

不同事件发生时，信号会被发送给对应进程，每个进程对应的事件以及进程接收到信号后的默认动作如表 7-1 所示。

表 7-1　常规信号属性表

编号	名　称	事　　件	默认动作
1	SIGHUP	当用户退出 Shell 时，由该 Shell 启动的所有进程将收到这个信号	Term
2	SIGINT	当用户按下 Ctrl＋C 组合键时，用户终端向正在运行中的由该终端启动的程序发出此信号	Term
3	SIGQUIT	当用户按下 Ctrl＋\组合键时产生该信号，用户终端向正在运行中的由该终端启动的程序发出此信号	Term
4	SIGILL	CPU 检测到某进程执行了非法指令时	Core
5	SIGTRAP	该信号由断点指令或其他 trap 指令产生	Core
6	SIGABRT	调用 abort 函数时产生该信号	Core
7	SIGBUS	非法访问内存地址	Core
8	SIGFPE	在发生致命的运算错误时发出。不仅包括浮点运算错误，还包括溢出及除数为 0 等所有的算法错误	Core
9	SIGKILL	无条件终止进程。本信号不能被忽略、处理和阻塞	Term
10	SIGUSR1	用户定义的信号。程序员可以在程序中定义并使用该信号	Term
11	SIGSEGV	指示进程进行了无效内存访问	Core
12	SIGUSR2	另外一个用户自定义信号。程序员可以在程序中定义并使用该信号	Term
13	SIGPIPE	Broken pipe 向一个没有读端的管道写数据	Term
14	SIGALRM	定时器超时，超时的时间由系统调用 alarm 设置	Term
15	SIGTERM	程序结束信号。与 SIGKILL 不同的是，该信号可以被阻塞和终止，通常用来表示程序正常退出。执行 Shell 命令 kill 时，默认产生这个信号	Term
16	SIGSTKFLT	Linux 早期版本出现的信号，现仍保留向后兼容	Term
17	SIGCHLD	子进程结束时，父进程会收到这个信号	Ign
18	SIGCONT	如果进程已停止，则使其继续运行	Cont/Ign
19	SIGSTOP	停止进程的执行。该信号不能被忽略、处理和阻塞	Stop
20	SIGTSTP	按下 Ctrl＋Z 组合键时发出这个信号，停止终端交互进程的运行	Stop
21	SIGTTIN	后台进程读终端控制台	Stop
22	SIGTTOU	该信号类似于 SIGTTIN，在后台进程要向终端输出数据时发生	Stop
23	SIGURG	套接字上有紧急数据时，向当前正在运行的进程发出此信号，报告有紧急数据到达，如网络带外数据到达时	Ign
24	SIGXCPU	进程执行时间超过了分配给该进程的 CPU 时间，系统产生该信号并发送给该进程	Term

续表

编号	名 称	事 件	默认动作
25	SIGXFSZ	超过文件的最大长度设置	Term
26	SIGVTALRM	虚拟时钟超时时产生该信号。类似于 SIGALRM,但是该信号只计算该进程占用 CPU 的使用时间	Term
27	SGIPROF	类似于 SIGVTALRM,它不仅包括该进程占用 CPU 的时间,还包括执行系统调用的时间	Term
28	SIGWINCH	窗口变化大小时发出	Ign
29	SIGIO	此信号向进程指示发出了一个异步 IO 事件	Ign
30	SIGPWR	关机	Term
31	SIGSYS	无效的系统调用	Core

7.2 信号的产生

由 7.1 节的讲解可知,用户比较容易控制的信号发送方式为:组合按键方式、Shell 命令方式和系统调用。组合按键方式与 Shell 命令方式在前面的章节中已有所接触,本节以系统调用为主讲解信号产生的方式。

7.2.1 系统调用

系统调用中发送信号常用的函数有 kill()、raise()、abort()等,其中 kill 是最常用的函数,该函数的作用是给指定进程发送信号,但是否杀死进程取决于所发送信号的默认动作。kill()存在于函数库 signal.h 中,其函数声明如下:

```
int kill(pid_t pid, int sig);
```

若函数调用成功,则返回 0;否则返回-1 并设置 errno。kill()函数有两个参数:pid 表示接收信号的进程的 pid,sig 表示要发送的信号的编号。参数 pid 的不同取值会影响 kill()函数作用的进程,其取值可分为 4 种情况,每种取值代表的含义分别如下:

- 若 pid>0,则发送信号 sig 给进程号为 pid 的进程。
- 若 pid=0,则发送信号 sig 给当前进程所属组中的所有进程。
- 若 pid=-1,则发送信号 sig 给除 1 号进程与当前进程外的所有进程。
- 若 pid<-1,则发送信号 sig 给属于进程组 pid 的所有进程。

kill()函数发送信号的对象范围取决于调用 kill()函数的进程的权限,只有 root 用户有权发送信号给任一进程,普通用户进程只能向属于同一进程组或同一用户的进程发送信号。参数 sig 的取值一般为常规信号的编号,当其设置为特殊值 0 时,kill()函数不发送信号,但会进行错误检查。此时可以根据 kill()函数的返回值来判断用户进程是否有权限向另外一个进程发送信号:

- 若返回值为 0,表示 kill()函数成功调用,当前进程有权限。
- 若返回值为-1,且 errno 为 ESRCH,表明指定接收信号的进程不存在;否则表示当前进程没有权限。

不同操作系统中信号编号对应的信号名不一定相同,为了提高代码可读性和可移植性,用户在使用kill()函数时应尽量使用系统中定义的宏进行传参。

案例7-1:使用fork()函数创建一个子进程,在子进程中使用kill()发送信号,杀死父进程。

```
#include <stdio.h>
#include <stdlib.h>
#include <unistd.h>
#include <signal.h>
int main()
{
    pid_t pid;
    pid=fork();
    if(pid==0){                              //子进程
        sleep(1);
        printf("child pid=%d,ppid=%d\n",getpid(),getppid());
        kill(getppid(),SIGKILL);             //发送信号 SIGKILL 给父进程
    }
    else if(pid>0){                          //父进程
        while(1){
            printf("parent pid=%d,ppid=%d\n",getpid(),getppid());
        }
    }
    return 0;
}
```

为了保证父进程能接收到子进程发送的信号,在父进程执行的代码段中添加循环,保持父进程的运行;子进程的代码段中调用了kill()函数发送SIGKILL信号给父进程,在此之前使子进程先沉睡1秒。编译案例,执行程序,执行结果如下:

```
⋮
parent pid=2873,ppid=2672
child pid=2874,ppid=2873
Killed
```

当终端输出Killed时,表明子进程发送的信号SIGKILL成功杀死了父进程。

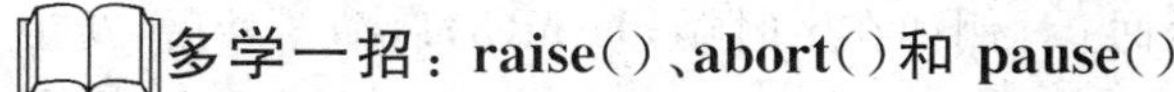

多学一招:raise()、abort()和pause()

除kill()外,raise()、abort()和pause()也是常用的系统调用。raise()函数的功能是发送指定信号给当前进程自身,该函数存在于函数库signal.h中,其函数声明如下:

```
int raise(int sig);
```

若raise()函数调用成功,则返回0;否则返回非0。其参数sig为要发送信号的编号,使用kill()函数可以实现与该函数相同的功能。该函数与kill()之间的关系如下:

```
raise(sig==kill(getpid(),sig)
```

abort()函数的功能是给当前进程发送异常终止信号 SIGABRT，终止当前进程并生成 core 文件。该函数存在于函数库 stdlib.h 中，其函数声明如下：

```
void abort(void);
```

该函数在调用之时会先解除阻塞信号 SIGABRT，然后才发送信号给自己。它不会返回任何值，可以视为百分百调用成功。

pause()函数的作用是造成进程主动挂起，等待信号唤醒。调用该函数后进程将主动放弃 CPU，进入阻塞状态，直到有信号递达将其唤醒，才继续工作。pause()存在于函数库 unistd.h 中，其声明如下：

```
int pause(void);
```

pause()函数的参数列表为空，不一定有返回值。根据唤醒进程信号不同的默认动作，pause()函数可能有以下几种情况：

(1) 若信号的默认处理动作是终止进程，则进程终止，pause()函数没有机会返回。

(2) 若信号的默认处理动作是忽略，进程继续处于挂起状态，pause()函数不返回。

(3) 若信号的处理动作是捕获，则调用完信号处理函数后，pause()返回-1 并将 errno 设置为 EINTR，表示“被信号中断”。

由以上情况可知，pause()只有错误返回值。另外，需要注意的是，若信号被屏蔽，使用 pause()函数挂起的进程无法被其唤醒。

7.2.2 软件条件

当满足某种软件条件时，也可以驱使内核发送信号。Linux 系统中的 alarm()函数就是一个典型的产生软件条件信号的信号源。

1. alarm()

alarm()函数的功能相当于计时器，驱使内核在指定秒数后发送信号到调用该函数的进程。alarm()函数存在于函数库 unistd.h 中，其函数声明如下：

```
unsigned int alarm(unsigned int seconds);
```

若进程中不是第一次调用 alarm()，且上一个的 alarm()尚有剩余秒数，则该函数成功调用后会返回旧计时器的剩余秒数，否则返回 0。例如在定时器 alarm(5)启动 3 秒后，新定时器 alarm(4)启动，那么 alarm(4)的返回值为 2；若 3 秒后第三个定时器 alarm(2)启动，那么 alarm(2)的返回值为 0；若额外设置 alarm(0)，将会取消计时器。计时器采用自然定时法，无论当前进程是否处于运行态，计时器都会计时。

计时结束后，内核会发送 14 号信号 SIGALRM 到当前进程，进程收到该信号后默认终止运行。

案例 7-2：在程序中设置计时器，使进程在指定秒数后终止运行。

```
#include <stdio.h>
#include <stdlib.h>
```

```
#include <unistd.h>
int main()
{
    alarm(1);                                    //设置计时器
    while(1)                                     //循环保证进程不退出
        printf("process will finish.\n");
    return 0;
}
```

在案例 7-2 中先设置了一个 1 秒的计时器;为了保证进程在信号到达之前保持运行,又在进程中添加 while 循环,使进程不断打印信息。1 秒后计时器会驱使内核发送 SIGALRM 信号到进程,因此进程会在 1 秒之后结束。

编译案例 7-2,执行程序,观察到屏幕不断打印"process will finish."。1 秒后停止打印并输出 Alarm clock,表示计时器生效,使进程终止。

2. setitimer()

setitimer()函数也可以设置定时器。与 alarm()相比,它精确到微秒,精度更高,并且可实现周期定时。该函数存在于函数库 sys/time.h 中,函数声明如下:

```
int setitimer(int which, const struct itimerval *new_value,
                        struct itimerval *old_value);
```

若 setitimer()函数成功调用则返回 0;否则返回 -1 并设置 errno。该函数有 3 个参数,其中参数 which 用来设置以何种方式计时。which 有 3 个取值,不同的值对应不同的计时方法,产生不同的信号。which 取值及对应含义如下:

- 若参数为 ITIMER_REAL,使用自然定时法计时,计算自然流逝的时间,计时结束递送 14 号信号 SIGALRM。
- 若参数为 ITIMER_VIRTUAL,只计算进程占用 CPU 的时间,计时结束后递送 26 号信号 SIGVTALRM。
- 若参数为 ITIMER_PROF,计算进程占用 CPU 以及执行系统调用的时间,即进程在用户空间和内核空间运行时间的总和,计时结束后递送 27 号信号 SIGPROF。

setitimer()的第二个参数是一个传入参数,表示计时器定时时长,其本质是一个 itimerval 类型数据结构的指针。itimerval 中有两个 timerval 类型的成员,这两个成员也是结构体类型。itimerval 与 timeval 的定义如下:

```
struct itimerval {
    struct timeval it_interval;
    struct timeval it_value;
};
struct timeval {
    long tv_sec;                                 //秒
    long tv_usec;                                //微秒
};
```

timerval 结构体的两个成员分别提供秒级精度和微秒级精度;itimerval 结构体的两个

成员 it_interval 和 it_value 分别指定间隔时间和初始定时时间。若只指定 it_value，则只实现一次定时；若同时指定 it_interval，则用来实现重复定时。setitimer()的工作机制是，先对 it_value 倒计时，当 it_value 计时结束时，触发信号发送条件。然后重置 it_value 为 it_interval，继续对 it_value 倒计时，如此一直循环。

setitimer()函数的第三个参数用来保存先前设置的 new_value 值，通常设置为 NULL。

案例 7-3：使用 setitimer()函数实现 alarm()函数。

```
#include <stdio.h>
#include <stdlib.h>
#include <sys/time.h>
#include <error.h>
unsigned int my_alarm(unsigned int sec)
{
    struct itimerval it,oldit;
    int ret;
    it.it_value.tv_sec=sec;                    //指定时间
    it.it_value.tv_usec=0;
    it.it_interval.tv_sec=0;                   //指定重复次数
    it.it_interval.tv_usec=0;
    ret=setitimer(ITIMER_REAL,&it,&oldit);
    if(ret==1){
        perror("setitimer");
        exit(1);
    }
    return oldit.it_value.tv_sec;
}
int main()
{
    my_alarm(1);
    while(1)
        printf("process will finish\n");
    return 0;
}
```

alarm()只实现一次计时，因此 my_alarm()中调用的 setitimer()的参数 it 的成员 it_interval 的值都为 0；因为 alarm()只精确到秒，所以 setitimer()中参数 it 表示微秒的成员变量 it_value. tv_usec 设置为 0 即可。

编译案例 7-3，执行程序，1 秒后停止输出 process will finish 并输出 Alarm clock，说明 my_alarm()实现成功，输出信息如下：

```
...
process will finish.
process will finish.
process will finishAlarm clock
```

7.2.3 kill 命令

kill 命令与系统调用 kill 的用法很类似：kill 命令的格式为“kill 选项 参数”，它的选项用于设置要发送的信号，等同于 kill()中的 sig；参数用于设置发送信号的对象，等同于 kill()中的 pid。kill 命令的参数取值也有 4 种，所代表的含义与系统调用 kill()相同。现以如下命令在系统中创建 5 个进程：

```
[itheima@localhost ~]$cat | cat | cat | cat | wc -l
```

该命令的功能是从终端读取信息，经过 3 次管道传输后，使用 wc 命令统计读取信息的数目。执行此命令后，当前终端会等待信息输入。此时另外开启一个终端，使用 ps aux 命令查看进程状态，可以观察到尾行有 5 个 pid 依次递增的进程，具体信息如下所示：

```
itheima    2765  0.0  0.0 100944   552 pts/0    S+   10:31   0:00 cat
itheima    2766  0.0  0.0 100944   552 pts/0    S+   10:31   0:00 cat
itheima    2767  0.0  0.0 100944   552 pts/0    S+   10:31   0:00 cat
itheima    2768  0.0  0.0 100944   548 pts/0    S+   10:31   0:00 cat
itheima    2769  0.0  0.0 100928   640 pts/0    S+   10:31   0:00 wc -l
```

这 5 个进程都是由第一个终端中的命令开启的进程，它们同属进程组 2765。系统调用中 kill()的参数 pid 的取值分为 4 种，下面针对这 4 种情况，以 9 号信号 SIGKILL 为例，讲解 kill 命令的功能。

- pid>0。在终端 1 输入命令 kill -9 2765，终端 1 会输出 0，在终端 2 再次查看进程，进程 2765 已经消失。
- pid=0。在终端 2 输入命令 kill -9 0，终端 2 的所有进程(包括终端)都被关闭。
- pid=-1。在终端 2 输入命令 kill -9 -1，当前设备上的所有进程(包括终端)都被关闭。
- pid<-1。在终端 2 输入命令 kill -9 -2765，终端 1 打印信息 Killed，使用 ps aux 查看当前进程，进程组 2765 中的进程都已消失。

其实当 pid>0 时，即使用命令 kill -9 2765 后，不单进程 2765 终止，进程组 2765 中的所有进程都会终止。但除 pid 为 2765 之外的进程都是自然终止的，读者应注意这种情况与 pid<-1 时命令作用效果的区别。

7.3　信号阻塞

实时信号中 34～64 号信号之所以是可靠信号，是因为其信号模型中存在一个信号队列。当一个信号递达但进程正在处理其他信号时，该信号会被加入信号队列，等待进程处理。而 1～31 号信号中没有信号队列，若信号递达时进程正在处理其他信号，那么进程就会对该信号做忽略处理，也可以说该信号被丢弃。

对进程来说，若信号的发送过于密集，即在处理信号的同时再次收到信号，那么进程会将后到的信号丢弃。对于信号的发送方来说，应该发送的信号已经发送，自然不会再次发送；但对于作为信号接收方的进程来说，未对信号做出应有处理，这显然是不符合预期的。

信号屏蔽机制专门用于解决常规信号不可靠这一问题。在进程的 PCB 中存在两个信号集，一个称为信号掩码(signal mask)，另一个称为未决信号集(signal pending)。这两个信号集的实质都是位图，其中的每一位对应一个信号：若 mask 中某个信号对应的位被设置为 1,信号会被屏蔽,进入阻塞状态;此时内核会修改 pending 中该信号对应的位为 1,使该信号处于未决态,之后除非该信号被解除屏蔽,否则内核不会再向进程发送这个信号。

用户是不能直接操作未决信号集的,但可以在程序中以自定义的 set 位图与 mask 进行位操作,以达到屏蔽或解除屏蔽的目的,从而进一步对 pending 造成影响。

1. 信号集设定函数

Linux 系统中提供了一组函数用于设定自定义信号集,这些函数都存在于函数库 signal.h 中,函数声明分别如下:

```
int sigemptyset(sigset_t * set);
int sigfillset(sigset_t * set);
int sigaddset(sigset_t * set, int signum);
int sigdelset(sigset_t * set, int signum);
int sigismember(const sigset_t * set, int signum);
```

这些函数中的参数 set 是一个 sigset_t 类型的指针,sigset_t 是系统自定义类型,其实质是一个位图。一般用户是不会直接对位进行操作的,针对位的操作也由以上函数完成。

信号集设定函数的功能分别如下:

- sigemptyset()——将指定信号集清 0。
- sigfillset()——将指定信号集置 1。
- sigaddset()——将某个信号加入指定信号集。
- sigdelset()——将某个信号从信号集中删除。
- sigismember()——判断某个信号是否已被加入指定信号集。

2. sigprocmask()函数

自定义位图设定完成后,要与 mask 位图进行位操作,以改变 mask 位图中的数据。Linux 系统提供了一个用于位操作的函数——sigprocmask(),该函数位于函数库 signal.h 中,其函数声明如下:

```
int sigprocmask(int how, const sigset_t * set, sigset_t * oldset);
```

函数 sigprocmask()若调用成功则返回 0,否则返回 -1 并设置 errno。该函数共有三个参数,参数 set 和 oldset 都是指向位图的指针:set 是一个传入参数,一般指向用户自定义位图,该位图用于与 mask 位图进行位操作;oldset 是一个传出参数,用于记录原 mask 位图的值。参数 how 用于设置位操作的方式,其取值分别如下:

- 当 how 设置为 SIG_BLOCK 时,set 位图中记录需要屏蔽的信号,sigprocmask()函数相当于使 mask 与 set 进行位或操作,即 mask=mask|set。
- 当 how 设置为 SIG_UNBLOCK 时,set 位图中记录需要解除屏蔽的信号,sigprocmask()函数相当于使 mask 和 set 按位取反的结果按位相与,即 mask=mask&~set。
- 当 how 设置为 SIG_SETMASK 时,set 位图表示用于替代 mask 的新屏蔽集,sigprocmask()函数的实际操作为:mask=set。

需要注意，系统中什么时候产生什么信号是有规律的，用户进程不应随便对 mask 进行修改。因此在用户进程中的功能实现之后，应尽量使用 sigprocmask()的传出参数 oldset 恢复 mask。

3. sigpending()函数

在编程时，若想了解进程中信号的状态，可以使用 sigpending()函数。该函数的功能是获取当前进程中未决信号集的信息，存在于函数库 signal.h 中，函数声明如下：

```
int sigpending(sigset_t * set);
```

sigpending()函数调用成功时返回 1，否则返回-1。其参数 set 是一个传出参数，用户可设置一个位图传入该参数，来获取未决信号集信息。

案例 7-4：以 2 号信号为例，通过位操作函数 sigprocmask()以及 sigpending()获取信号状态。

```
#include <stdio.h>
#include <stdlib.h>
#include <unistd.h>
#include <string.h>
#include <signal.h>
void printset(sigset_t * ped)                     //pending 打印函数
{
    int i;
    for(i=1;i<32;i++){
        if((sigismember(ped,i)==1))
            putchar('1');
        else
            putchar('0');
    }
    printf("\n");
}
int main()
{
    sigset_t set,oldset,ped;                      //信号集定义
    sigemptyset(&set);                            //初始化自定义信号集 set
    sigaddset(&set,SIGINT);                       //将 2 号信号 SIGINT 加入 set
    sigprocmask(SIG_BLOCK,&set,&oldset);          //位操作
    while(1){
        sigpending(&ped);
        printset(&ped);
        sleep(1);
    }
    return 0;
}
```

编译该案例，执行程序，终端会不断打印进程 PCB 中的未决信号集。初始情况下进程未决信号集中的每一位都应为 0，因此打印的信息如下：

```
00000000000000000000000000000000
```

使用 kill 命令或组合按键 Ctrl+C 驱使内核发送信号 SIGINT 给当前进程。进程第一次接收到信号 SIGINT 后，sigprocmask()函数被触发，此后终端打印的信息如下：

```
01000000000000000000000000000000
```

之后继续向进程发送 SIGINT 信号，终端打印信息不变，说明信号 SIGINT 被成功屏蔽。

7.4 信号捕获

信号的产生是一个异步事件，进程不知道信号何时会递达，也不会等待信号到来。事实上，信号的接收并非由进程而是由内核来完成的。当进程 A 向进程 B 发送一个信号时，内核极有可能正在运行其他进程。若非紧急信号，一般并不会立刻切换进程进行信号处理，而是将信号的相关信息写入进程 B 的 PCB，在恰当的时机（大多会在内核态切换回用户态之前）才处理信号。

前面表 7-1 中给出了信号的默认处理动作，除此之外，进程也可以为信号设置自定义动作。若进程捕获某个信号后，想使其执行其他的函数处理，则需要为该信号注册信号处理函数。进程的信号是在内核态下处理的，内核为每个进程准备了一个信号向量表，其中记录了每个信号所对应的处理机制。若用户为信号自定义了处理方式，则内核会使信号向量表中的指针指向新的信号处理函数。

Linux 系统中为用户提供了两个捕获信号的函数——signal()和 sigaction()，用于自定义信号处理方法。

1. signal()函数

signal()函数也能实现信号屏蔽，但其主要功能仍为捕获信号，修改信号向量表中该信号的信号处理函数指针。signal()函数存在于函数库 signal. h 中，其函数定义如下：

```
typedef void(* sighandler_t)(int);
sighandler_t signal(int signum, sighandler_t handler);
```

其中"typedef void(* sighandler_t)(int);"是 signal()函数的返回值以及传入参数 handler 的类型定义，表示将返回值为空、包含一个 int 类型参数的函数定义为一个类型名为 sighandler 的指针。signal()函数的参数只有两个，第一个参数 signum 表示信号编号，第二个参数一般表示自定义信号处理函数的函数指针。除此之外，还有两种取值：SIG_IGN 和 SIG_DFL。当 handler 为 SIG_IGN 时，执行 signal()函数后，进程会忽略信号 signum；当 handler 为 SIG_DEL 时，进程会恢复系统对信号的默认处理。若函数调用成功，则返回先前信号处理函数的指针，否则返回 SIG_ERR。下面通过案例来演示 signal()函数的用法。

案例 7-5：为 2 号信号 SIGINT 设置自定义信号处理函数，并在信号处理函数中将函数恢复为默认值。

```
1  #include <stdio.h>
2  #include <stdlib.h>
3  #include <unistd.h>
4  #include <string.h>
5  #include <signal.h>
6  void sig_int(int signo)                          //自定义信号处理函数
7  {
8      printf("........catch you,SIGINT\n");
9      signal(SIGINT,SIG_DFL);                      //信号处理函数执行
10 }
11 int main()
12 {
13     signal(SIGINT,sig_int);                      //捕获信号 SIGINT,修改信号处理函数
14     while(1);                                    //等待信号递达
15     return 0;
16 }
```

编译该案例,执行程序,进程会等待信号递达;使用组合按键 Ctrl+C 或 kill 命令发送信号到当前进程,终端会打印信号处理函数包含的 printf()中的信息;由于第6～10行代码中将 SIGINT 的信号处理函数恢复了默认值,因此再次发送信号 SIGINT,程序将终止运行。程序执行结果如下所示:

```
^C........catch you,SIGINT
^C
```

分析程序,结合打印信息可知案例实现成功。

2. sigaction()函数

sigaction()函数存在于函数库 signal.h 中,与 signal()函数相比,它最大的优点在于支持信息传递。sigaction()函数的声明如下:

```
int sigaction(int signum, const struct sigaction * act,struct sigaction * oldact);
```

当 sigaction()函数调用成功时返回0,否则返回-1。sigaction()函数有3个参数,第1个参数 signum 表示信号编号;第2个参数为传入参数,其中包含自定义信息处理函数和一些携带信息;第3个参数为传出参数,包含旧的信息处理函数等信息。第2个参数与第3个参数是自定义结构体类型的数据,其类型定义如下:

```
struct sigaction {
    void(* sa_handler)(int);
    void(* sa_sigaction)(int, siginfo_t * , void *);
    sigset_t  sa_mask;
    int       sa_flags;
    void(* sa_restorer)(void);
};
```

sigaction 结构体的第一个成员与 signal()函数的返回值类型相同,都是返回类型为

void、包含一个整型参数的函数指针。除此之外，比较重要的是参数 sa_mask 和 sa_flags：sa_mask 是一个位图，该位图可指定捕获函数执行期间屏蔽的信号；sa_flags 则用于设置是否使用默认值，默认情况下，该函数会屏蔽自己发送的信号，避免重新进入函数。下面通过案例来演示 sigaction()函数的用法。

案例 7-6：使用 sigaction()函数修改 2 号信号 SIGINT 的默认动作。

```
1  #include <stdio.h>
2  #include <stdlib.h>
3  #include <unistd.h>
4  #include <string.h>
5  #include <signal.h>
6  void sig_int(int signo)
7  {
8      printf("..........catch you,SIGINT,signo=%d\n",signo);
9      sleep(5);                                   //模拟信号处理函数执行时间
10 }
11
12 int main()
13 {
14     struct sigaction act,oldact;
15     act.sa_handler=sig_int;                     //修改信号处理函数指针
16     sigemptyset(&act.sa_mask);                  //初始化位图,表示不屏蔽任何信号
17     sigaddset(&act.sa_mask,SIGINT);             //更改信号 SIGINT 的信号处理函数
18     act.sa_flags=0;                             //设置 flags,屏蔽自身所发信号
19     sigaction(SIGINT,&act,&oldact);
20     while(1);
21     return 0;
22 }
```

编译该案例，执行程序，进程会等待信号递达；当使用组合按键或 kill 发送信号 SIGINT 到进程后，进程调用自定义信号处理函数 sig_int()，打印信息。终端打印的信息如下所示：

```
^C..........catch you,SIGINT,signo=2
```

案例中第 9 行代码调用了 sleep()函数，延长了信号处理函数的执行时间。函数执行即表示信号正在被处理，此时再次向进程发送信号，处理函数没有被中断，仍继续执行。假设在信号处理函数第一次执行期间（约 5 秒内）又向进程发送了 6 次信号，则终端打印的信息如下所示：

```
^C........catch you,SIGINT,signo=2
^C^C^C^C^C^C........catch you,SIGINT,signo=2
```

观察打印结果，进程共接收到 SIGINT 信号 7 次，但只调用信号处理函数 2 次。由此可知，在信号处理函数执行期间信号被屏蔽。

分析程序，结合打印信息可知案例实现成功。

多学一招：sleep()函数自实现

sleep()函数是一个系统调用，在程序中设置该函数可以使进程在某一段时间内进入睡眠状态。sleep()函数存在于函数库 unistd. h 中，其函数声明如下：

```
unsigned int sleep(unsigned int seconds);
```

sleep()函数的参数与返回值都为一个正整数，参数用于指定进程沉睡的时长，返回值用于判断函数的调用情况：若请求超时则返回 0；若被信号处理程序中断，则返回剩余秒数。

将自实现的 sleep()函数命名为 mysleep()，那么 mysleep()函数除了函数名外，其他结构应与 sleep()函数相同；考虑到函数的功能，这里使用 alarm()和 pause()来实现 mysleep()，其中 alarm()用于计时；pause()用于挂起进程。

案例 7-7：mysleep()函数自实现。

```
#include <stdio.h>
#include <signal.h>
#include <stdlib.h>
#include <unistd.h>
void sig_alrm(int signo)
{
    //do something…
}
unsigned int mysleep(unsigned int seconds)
{
    struct sigaction newact,oldact;
    unsigned int unslept;
    newact.sa_handler=sig_alrm;
    sigemptyset(&newact.sa_mask);
    newact.sa_flags=0;
    sigaction(SIGALRM,&newact,&oldact);          //屏蔽信号 SIGALRM
    alarm(seconds);                              //倒计时
    sigaction(SIGALRM,&oldact,NULL);             //解除信号屏蔽
    pause();                                     //挂起等待信号
    return alarm(0);                             //返回
}
int main()
{
    while(1){
        mysleep(2);
        printf("two seconds passed.\n");
    }
    return 0;
}
```

这里实现的 mysleep()函数中使用计时器 alarm()函数作为计时工具，进入睡眠状态的进程不应有其他操作，因此使用 pause()函数将程序挂起；另外为了保证进程在进入沉睡状态后不被由其他进程发送的 SIGALRM 信号干扰，计时器启动之前应先屏蔽 SIGALRM 信号；在计时器计时结束后，SIGALRM 信号将进程唤醒，此时进程应能接收 SIGALRM 信

号，因此在 pause()之前调用 sigaction()函数解除了屏蔽；最后返回 alarm(0)，因为 alarm(0)默认返回 0 或上一个计时器的剩余秒数，所以 mysleep()函数直接返回 alarm(0)的返回值即可。此外，alarm(0)也是取消计时的一个安全方法。

编译此段代码，执行程序，程序的执行结果如下所示：

```
闹钟
```

根据程序的执行结果可知，自实现的 mysleep()函数实现了 sleep()函数的功能，但其实这个函数仍是存在问题的。这就是我们接下来要讲解的程序执行的时序问题——时序竞态。

7.5 时序竞态

假设你打算休息，于是设置了一个时长为 30 分钟的闹钟，希望 30 分钟后闹钟将自己唤醒，再去进行某项工作；然而 20 分钟之后你收到通知，这项工作需要现在着手准备，于是你不得不先花费 30 分钟去完成这项工作；工作完成后，你打算继续睡觉，但在 20 分钟前闹钟已经启动，此时再次进入睡眠后，闹钟不会再将你唤醒。对人类来说，重新设置闹钟或者放弃休息进行别的活动不过是瞬息就能做好的决定；但对计算机来说，突发事件导致的中断可能会造成不恰当的执行顺序，从而导致程序异常。这种因设备或系统出现不恰当的执行时序而得到不正确结果的现象称为时序竞态。

在上个小节“多学一招”中实现的 mysleep()函数大体实现了 sleep()的功能，但是对其进一步分析会发现，无论如何设置，程序都有可能在“解除信号屏蔽”与“挂起等待信号”这两步之间失去 CPU。屏蔽应在 alarm()之后解除是毫无疑问的，然而在解除屏蔽的同时，进程若失去 CPU，此时信号可以被处理，但进程的挂起状态不会结束。除非将解除屏蔽与唤醒操作合并为一个“原子操作”，否则这个问题无法解决。

Linux 系统中提供了一个具备以上功能的函数——sigsuspend()。sigsuspend()函数位于函数库 signal.h 中，其功能为更改进程的信号屏蔽字，并等待信号递达。sigsuspend()函数的声明如下：

```
int sigsuspend(const sigset_t *mask);
```

sigsuspend()的参数 mask 是一个传入参数，该参数将会暂时替换进程中原有的信号屏蔽字；sigsuspend()函数总是返回-1，并设置 errno 为 EINTR。改良过的 mysleep()函数使用方法如案例 7-8 所示。

案例 7-8：使用 alarm()和 sigsuspend()自实现 mysleep()函数。

```
#include <stdio.h>
#include <signal.h>
#include <stdio.h>
void sig_alrm(int signo)
```

```
{
    //do something…
}
unsigned int mysleep(unsigned int seconds)
{
    struct sigaction newact,oldact;
    sigset_t newmask,oldmask,suspmask;
    unsigned int unslept;
    //①为 SIGALRM 设置捕获函数
    newact.sa_handler=sig_alrm;
    sigemptyset(&newact.sa_mask);
    newact.sa_flags=0;
    sigaction(SIGALRM,&newact,&oldact);
    //②设置阻塞信号集,屏蔽 SIGALRM 信号
    sigemptyset(&newmask);
    sigaddset(&newmask,SIGALRM);
    sigprocmask(SIG_BLOCK,&newmask,&oldmask);
    //③设置计时器
    alarm(seconds);
    //④构造临时阻塞信号集
    suspmask=oldmask;
    sigdelset(&suspmask,SIGALRM);
    //⑤采用临时阻塞信号集 suspmask 替换原有阻塞信号集(不包含 SIGALRM 信号)
    sigsuspend(&suspmask);                          //挂起进程,等待信号递达
    unslept=alarm(0);
    //⑥恢复 SIGALRM 原有的处理动作,呼应注释①
    sigaction(SIGALRM,&oldact,NULL);
    //⑦解除对 SIGALRM 的屏蔽,呼应注释②
    sigprocmask(SIG_SETMASK,&oldmask,NULL);
    return unslept;
}
int main()
{
    while(1){
        mysleep(2);
        printf("two seconds passed\n");
    }
    return 0;
}
```

编译该案例,执行程序,执行结果如下:

```
two seconds passed
two seconds passed
^C
```

系统中运行的进程数量与 CPU 的使用情况是难以掌控的,代码中虽然存在时序竞态问题,但这个问题并不是每次程序运行都会出现,并且这种问题无法利用 GCC 等调试工具捕捉。因此,在编程时应考虑周全,并在对执行时态要求较高的地方使用 sigsuspend()函数,防止此类问题的产生。

7.6 SIGCHLD 信号

第 6 章中讲解了进程相关的知识：在程序中可以使用 fork()函数创建子进程，使用 wait()和 waitpid()函数使父进程阻塞并通过循环不断获取子进程状态，以保证父进程能顺利回收子进程。但是循环是极其耗费 CPU 的，能否使用循环之外的方法来解决这个问题呢？

本章学习的信号就是解决该问题的另一种方法。内核中的父子进程是异步运行的，当出现以下几种情况时，内核会向父进程发送 17 号信号 SIGCHLD。

- 子进程终止时。
- 子进程接收到 SIGSTOP 信号停止时。
- 子进程处在停止态，接收到 SIGCONT 信号后被唤醒时。

SIGCHLD 信号的默认处理动作是忽略。我们可以在程序中捕获该信号，为信号设置信号处理函数，促使父进程完成子进程的回收。

由第 6 章中创建进程的案例可知，代码中的代码段可分为 3 个部分：fork()之前的部分、父进程分支和子进程分支。SIGCHLD 信号在进程状态变化时自动产生，程序中无须额外设置产生信号的代码；若在 fork()之前的部分或子进程分支中注册捕获函数，那么子进程也能接收信号，因此信号捕获函数应在父进程分支中注册。

案例 7-9：使用信号机制回收子进程。

```
#include <stdio.h>
#include <stdlib.h>
#include <unistd.h>
#include <sys/wait.h>
#include <signal.h>
void sys_err(char * str)
{
    perror(str);
    exit(1);
}
void do_sig_child(int signo)                    //信号处理函数
{
    waitpid(0,NULL,WNOHANG);
}
int main(void)
{
    pid_t pid;
    int i;
    for(i=0; i<5; i++){                         //子进程创建
        if((pid=fork())==0)
            break;
        else if(pid<0)                          //容错处理
            sys_err("fork");
    }
```

```
    if(pid==0){                                   //子进程分支
        int n=1;
        while(n--){
            printf("child ID %d\n", getpid());
        }
        exit(i+1);
    }
    else if(pid>0){                               //父进程分支
        struct sigaction act;
        act.sa_handler=do_sig_child;
        sigemptyset(&act.sa_mask);
        act.sa_flags=0;
        sigaction(SIGCHLD, &act, NULL);
        while(1){
            printf("Parent ID %d\n", getpid());
            sleep(1);
        }
    }
    return 0;
}
```

该案例在 if 分支中使用 while()循环保持父进程运行(模拟父进程运行)，等待子进程发送的信号递达。编译案例，执行程序，执行结果如下所示：

```
Parent ID 3521
child ID 3525
child ID 3523
Parent ID 3521
child ID 3526
Parent ID 3521
child ID 3524
child ID 3522
Parent ID 3521
⋮
```

按照原本的设想，父进程保持运行，子进程发送信号到父进程，那么子进程应被父进程中的信号捕获函数全部回收。但使用 ps aux 查看系统中的进程，发现除父进程外，还有如下的一个子进程存在：

```
itheima     3526  0.0  0.0  0    0 pts/0    Z+   16:37   0:00 [te] <defunct>
```

并且由其中的 STAT 项可知，该子进程变成了一个僵尸进程。

这是因为，这个子进程与其他某个子进程同时死亡，并递送了 SIGCHLD 信号到父进程，父进程同时接收到两个信号。但由于 SIGCHLD 信号属于不可靠信号，其中没有消息队列，因此有一个 SIGCHLD 信号会被忽略，父进程只会调用一次信号处理函数，回收一个子进程。

也就是说，在调用信号处理函数之前，同时有多个子进程死亡。若要解决这个问题，可以对信号捕捉函数进行修改，使其能在一次调用中同时处理多个子进程。改良后的代码如下所示。

案例 7-10：改良以上使用信号回收子进程的代码，使信号捕获函数可以回收多个子进程。

```
#include <stdio.h>
#include <stdlib.h>
#include <unistd.h>
#include <sys/wait.h>
#include <signal.h>
void sys_err(char * str)
{
    perror(str);
    exit(1);
}
void do_sig_child(int signo)                    //信号处理函数
{
    int status;
    pid_t pid;
    while((pid=waitpid(0, &status, WNOHANG))>0){     //判断子进程状态
        if(WIFEXITED(status))
            printf("child %d exit %d\n", pid, WEXITSTATUS(status));
        else if(WIFSIGNALED(status))
            printf("child %d cancel signal %d\n", pid, WTERMSIG(status));
    }
}
int main(void)
{
    pid_t pid;
    int i;
    for(i=0; i<10; i++){
        if((pid=fork())==0)                     //创建一个子进程
            break;
        else if(pid<0)                          //容错处理
            sys_err("fork");
    }
    if(pid ==0){                                //子进程执行流程
        int n=1;
        while(n--){
            printf("child ID %d\n", getpid());
            sleep(1);
        }
        return i+1;
    }
    else if(pid>0){                             //父进程执行流程
        struct sigaction act;
        act.sa_handler=do_sig_child;
        sigemptyset(&act.sa_mask);
        act.sa_flags=0;
        sigaction(SIGCHLD, &act, NULL);         //注册捕获函数
        while(1){                               //保证父进程运行
```

```
            printf("Parent ID %d\n", getpid());
            sleep(1);
        }
    }
    return 0;
}
```

该案例中将 waitpid()的参数 options 设置为 WNOHANG，当有信号递达时捕获该信号，并在信号处理函数中结合 while 循环，通过 waitpid()函数不断判断系统中是否有已退出的子进程。若有则获取子进程的 pid，对其进行回收。信号处理函数中用到了两个用于判断进程退出状态的宏函数：WIFSIGNALED()和 WTERMSIG()。这两个宏函数是与信号相关的宏函数，参数也是 status，功能分别如下。

- WIFSIGNALED()：若子进程由信号终止，则返回 true。
- WTERMSIG()：返回导致子进程终止的信号的编号，只有当 WIFSIGNALED()返回 true 时，才应使用此宏。

编译案例 7-10，执行程序，执行结果如下所示：

```
Parent ID 3593
child ID 3597
child 3597 exit 4
Parent ID 3593
child ID 3598
child 3598 exit 5
Parent ID 3593
child ID 3595
child ID 3596
child 3595 exit 2
Parent ID 3593
child 3596 exit 3
Parent ID 3593
child ID 3594
child 3594 exit 1
Parent ID 3593
⋮
```

执行 ps aux 命令，内存中只有父进程在运行，说明案例 7-10 实现成功。

7.7　本章小结

本章主要介绍了 Linux 系统中信号的概念、产生方式以及信号的相关操作。通过本章的学习，读者应掌握信号的基本概念，包括信号产生条件、信号状态、处理方式和默认处理动作等，并熟练使用与信号操作相关的函数。除此之外，本章还介绍了在编程中使用信号时可能出现的时序问题以及使用信号回收子进程的方法，这也是信号学习中应着重掌握的知识。信号是 Linux 系统编程中非常重要的一部分知识，读者应做到在程序中熟练使用信号，达到优化程序的目的。

7.8 本章习题

一、填空题

1. 信号的产生是一个异步事件，从信号产生到信号递达进程需要一定时间，而在这个过程中，会因为各种原因使信号处于不同的状态。Linux 系统中信号可能发生的状态有：发送状态、________、________、________和处理状态。

2. 信号递达进程后才可能被处理，信号的处理方式有三种，分别为：________、________和________。

3. kill()函数的参数 pid 有 4 种取值，每种取值代表不同的含义。若 pid<-1，则表示____________。

4. 若第一次调用 alarm()函数时参数为 5，3 秒后再次调用 alarm()函数并传入参数 1，则第二次调用 alarm()函数时，函数的返回值为______。

5. 在进程的 PCB 中，存在两个信号集，一个称为________，另一个称为________。这两个信号集的实质都是位图，其中的每一位对应一个信号。

二、判断题

1. 信号既可发送给前台进程，也可发送给后台进程。 (　　)
2. 在程序中可以通过 signal()函数向进程发送指定信号。 (　　)
3. 使用信号可实现进程同步。 (　　)
4. signal()函数和 sigaction()函数分别用于发送信号和捕获信号。 (　　)
5. 因设备或系统出现不恰当的执行时序而得到不正确结果的现象称为时序竞态。 (　　)

三、单选题

1. 下列哪个选项不属于进程对信号的响应方式？(　　)

A. 忽略信号　　B. 捕获信号
C. 保存信号　　D. 执行信号默认动作

2. 下列哪个信号不能被进程屏蔽和捕获？(　　)

A. SIGINT　　B. SIGQUIT　　C. SIGCHLD　　D. SIGSTOP

3. 下列哪个选项不是 Linux 系统中信号的状态？(　　)

A. 阻塞状态　　B. 睡眠状态　　C. 未决状态　　D. 递达状态

4. 使用快捷键组合 Ctrl+\会发送哪个信号到前台进程？(　　)

A. SIGCHLD　　B. SIGINT　　C. SIGQUIT　　D. SIGSTP

5. 下列哪个选项不能产生信号？(　　)

A. read()　　B. alarm()　　C. kill()　　D. kill

四、简答题

1. 简单说明 Linux 系统中信号的处理方式。

2. kill()函数的参数有两个，分别为 pid 和 sig，其中 pid 表示接收信号的进程的 pid。简单说明该参数的取值，以及每种取值所代表的含义。

五、编程题

编写程序，在程序中创建一个子进程，并通过信号实现父子进程交替计数功能。

第 8 章 进程间通信

学习目标

- 了解进程间通信的常用方式
- 掌握使用管道实现进程间通信的方法
- 掌握使用消息队列实现进程间通信的方法
- 掌握使用信号量实现进程间通信的方法
- 掌握使用共享内存实现进程间通信的方法

一项用户请求通常需要多个进程协同完成，当遇到这种情况时，进程需要与其他进程进行交互。但每个进程的用户地址空间和打开的文件描述符都是独立的，这就意味着进程无法直接访问其他进程中的数据或打开的文件。为了实现数据传递，Linux 系统中提供了一组用于实现进程间通信(inter-process communication，IPC)的编程接口，让编程人员可以协调多个独立的进程，完成进程间的数据传递。

Linux 系统中进程通信的机制继承自 UNIX，后经贝尔实验室与 BSD 对进程间通信手段的改进与扩充以及 POSIX 标准对 UNIX 标准的统一，发展出如今 Linux 系统中使用的进程通信机制，即包含管道通信、信号量、消息队列、共享内存以及 socket 通信等诸多通信机制。这些通信机制可以粗略分为三类，即管道通信、System V IPC 和 socket 通信。除管道和 socket 外，其余三种通信机制都属于 SystemV IPC。

socket 通信为网络端的通信方式，本章先对管道和 System V IPC 所含的几种进程通信方式进行讲解。

8.1 管道

管道是一种最基本的进程通信机制，其实质是由内核管理的一个缓冲区。可以形象地认为管道的两端连接着两个需要进行通信的进程，其中一个进程进行信息输出，将数据写入管道；另一个进程进行信息输入，从管道中读取信息。管道的逻辑结构如图 8-1 所示。

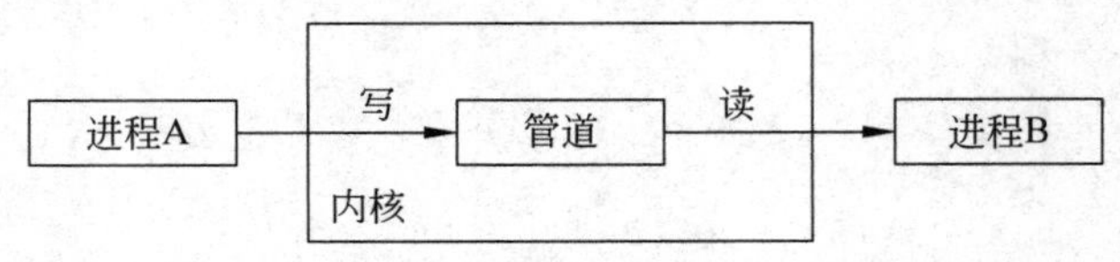

图 8-1 管道通信机制

Linux 系统中将管道视为一种文件，因此可以使用文件操作接口来操作管道；但管道属于特殊文件的一种，它没有数据块，只通过系统内存存放要传送的数据。管道中的数据只能由一端传送到另一端，因此管道被设计为环形的数据结构，如此既能实现管道的循环利用，又能方便内核对管道的管理。

管道分为匿名管道和命名管道。在进程中创建的管道若是匿名管道，则进程退出后管道会被销毁。使用匿名管道时进程无须关心管道在内存中的位置，但要通过进程的亲缘关系实现管道与进程的连接，因此只能用于有亲缘关系的进程间。命名管道被具象化为一个文件，在进程中使用操作文件的方式向内存中写入或从内存中读出数据。命名管道与进程的联系较弱，相当于一个读写内存的接口，进程退出后，命名管道依然存在。

下面分别对这两种管道的使用方法及特点进行讲解。

8.1.1 匿名管道

读者在 Linux 的命令行中进行操作时曾接触过类似 ls | wc -l 之类的组合命令。这种命令由管道符号|连接的两个或多个命令组成，其中前一个命令的输出会作为后一个命令的输入，通过管道从前面命令的输出端流向后一个命令的输入端。这里使用的管道就是匿名管道。

在程序中使用匿名管道时，需要先创建一个管道。Linux 系统中创建匿名管道的函数为 pipe()，该函数存在于函数库 unistd.h 中，其函数声明如下：

```
int pipe(int pipefd[2]);
```

pipe()的参数 pipefd 是一个传入参数，其实质是一个文件描述符数组。Linux 系统中的管道被抽象为一种特殊文件，即管道文件。虽然管道的实质是内核缓存区，但它借助文件系统中的 file 结构与 VFS 中的索引结点来实现。pipe()函数的参数 pipefd 是一个数组。当在程序中使用 pipe()创建管道时，程序可以通过传参的方式获取两个文件描述符，分别交给需要通信的两个进程。内核再将这两个进程中文件描述符对应 file 结构中的 inode 指向同一个临时的 VFS 索引结点，并使这个索引结点指向同一个物理页面。管道实现机制如图 8-2 所示。

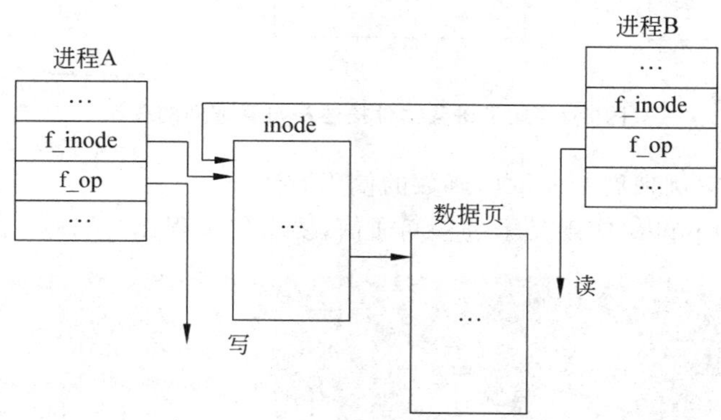

图 8-2　管道实现机制

虽然两个进程 file 结构中的 f_inode 指向系统中的同一个 inode，但文件操作地址 f_op 不同，一个进程执行写操作，另一个进程执行读操作。受管道实现机制的限制，匿名管道只能在有亲缘关系的进程间使用。匿名管道利用 fork 机制建立，刚创建出的管道其读写两端都连接在同一个进程上。当进程中调用 fork()创建子进程后，父子进程共享文件描述符，因此子进程拥有与父进程相同的管道。pipe()创建管道后，读端对应的文件描述符为 fd[0]，写端对应的文件描述符为 fd[1]，fork 后父子进程中文件描述符与管道的关系如图 8-3 所示。

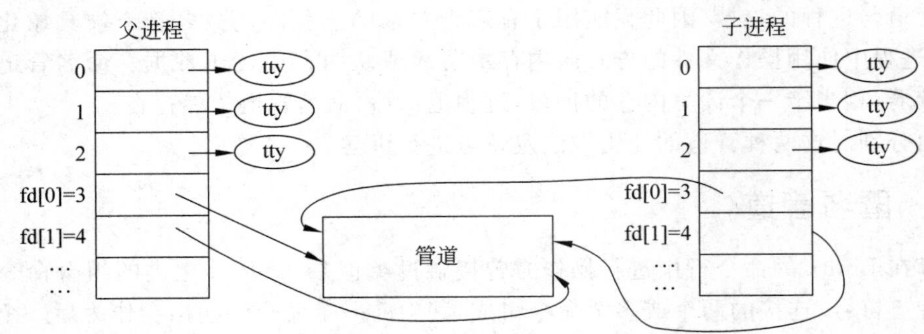

图 8-3　父子进程文件描述符与管道间的关系

管道作为一种文件，除创建方式外，其他操作与普通文件相同。管道通过 pipe()创建时会自动打开，但关闭应由用户实现。管道两端的进程只能进行读写操作中的一种，因此应各自关闭父子进程中的一个文件描述符。假设在父进程中进行写操作，在子进程中进行读操作，那么应使用 close()函数关闭父进程中的读端和子进程中的写端。此后父子进程中文件描述符与管道的关系如图 8-4 所示。

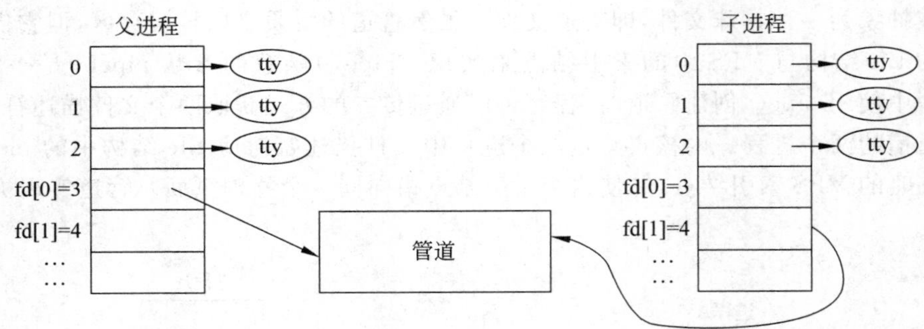

图 8-4　父子进程文件描述符与管道间的关系

下面通过一个案例来展示 pipe()函数的使用方法。

案例 8-1：使用 pipe()实现父子进程间通信，要求父进程作为写端，子进程作为读端。

```
#include <stdio.h>
#include <stdlib.h>
#include <string.h>
#include <unistd.h>
#include <sys/types.h>
#include <sys/wait.h>
int main()
{
```

```
    int fd[2];                                    //定义文件描述符数组
    int ret=pipe(fd);                             //创建管道
    if(ret==-1)
    {
        perror("pipe");
        exit(1);
    }
    pid_t pid=fork();
    if(pid>0)
    {
        //父进程-写
        close(fd[0]);                             //关闭读端
        char *p="hello,pipe\n";
        write(fd[1],p,strlen(p)+1);               //写数据
        close(fd[1]);
        wait(NULL);
    }
    else if(pid==0)
    {
        //子进程-读
        close(fd[1]);                             //关闭写端
        char buf[64]={0};
        ret=read(fd[0],buf,sizeof(buf));          //读数据
        close(fd[0]);
        write(STDOUT_FILENO,buf,ret);             //将读到的数据写到标准输出
    }
    return 0;
}
```

编译案例 8-1，执行程序，执行结果如下：

```
hello,pipe
```

结合案例代码，由执行结果可知，父进程在管道中写入字符串"hello pipe"，子进程从管道将该字符串读出并打印到了终端，案例实现成功。

有亲缘关系的进程，除父子外，还有兄弟进程等具备其他联系的进程。这些进程都依靠fork()创建，因此每个进程初始时都会有两个指向管道文件的文件描述符。实现这些进程间通信的实质是关闭多个进程中多余的文件描述符，只为待通信进程各自保留读端或写端。假设要实现兄弟进程间的通信，那么系统中进程文件描述符与管道的关系如图 8-5 所示，其中实线所示的箭头为编程中需要保留的文件描述符。

案例 8-2：使用管道实现兄弟进程间通信，使兄弟进程实现命令 ls | wc -l 的功能。在实现本案例时会用到重定向函数 dup2()，该函数存在于函数库 unistd. h 中，函数声明如下：

```
int dup2(int oldfd, int newfd);
```

其功能是将参数 oldfd 的文件描述符传递给 newfd，若函数调用成功则返回 newfd，否则返回-1 并设置 errno。

案例实现如下：

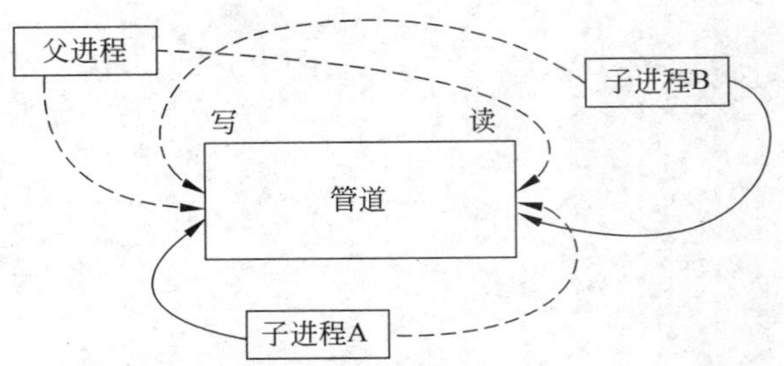

图 8-5 兄弟进程间通信的管道实现

```
#include <stdio.h>
#include <stdlib.h>
#include <unistd.h>
int main()
{
    int fd[2];
    int ret=pipe(fd);
    if(ret==-1){
        perror("pipe err");
        exit(1);
    }
    int i;
    pid_t pid,wpid;
    for(i=0;i<2;i++){                            //创建两个子进程
        if((pid=fork())==0)
            break;
    }
    if(2==i){                                    //父进程
        close(fd[0]);
        close(fd[1]);
        wpid=wait(NULL);
        printf("wait child 1 success,pid=%d\n",wpid);
        pid=wait(NULL);
        printf("wait child 2 success,pid=%d\n",pid);
    }
    else if(i==0){                               //子进程-写
        close(fd[0]);
        dup2(fd[1],STDOUT_FILENO);               //将 fd[1]所指文件内容定向到标准输出
        execlp("ls","ls",NULL);
    }
    else if(i==1){                               //子进程-读
        close(fd[1]);
        dup2(fd[0],STDIN_FILENO);
        execlp("wc","wc","-l",NULL);
    }
    return 0;
}
```

需要注意，匿名管道不可共用，因此父进程中管道的文件描述符必须要关闭，否则父进

程中的读端会使进程阻塞。编译案例 8-2,执行程序,执行结果如下:

```
wait child 1 success,pid=2810
101
wait child 2 success,pid=2811
```

其中 101 为兄弟进程对 ls | wc -l 命令的实现结果,在终端输入该命令,得到的结果与程序相同,可知案例成功实现。

管道是最简单的进程通信方式,但受自身数据传输机制的限制,使用管道时有以下几种情况需要注意:

- 管道采用半双工通信方式,只能进行单向数据传递。虽然多余的读写端口不一定会对程序造成影响,但为严谨起见,还是应使用 close()函数关闭除通信端口之外的端口。
- 管道只能进行半双工通信,若要实现同时双向通信,需要为通信的进程创建两个管道。
- 只有指向管道读端的文件描述符打开时,向管道中写入数据才有意义,否则写端的进程会收到内核传来的信号 SIGPIPE,默认情况下该信号会导致进程终止。
- 若所有指向管道写端的文件描述符都被关闭后仍有进程从管道的读端读取数据,那么管道中剩余的数据都被读取后,再次 read 会返回 0。
- 若有指向管道写端的文件描述符未关闭,而管道写端的进程也没有向管道中写入数据,那么当进程从管道中读取数据且管道中剩余的数据都被读取时,再次 read 会阻塞,直到写端向管道写入数据,阻塞才会解除。
- 若有指向管道读端的文件描述符没关闭,但读端进程没有从管道中读取数据,写端进程持续向管道中写入数据,那么管道缓存区写满时再次 write 会阻塞,直到读端将数据读出,阻塞才会解除。
- 管道中的数据以字节流的形式传输,这要求管道两端的进程事先约定好数据的格式。

8.1.2　popen()/pclose()

管道通信的一般流程是:在一个进程中创建管道,通过 fork()创建子进程,关闭管道多余端口,使父子进程与管道形成单向通道,进行数据传输。Linux 标准 I/O 库中封装了两个函数——popen()和 pclose(),使用这两个函数即可完成管道通信的流程。

popen()和 pclose()函数存在于函数库 stdio.h 中,它们的函数声明分别如下:

```
FILE *popen(const char *command, const char *type);
int pclose(FILE *stream);
```

popen()函数的功能是:调用 pipe()函数创建管道,调用 fork()函数创建子进程,之后在子进程中通过 execve()函数调用 Shell 命令执行相应功能。若整个流程都成功执行,则返回一个 I/O 文件指针;若 pipe()或 fork()函数调用失败或因无法分配内存等原因造成 popen()函数调用失败,该函数将会返回 NULL。

popen()函数的参数 command 用来传入要执行的 Shell 命令;type 用于指定命令类型

(输入 w/输出 r),因为管道是单向的,所以 type 参数只能设定为读取或者写入:若 type 设定为 r,文件指针连接到 command 的标准输出,返回的文件指针是可读的;若 type 设定为 w,文件指针连接到 command 的标准输入,返回的文件指针是可写的。父进程与由 popen()创建出的进程之间的关系如图 8-6 所示。

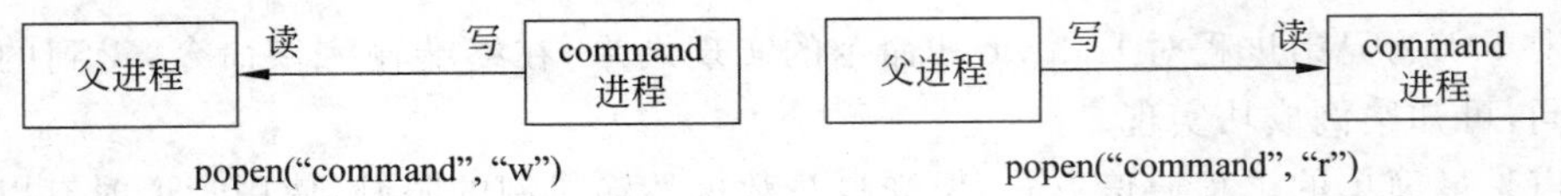

图 8-6 popen()调用结果

pclose()函数的功能是关闭由 popen()打开的 I/O 流,并通过调用 wait()函数等待子进程命令执行结束,返回 Shell 的终止状态,防止产生僵尸进程。与文件操作函数 fopen()类似, popen()调用之后务必要使用 pclose()函数关闭打开的文件 I/O 指针,若 pclose()函数调用失败,则返回-1。

下面通过案例来展示 popen()函数和 pclose()函数的使用方法。

案例 8-3:使用 popen()函数和 pclose()函数实现管道通信。

```
#include <stdio.h>
#include <stdlib.h>
#include <unistd.h>
int main()
{
    FILE * r_fp, * w_fp;
    char buf[100];
    r_fp=popen("ls","r");                        //读取命令执行结果
    w_fp=popen("wc -l","w");                     //将管道中的数据传递给进程
    while(fgets(buf,sizeof(buf),r_fp)!=NULL)
        fputs(buf,w_fp);
    pclose(r_fp);
    pclose(w_fp);
    return 0;
}
```

编译案例,执行程序,执行结果如下所示:

```
101
```

其中 101 为兄弟进程对 ls | wc -l 命令的实现结果,在终端输入该命令,得到的结果与程序相同,可知案例成功实现。对比案例 8-1～8-3 可知,由 popen()函数和 pclose()函数实现的代码要更加简洁。

8.1.3 命名管道

匿名管道没有名字,只能用于有亲缘关系的进程间通信,为了打破这一局限,Linux 中设计了命名管道。命名管道又名 FIFO(first in first out),它与匿名管道的不同之处在于:命名管道与系统中的一个路径名关联,以文件的形式存在于文件系统中,由此系统中的不同

进程可以通过 FIFO 的路径名访问 FIFO 文件，实现彼此间的通信。

虽然 FIFO 文件也是文件，但它非常特殊。FIFO 文件严格遵循先进先出原则，当对其进行写操作时，数据会被添加到文件末尾；当对其进行读操作时，总是文件首部的数据先返回。FIFO 对应的文件没有数据块，其本质与匿名管道相同，都是由内核管理的一块缓存，对该文件进行读写不会改变文件的大小。FIFO 与管道一样，当缓冲区为空或缓冲区满时会产生阻塞。

Linux 系统中可以通过 mkfifo 命令创建 FIFO 文件，该命令的格式如下：

```
mkfifo [选项] 参数
```

mkfifo 命令的参数一般为文件名，其常用参数为-m，用于指定所创建文件的权限。假设要创建一个名为 myfifo 的 FIFO 文件，并将其权限设置为 644，使用的命令如下：

```
mkfifo -m 644 myfifo
```

在程序中创建 FIFO 文件的函数与 mkfifo 同名，mkfifo()的头文件为 sys/type. h 和 sys/stat. h，其函数声明如下：

```
int mkfifo(const char * pathname, mode_t mode);
```

mkfifo()调用成功时返回 0；否则返回-1 并适当设置 errno。mkfifo()的参数有两个，其中 pathname 表示管道文件的路径名；mode 用于指定 FIFO 的权限。

下面通过案例来展示如何使用 FIFO 实现无关进程间的通信。

案例 8-4：使用 FIFO 实现没有亲缘关系进程间的通信。由于是没有亲缘关系的进程间通信，因此需要在两段程序中实现，这里在程序 fifo_write. c 中实现 FIFO 的写操作，在程序 fifo_read. c 中实现 FIFO 的读操作。案例实现如下：

(1) fifo_write. c——写

```
#include <stdio.h>
#include <stdlib.h>
#include <string.h>
#include <unistd.h>
#include <sys/types.h>
#include <sys/stat.h>
#include <fcntl.h>
int main(int argc,char * argv[])
{
    if(argc<2)                                  //判断是否传入文件名
    {
        printf("./a.out fifoname\n");
        exit(1);
    }
    int ret=access(argv[1],F_OK);               //判断 fifo 文件是否存在
    if(ret==-1)                                 //若 fifo 不存在就创建 fifo
    {
```

```
        int r=mkfifo(argv[1],0664);
        if(r==-1){                              //判断文件是否创建成功
            perror("mkfifo");
            exit(1);
        }
        else{
            printf("fifo creat success!\n");
        }
    }
    int fd=open(argv[1],O_WRONLY);              //以读写的方式打开文件
    while(1){                                   //循环写入数据
        char * p="hello,world!";
        write(fd,p,strlen(p)+1);
        sleep(1);
    }
    close(fd);
    return 0;
}
```

(2) fifo_read. c——//读

```
#include <stdio.h>
#include <stdlib.h>
#include <string.h>
#include <unistd.h>
#include <sys/types.h>
#include <sys/stat.h>
#include <fcntl.h>
int main(int argc,char * argv[])
{
    if(argc<2)                                  //判断是否传入文件名
    {
        printf("./a.out fifoname\n");
        exit(1);
    }
    int ret=access(argv[1],F_OK);               //判断文件是否存在
    if(ret==-1)                                 //若文件不存在则创建文件
    {
        int r=mkfifo(argv[1],0664);
        if(r==-1){
            perror("mkfifo");
            exit(1);
        }
        else{
            printf("fifo creat success!\n");
        }
    }
    int fd=open(argv[1],O_RDONLY);              //打开文件
    if(fd==-1){
        perror("open");
```

```
        exit(1);
    }
    while(1){                                   //不断读取 fifo 中的数据并打印
        char buf[1024]={0};
        read(fd,buf,sizeof(buf));
        printf("buf=%s\n",buf);
    }
    close(fd);                                  //关闭文件
    return 0;
}
```

编译以上两段代码，假设传入的文件名为 myfifo，分别执行程序，执行 read 功能的程序所在终端中打印的信息如下：

```
buf=hello,world!
buf=hello,world!
buf=hello,world!
⋮
```

由于 fifo_write.c 中使用 sleep(1)，使进程每隔 1 秒向 fifo 中写入一条数据，因此 read 进程所在终端打印信息的时间间隔为 1 秒。当 write 进程写的速度较慢时，read 进程会阻塞等待 write 进程写入数据；当 write 进程将 fifo 缓冲区写满时，write 进程会阻塞等待 read 进程将数据读出。

8.2　消息队列

消息队列的实质是一个存放消息的链表，该链表由内核维护；消息队列中的每个消息可以视为一条记录，消息包括一个长整型的类型字段和需要传递的数据。消息队列由消息队列标识符标识，对消息队列有读权限的进程可以从队列中读取消息，对消息队列有写权限的进程可以按照规则向其中添加消息。

与管道相比，消息队列通信方式更为灵活。消息队列机制提供有格式的字节流，无须通信双方额外约定数据传输格式；消息队列中的消息设定为不同类型，又被分配了不同的优先级，新添加的消息总是在队尾，但接收消息的进程可以读取队列中间的数据。此外，消息队列也降低了读写进程间的耦合强度，若接收消息的进程没有接收到消息，发送消息的进程无须等待，可以继续发送消息，消息的读写双方只需要关注各自功能的实现情况即可。

与 FIFO 类似，消息队列可以实现无亲缘关系进程间的通信，且独立于通信双方的进程之外。若没有删除内核中的消息队列，即便所有使用消息队列的进程都已终止，消息队列仍存在于内核中。直到内核重新启动、管理命令被执行或调用系统接口删除消息队列时，消息队列才会真正被销毁。

系统中的最大消息队列数与最大消息数都有一定限制，分别由宏 MSGMNI 和宏 MSGTOL 定义；消息队列的每个消息中所含数据块的长度以及队列中所含数据块的总长度也有限制，分别由宏 MSGMAX 和宏 MSGMNB 定义。

使用消息队列实现进程间通信的步骤如下：

① 创建消息队列。

② 发送消息到消息队列。

③ 从消息队列中读取数据。

④ 删除消息队列。

Linux 内核提供了 4 个系统调用用于实现以上步骤，这 4 个系统调用分别为：msgget()、msgsnd()、msgrcv()和 msgctl()。下面分别对这 4 个系统调用进行讲解。

(1) msgget()

msgget()函数的功能为创建一个消息队列或获取一个已经存在的消息队列，该函数存在于函数库 sys/msg.h 中，其函数声明如下：

```
int msgget(key_t key, int msgflg);
```

若该函数调用成功，则返回消息队列的标识符，否则返回-1 并设置 errno。

msgget()中的参数 key 表示消息队列的键值，通常为一个整数，若键值为 IPC_PRIVATE，将会创建一个只能被创建消息队列的进程读写的消息队列；参数 msgflg 类似于 open()函数中标志位的功能，用于设置消息队列的创建方式或权限，它通常由一个 9 位的权限与以下值进行位操作后获得。

- 当 msgflg=mask|IPC_CREAT 时，若内核中不存在指定消息队列，该函数会创建一个消息队列；若内核中已存在指定消息队列，则获取该消息队列。
- 当 msgflg= mask|IPC_CREAT|IPC_EXCL 时，若消息队列不存在，则它会被创建；若已存在，则 msgget()调用失败，返回-1 并设置 errno 为 EEXIST。

(2) msgsnd()

msgsnd()函数的功能为向指定消息队列中发送一个消息，该函数存在于函数库 sys/msg.h 中，其函数声明如下：

```
int msgsnd(int msqid, const void *msgp, size_t msgsz, int msgflg);
```

若该函数调用成功，则返回消息队列的标识符，否则返回-1 并设置 errno。

msgsnd()函数发送的消息受到两项约束：一是消息长度必须小于系统规定上限；二是消息必须以一个长整型成员变量开始，因为需要利用此变量先确定消息的类型。Linux 系统中定义了一个模板数据结构，其形式如下：

```
struct msgbuf{
    long int msgtype;                          //消息类型
    anytype data;                              //要发送的数据，可以为任意类型
}
```

msgsnd()中的参数 msqid 表示消息队列标识符，即 msgget()调用成功时的返回值；参数 msgp 表示指向消息缓冲区的指针；参数 msgsz 表示消息中数据的长度，这个长度不包括长整型成员变量的长度；参数 msgflg 为标志位，可以设置为 0 或 IPC_NOWAIT。若消息队列已满或系统中的消息数量达到上限，函数立即返回(返回值为-1)；当 msgflg 设置为 0 时，调用函数的进程会被挂起，直到消息写入消息队列为止。

(3) msgrcv()

msgrcv()函数的功能是从消息队列中读取消息，被读取的消息会从消息队列中移除。该函数存在于函数库 sys/msg. h 中，其函数声明如下：

```
ssize_t msgrcv(int msqid, void * msgp, size_t msgsz, long msgtyp,int msgflg);
```

若该函数调用成功，则返回消息队列的标识符，否则返回-1 并设置 errno。

msgrcv()中的参数 msqid 表示消息队列的 id，通常由 msgget()函数返回；参数 msgp 为指向所读取消息的结构体指针；msgsz 表示消息的长度，这个长度不包含整型成员变量的长度；参数 msgtyp 表示从消息队列中读取的消息类型，其取值以及各值代表的含义分别如下：

- 若 msgtyp=0，表示获取队列中的第一个可用消息。
- 若 msgtyp>0，表示获取队列中与该值类型相同的第一个消息。
- 若 msgtyp<0，表示获取队列中消息类型小于或等于其绝对值的第一个消息。

最后一个参数 msgflg 依然为标志位。msgflg 设置为 0 时，进程将阻塞等待消息的读取；msgflg 设置为 IPC_NOWAIT 时，进程未读取到指定消息时将立刻返回-1。

(4) msgctl()

msgctl()函数的功能是对指定消息队列进行控制，该函数存在于函数库 sys/msg. h 中，其函数声明如下：

```
int msgctl(int msqid, int cmd, struct msqid_ds * buf);
```

若该函数调用成功，则返回消息队列的标识符，否则返回-1 并设置 errno。若进程正因调用 msgsnd()或 msgrcv()而产生阻塞，这两个函数将以失败返回。

msgctl()函数功能的选择与参数有关，其中参数 msqid 表示消息队列的 id，通常由 msgget()返回；参数 cmd 表示消息队列的处理命令，通常有以下几种取值：

- IPC_RMID——该取值表示 msgctl()函数将从系统内核中删除指定命令，使用命令 ipcrm -q id 可实现同样的功能。
- IPC_SET——该取值表示若进程有权限，就将内核管理的消息队列的当前属性值设置为参数 buf 各成员的值。
- IPC_STAT——该取值表示将内核所管理的消息队列的当前属性值复制给参数 buf。

参数 buf 是一个缓冲区，用于传递属性值给指定消息队列或从指定消息队列中获取属性值，其功能视参数 cmd 而定。数据类型 struct msqid-ds 为一个结构体，内核为每个消息队列维护了一个 msqid_ds 结构，用于消息队列的管理。该结构体的定义在 sys/ipc. h 中，详细信息如下：

```
struct msqid_ds{
    struct ipc_perm msg_perm;                //所有者和权限标识
    time_t msg_stime;                        //最后一次发送消息的时间
    time_t msg_rtime;                        //最后一次接收消息的时间
    time_t msg_ctime;                        //最后改变的时间
```

```
    unsigned long __msg_cbytes;                     //队列中当前数据字节数
    msgqnum_t msg_qnum;                             //队列中当前消息数
    msglen_t msg_qbytes;                            //队列允许的最大字节数
    pid_t msg_lspid;                                //最后发送消息的进程的 pid
    pit_t msg_lrpid;                                //最后接收消息的进程的 pid
};
```

下面通过案例来展示消息队列相关的系统调用接口的使用方法。

案例 8-5：使用消息队列实现不同进程间的通信。因为要实现不同进程间的通信，所以此处使用两个程序 msgsend. c 和 msgrcv. c 分别作为消息的发送端和接收端。案例实现如下：

（1）msgsend. c——发送端

```
#include <stdio.h>
#include <stdlib.h>
#include <sys/msg.h>
#include <string.h>
#define MAX_TEXT 512
//消息结构体
struct my_msg_st{
    long int my_msg_type;                       //消息类型
    char anytext[MAX_TEXT];                     //消息数据
};
int main()
{
    int idx=1;
    int msqid;
    struct my_msg_st data;
    char buf[BUFSIZ];                           //设置缓存变量
    msqid=msgget((key_t)1000,0664|IPC_CREAT);//创建消息队列
    if(msqid==-1){
        perror("msgget err");
        exit(-1);
    }
    while(idx<5){                               //发送消息
        printf("enter some text:");
        fgets(buf,BUFSIZ,stdin);
        data.my_msg_type=rand()%3+1;            //随机获取消息类型
        strcpy(data.anytext,buf);
        //发送消息
        if(msgsnd(msqid,(void*)&data,sizeof(data),0)==-1){
            perror("msgsnd err");
            exit(-1);
        }
        idx++;
    }
    return 0;
}
```

（2）msgrcv. c——接收端

```
#include <stdio.h>
#include <stdlib.h>
#include <sys/msg.h>
#define MAX_TEXT 512
struct my_msg_st{
    long int my_msg_type;
    char anytext[MAX_TEXT];
};
int main()
{
    int idx=1;
    int msqid;
    struct my_msg_st data;
    long int msg_to_rcv=0;
    //rcv msg
    msqid=msgget((key_t)1000,0664|IPC_CREAT);//获取消息队列
    if(msqid==-1){
        perror("msgget err");
        exit(-1);
    }
    while(idx<5){
        //接收消息
        if(msgrcv(msqid,(void*)&data,BUFSIZ,msg_to_rcv,0)==-1){
            perror("msgrcv err");
            exit(-1);
        }
        //打印消息
        printf("msg type:%ld\n",data.my_msg_type);
        printf("msg content is:%s",data.anytext);
        idx++;
    }
    //删除消息队列
    if(msgctl(msqid,IPC_RMID,0)==-1){
        perror("msgctl err");
        exit(-1);
    }
    return 0;
}
```

msgsend. c 第 16 行代码中的 BUFSIZ 为 Linux 系统定义的宏，定义在 stdio. h 中，表示默认的缓冲大小。程序 msgsend. c 作为消息发送方，向创建的消息队列中发送消息；程序 msgrcv. c 作为消息接收方，从消息队列中读取数据。编译以上两段代码，分别在不同的终端执行，当进程 msgsend. c 有消息输入时，进程 msgrcv. c 所在的终端会将消息从消息队列中读出。代码中设置发送消息的进程发送 4 条消息，执行程序后根据提示在终端输入如下 4 条信息，信息输入完毕后进程终止：

```
enter some text:itheima
enter some text:itheima
enter some text:coding fish
```

```
enter some text:c++
```

每当有一条信息输入，在接收进程所在终端会打印出一条信息，接收到4条信息后进程终止。接收进程所在终端中打印的信息如下：

```
msg type:2
msg content is:itheima
msg type:2
msg content is:itheima
msg type:1
msg content is:coding fish
msg type:2
msg content is:c++
```

由程序执行结果可知，案例实现成功。

多学一招：键值与标识符

对多个进程来说，要通过消息队列机制实现进程间通信，必须能与相同消息队列进行关联，键值(key)就是实现进程与消息队列关联的关键。当在进程中调用msgget()函数创建消息队列时，传入的key值会被保存到内核中，与msgget()函数创建的消息队列一一对应；若进程中调用msgget()函数获取已存在的消息队列，只需要向msgget()函数中传入键值，就能获取内核中与键值对应的消息队列。也就是说，键值是消息队列在内存级别的唯一标识。

对单个进程来说，可能需要与多个进程间的通信，因此会和多个消息队列关联。当多次调用msgget()函数与多个消息队列进行关联时，每个msgget()函数都会返回一个非负整数，这个非负整数就是进程对消息队列的标识。标识符是消息队列在进程级别的唯一标识。

除消息队列外，其他System V IPC类型(信号量、共享内存)的通信方式也使用与消息队列类似的编程接口，信号量通信与共享内存通信中用到的键值和标识符与消息队列中键值和标识符的功能类似。

8.3 信号量

Linux系统采用多道程序设计技术，允许多个进程同时在内核中运行，但同一个系统中的多个进程之间可能因为进程合作或资源共享而产生制约关系。制约关系分为直接相互制约关系和间接相互制约关系：

① 直接相互制约关系。利用管道机制实现进程间通信，当管道为空时，读进程由于无法从管道中读取数据而进入阻塞；当管道存满时，写进程由于无法向管道中写入数据而进入阻塞。类似于这种需要进程间协调合作导致的制约关系称为直接相互制约关系。

② 间接相互制约关系。若当前系统中只有一台打印机，当进程A占用打印机时，进程B也申请使用打印机，进程B就会进入阻塞，等待打印机释放；同样若进程B先获取打印机，进程A申请使用打印机后也会进入阻塞。类似于这种因资源共享导致的制约关系称为间接相互制约关系。

直接相互制约的进程间有同步关系，间接相互制约的进程间有互斥关系，同步与互斥存在的根源是系统中存在临界资源。计算机中的硬件资源（如内存、打印机、磁盘）以及软件资源（如共享代码段、变量等）都是临界资源，为了避免多进程的并发执行造成的不一致性，临界资源在同一时刻只允许有限个进程对其进行访问或修改。

计算机中的多个进程必须互斥地访问系统中的临界资源，用于访问临界资源的代码称为临界区。临界区也属于临界资源，若能保证进程间互斥地进入临界区，就能实现进程对临界资源的互斥访问。

信号量（semaphore）是专门用于解决进程同步与互斥问题的一种通信机制，它与信号无关，也不同于管道、FIFO 以及消息队列，一般不用来传输数据。信号量包括一个被称为信号量的表示资源数量的非负整型变量、修改信号量的原子操作 P 和 V，以及该信号量下等待资源的进程队列。

在 Linux 系统中，不同的进程通过获取同一个信号量键值进行通信，实现进程间对资源的互斥访问。使用信号量进行通信时，通常需要以下步骤：

① 创建信号量/信号量集或者获取系统中已有的信号量/信号量集。

② 初始化信号量。早期信号量通常被初始为 1，但有些进程一次需要多个同类的临界资源或多个不同类且不唯一的临界资源，因此可能需要初始化的不是信号量，而是一个信号量集。

③ 信号量的 P、V 操作根据进程请求修改信号量的数量。执行 P 操作会使信号量-1，执行 V 操作会使信号量+1。

④ 从系统中删除不需要的信号量。

系统中信号量的数量是有限制的，最大值由宏 SEMMSL 设定。Linux 内核提供了三个系统调用用于实现以上步骤，这三个系统调用接口分别为：semget()、semctl()和 semop()。下面分别对这三个系统调用进行讲解。

（1）semget()

semget()函数的功能为创建一个新的信号集或获取系统中一个已经存在的信号量集，该函数存在于函数库 sys/sem.h 中，其函数声明如下：

```
int semget(key_t key, int nsems, int semflg);
```

若该函数调用成功，则返回信号量的标识符，否则返回-1 并设置 errno。常见的 errno 值与其含义如下：

- EACCES——表示进程无访问权限。
- ENOENT——表示传入的键值不存在。
- EINVAL——表示 nsems 小于 0 或信号量数已达上限。
- EEXIST——当 semflg 设置指定了 ICP_CREAT 和 IPC_EXCL 时，表示该信号量已经存在。

semget()函数中的参数 key 表示信号量的键值，通常为一个整数；参数 nsems 表示创建的信号量数目；参数 semflg 为标志位，与 open()和 msgget()函数中的标志位功能相似，都用来设置权限。权限位可与 IPC_CREAT 以及 IPC_EXCL 发生位或，另外若该标志位设置为 IPC_PRIVATE，表示该信号量为当前进程的私有信号量。

(2) semctl()

semctl()函数可以对信号量或信号量集进行控制,该函数存在于函数库 sys/sem.h 中,函数声明如下:

```
int semctl(int semid, int semnum, int cmd, …);
```

若该函数调用成功,则根据参数 cmd 的取值返回相应信息,通常为一个非负整数;否则返回-1 并设置 errno。

semctl()函数的参数 semid 表示信号量标识符,通常为 semget()的返回值;参数 semnum 表示信号量在信号量集中的编号,该参数在使用信号量集时才会使用,通常设置为 0,表示取第一个信号;参数 cmd 表示对信号量进行的操作;最后一个参数是一个可选参数,依赖于参数 cmd,使用该参数时,用户必须在程序中自定义一个如下所示的共用体:

```
union semun{
    int val;                        //cmd 为 SETVAL 时,用于指定信号量值
    struct semid_ds *buf;           //cmd 为 IPC_STAT 时或 IPC_SET 时生效
    unsigned short *array;          //cmd 为 GETALL 或 SETALL 时生效
    struct seminfo *_buf;           //cmd 为 IPC_INFO 时生效
};
```

该共用体中的 struct semid_ds 是一个由内核维护的记录信号量属性信息的结构体,该结构体的类型定义如下:

```
struct semid_ds {
    struct ipc_perm sem_perm;           //所有者和标识权限
    time_t          sem_otime;          //最后操作时间
    time_t          sem_ctime;          //最后更改时间
    unsigned short  sem_nsems;          //信号集中的信号数量
};
```

cmd 常用的设置为 SETVAL 和 IPC_RMID,其含义分别如下:

- SETVAL——表示 semctl()的功能为初始化信号量的值,信号量值通过可选参数传入,在使用信号量前应先对信号量值进行设置。
- IPC_RMID——表示 semctl()的功能为从系统中删除指定信号量。信号量的删除应由其所有者或创建者进行,没有被删除的信号量将会一直存在于系统中。

(3) semop()

semop()函数的功能为改变信号量的值,该函数存在于函数库 sys/sem.h 中,函数声明如下:

```
int semop(int semid, struct sembuf *sops, unsigned nsops);
```

若该函数调用成功则返回 0,否则返回-1 并设置 errno。

semop()函数的参数 semid 同样为 semget()返回的信号量标识符;参数 nsops 表示参数 sops 所指数组中元素的个数。

参数 sops 为一个 struct sembuf 类型的数组指针,该数组中的每个元素设置了要对信

号量集中的哪个信号做哪种操作。struct sembuf 结构体定义如下：

```
struct sembuf{
    short sem_num;                          //信号量在信号量集中的编号
    short sem_op;                           //信号量操作
    short sem_flag;                         //标志位
};
```

当结构体成员 sem_op 设置为-1 时，表示 P 操作；设置为+1 时，表示 V 操作。结构体成员 sem_flg 通常设置为 SEM_UNDO，若进程退出前没有删除信号量，则信号量将会由系统自动释放。

下面通过案例来展示信号量相关的系统调用接口的使用方法。

案例 8-6：使用信号量实现父子进程同步，防止父子进程抢夺 CPU。案例实现如下：

```
#include <stdio.h>
#include <stdlib.h>
#include <sys/sem.h>
//自定义共用体
union semu{
    int val;
    struct semid_ds * buf;
    unsigned short * array;
    struct seminfo * _buf;
};
static int sem_id;
//设置信号量值
static int set_semvalue()
{
    union semu sem_union;
    sem_union.val=1;
    if(semctl(sem_id,0,SETVAL,sem_union)==-1)
        return 0;
    return 1;
}
//P 操作,获取信号量
static int semaphore_p()
{
    struct sembuf sem_b;
    sem_b.sem_num=0;
    sem_b.sem_op=-1;
    sem_b.sem_flg=SEM_UNDO;
    if(semop(sem_id,&sem_b,1)==-1){
        perror("sem_p err");
        return 0;
    }
    return 1;
}
//V 操作,释放信号量
```

```
static int semaphore_v()
{
    struct sembuf sem_b;
    sem_b.sem_num=0;
    sem_b.sem_op=1;
    sem_b.sem_flg=SEM_UNDO;
    if(semop(sem_id,&sem_b,1)==-1){
        perror("sem_v err");
        return 0;
    }
    return 1;
}
//删除信号量
static void del_semvalue()
{
    union semu sem_union;
    if(semctl(sem_id,0,IPC_RMID,sem_union)==-1)
        perror("del err");
}
int main()
{
    int i;
    pid_t pid;
    char ch='C';
    sem_id=semget((key_t)1000,1,0664|IPC_CREAT);    //创建信号量
    if(sem_id==-1){
        perror("sem_c err");
        exit(-1);
    }
    if(!set_semvalue()){                             //设置信号量值
        perror("init err");
        exit(-1);
    }
    pid=fork();                                      //创建子进程
    if(pid==-1){                                     //若创建失败
        del_semvalue();                              //删除信号量
        exit(-1);
    }
    else if(pid==0)                                  //设置子进程打印的字符
        ch='Z';
    else                                             //设置父进程打印的字符
        ch='C';
    srand((unsigned int)getpid());                   //设置随机数种子
    for(i=0;i<8;i++)                                 //循环打印字符
    {
        semaphore_p();                               //获取信号量
        printf("%c",ch);
        fflush(stdout);                              //将字符打印到屏幕
        sleep(rand()%4);                             //沉睡
        printf("%c",ch);
```

```
85          fflush(stdout);                          //再次打印到屏幕
86          sleep(1);
87          semaphore_v();                           //释放信号量
88      }
89      if(pid>0){
90          wait(NULL);                              //回收子进程
91          del_semvalue();                          //删除信号量
92      }
93      printf("\nprocess %d finished.\n",getpid());
94      return 0;
95  }
```

编译该案例,执行程序,程序的运行结果如下:

```
CCZZCCZZCCZZCCZZCCZZCCZZCCZZCCZZ
process 3657 finished

process 3656 finished
```

观察运行结果可发现,字符 C 与字符 Z 总是成对出现,这是因为案例 8-5 主函数的 for()循环中进行了两次打印操作,且程序使用了一个二值信号量,将这两次打印操作绑定为一个原子操作:代码第 80 行调用了 semaphore_p()函数获取信号量,若获取信号量的是父进程,那么子进程将无法获取 CPU,除非父进程调用 semaphore_v()函数将信号量释放,否则子进程无法执行 for 循环中的核心代码;反之子进程获取信号量之后,父进程也无法获取 CPU。

结合程序运行结果,根据以上分析可知,案例 8-5 实现成功。

多学一招:ftok()函数

当在进程中使用 System V IPC 系列的接口进行通信时,必须指定一个 key 值。这是一个 key_t 类型的变量,通常不会直接使用具体数值,而是通过 Linux 系统中的 ftok()函数来获取。ftok()函数位于函数库 sys/types.h 中,其定义如下:

```
key_t ftok(const char * pathname, int proj_id);
```

该函数的参数 pathname 表示路径名,一般会设置为当前目录".";参数 proj_id 由用户指定,为一个整型数据,一般设置为 0。当 ftok()函数被调用时,该函数首先会获取目录的 inode,其次将十进制的 inode 及参数 proj_id 转换为十六进制,最后将这两个十六进制数连接,生成一个 key_t 类型的返回值。

例如,当前目录的 inode 值为 65538,转换为十六进制为 0x01002;指定的 proj_id 值为 24,转换为十六进制为 0x18,那么 ftok()返回的 key 值则为 0x18010002。

8.4　共享内存

共享内存允许两个或多个进程访问给定的同一块存储区域。已知当一个进程被启动时,系统会为其创建一个 0～4G 的虚拟内存空间,根据虚拟地址与物理地址之间的映射关系，进程可以通过操作虚拟地址实现对物理页面的操作。一般情况下，每个进程的虚拟地址空间会与不同的物理地址进行映射，但是当使用共享内存进行通信时，系统会将同一段物理内存映射给不同的进程。两个进程的虚拟地址空间与共享内存之间的映射关系如图 8-7 所示。

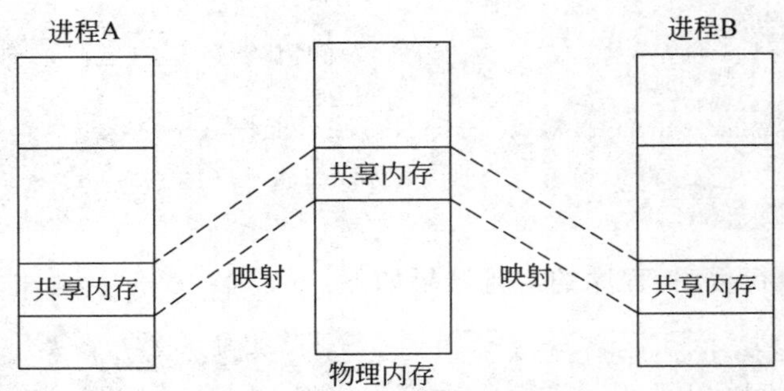

图 8-7 映射关系

系统中的物理内存和虚拟内存都通过页面来管理，为多个进程分配共享内存实际是为进程分配一个或多个物理页面，因此共享内存的大小必须是系统中页面大小的整数倍。若进程需要使用共享内存，应首先将虚拟内存空间与共享内存进行映射，映射完成后，进程对虚拟地址的读写就相当于直接对物理内存的读写。另外，与申请堆空间类似，当通信完成之后，也应释放物理内存，解除进程与共享内存的映射关系。

共享内存也是效率最高的一种进程通信方式，它节省了不同进程间多次读写的时间：若有多个进程将自己的虚拟地址与一块物理内存进行绑定，那么当一个进程对此块内存中的数据进行修改时，其他进程可以直接获得修改后的数据。当然，在写进程的操作尚未完成时，不应有进程从共享内存中读取数据。共享内存自身不限制进程对共享内存的读写次序，但程序开发人员应自觉遵循读写规则。一般情况下，共享内存应与信号量一起使用，由信号量帮它实现读写操作的同步。

Linux 内核提供了一些系统调用用于实现共享内存的申请、管理与释放，分别为：shmget()、shmat()、shmdt()和 shmctl()。

(1) shmget()

shmget()函数的功能是创建一块新的共享内存或打开一块已经存在的共享内存，该函数存在于函数库 sys/shm. h 中，其定义如下：

```
int shmget(key_t key, size_t size, int shmflg);
```

shmget()函数若调用成功，将会返回一个共享内存标识符(该标识符是一个非负整数)；若调用失败，将会返回-1 并对 errno 进行设置。

shmget()函数中的第一个参数 key 通常为整数，代表共享内存的键值；参数 size 用于设置共享内存的大小；参数 shmflg 用于设置 shmget()函数的创建条件(一般设置为 IPC_CREAT 或 IPC_EXCL)及进程对共享内存的读写权限。

(2) shmat()

shmat()函数的功能是进行地址映射，将共享内存映射到进程虚拟地址空间中。该函数存在于函数库 sys/shm.h 中，其定义如下：

```
void * shmat(int shmid, const void * shmaddr, int shmflg);
```

shmat()函数若调用成功，会返回映射的地址并更改共享内存 shmid_ds 结构中的属性信息；若调用失败，会返回-1 并设置 errno。

shmat()函数中的第一个参数 shmid 为共享内存标识符，该标识符一般由 shmget()函数返回；参数 shmaddr 为一个指针类型的传入参数，用于指定共享内存映射到虚拟内存时的虚拟地址，当设置为 NULL 时，映射地址由系统决定；参数 shmflg 用于设置共享内存的使用方式，若 shmflg 设置为 SHM_RDONLY，则共享内存将以只读的方式进行映射，当前进程只能从共享内存中读取数据。

(3) shmdt()

shmdt()函数的功能是解除物理内存与进程虚拟地址空间的映射关系，该函数存在于函数库 sys/shm.h 中，其定义如下：

```
int shmdt(const void * shmaddr);
```

shmdt()函数中的参数为 shmat()函数返回的虚拟空间地址。若函数调用成功，则返回 0 并修改共享内存的 shmid_ds 结构中的属性信息；否则返回-1。

(4) shmctl()

shmctl()函数的功能是对已存在的共享内存进行操作，具体的操作由参数决定。该函数存在于函数库 sys/shm.h 中，其定义如下：

```
int shmctl(int shmid, int cmd, struct shmid_ds * buf);
```

shmctl()函数调用成功则返回 0，否则返回-1 并设置 errno。该函数中的参数 shmid 表示共享内存标识符；参数 cmd 表示要执行的操作，常用的设置为 IPC_RMID，功能为删除共享内存；参数 buf 用于对共享内存的管理信息进行设置，该参数是一个结构体指针。这个结构体是一个为了方便对共享内存进行管理，由内核维护的存储共享内存属性信息的结构体，其类型定义如下：

```
struct shmid_ds {
    struct ipc_perm shm_perm;                //所有者和权限标识
    size_t          shm_segsz;               //共享内存大小
    time_t          shm_atime;               //最后映射时间
    time_t          shm_dtime;               //最后解除映射时间
    time_t          shm_ctime;               //最后修改时间
    pid_t           shm_cpid;                //创建共享内存进程的 id
    pid_t           shm_lpid;                //最近操作共享内存进程的 id
    shmatt_t        shm_nattch;              //与共享内存发生映射的进程数量
    …
};
```

需要注意的是，共享内存与消息队列以及信号量相同，在使用完毕后都应该进行释放。另外，当调用 fork()函数创建子进程时，子进程会继承父进程已绑定的共享内存；当调用

exec()函数更改子进程功能以及调用 exit()函数时，子进程中都会解除与共享内存的映射关系，因此在必要时仍应使用 shmctl()函数对共享内存进行删除。

下面通过一个案例来展示共享内存通信中函数接口的使用方法。

案例 8-7：创建两个进程，使用共享内存机制实现这两个进程间的通信。

① shm_w. c。

```c
#include <stdio.h>
#include <sys/ipc.h>
#include <sys/shm.h>
#include <sys/types.h>
#include <unistd.h>
#include <string.h>
#define SEGSIZE 4096                                   //定义共享内存容量
typedef struct{                                        //读写数据结构体
    char name[8];
    int age;
} Stu;
int main()
{
    int shm_id, i;
    key_t key;
    char name[8];
    Stu * smap;
    key=ftok("/", 0);                                  //获取关键字
    if(key ==-1)
    {
        perror("ftok error");
        return -1;
    }
    printf("key=%d\n", key);
    //创建共享内存
    shm_id=shmget(key, SEGSIZE, IPC_CREAT | IPC_EXCL | 0664);
    if(shm_id ==-1)
    {
        perror("create shared memory error\n");
        return -1;
    }
    printf("shm_id=%d\n", shm_id);
    smap=(Stu *)shmat(shm_id, NULL, 0);                //将进程与共享内存绑定
    memset(name, 0x00, sizeof(name));
    strcpy(name, "Jhon");
    name[4]='0';
    for(i=0; i<3; i++)                                 //写数据
    {
        name[4] +=1;
        strncpy((smap+i)->name, name, 5);
        (smap+i)->age=20+i;
    }
    if(shmdt(smap)==-1)                                //解除绑定
    {
        perror("detach error");
        return -1;
```

```
    }
    return 0;
}
```

② shm_r.c。

```
#include <stdio.h>
#include <string.h>
#include <sys/ipc.h>
#include <sys/shm.h>
#include <sys/types.h>
#include <unistd.h>
typedef struct{
    char name[8];
    int age;
} Stu;
int main()
{
    int shm_id, i;
    key_t key;
    Stu * smap;
    struct shmid_ds buf;
    key=ftok("/", 0);                           //获取关键字
    if(key ==-1)
    {
        perror("ftok error");
        return -1;
    }
    printf("key=%d\n", key);
    shm_id=shmget(key, 0, 0);                   //创建共享内存
    if(shm_id ==-1)
    {
        perror("shmget error");
        return -1;
    }
    printf("shm_id=%d\n", shm_id);
    smap=(Stu*)shmat(shm_id, NULL, 0);          //将进程与共享内存绑定
    for(i=0; i<3; i++)                          //读数据
    {
        printf("name:%s\n",(*(smap+i)).name);
        printf("age :%d\n",(*(smap+i)).age);
    }
    if(shmdt(smap)==-1)                         //解除绑定
    {
        perror("detach error");
        return -1;
    }
    shmctl(shm_id, IPC_RMID, &buf);             //删除共享内存
    return 0;
}
```

分别使用如下两条命令编译程序 shm_w.c 和 shm_r.c：

```
[itheima@localhost ~]$gcc shm_w.c -o shm_w
[itheima@localhost ~]$gcc shm_r.c -o shm_r
```

在终端中运行可执行程序，先执行 shm_w 创建共享内存，并向共享内存中写入数据；之后使用 shm_r 从共享内存中读取数据，数据读取完毕之后将共享内存删除。程序执行后终端打印的信息分别如下。

- ./shm_w——写

```
key=131074
shm_id=819217
```

- ./shm_r——读

```
key=131074
shm_id=819217
name:Jhon1
age :20
name:Jhon2
age :21
name:Jhon3
age :22
```

之后再次执行程序 shm_r，终端打印的信息如下：

```
key=131074
shmget error: No such file or directory
```

由打印结果可知，共享内存区域已在程序 shm_r 执行结束前被删除。

结合以上打印结果可知，案例 8-6 实现成功。

多学一招：struct ipc_perm 结构体

观察消息队列、信号量及共享内存机制的函数接口与属性信息结构体可以发现，它们包含一个相同的结构体，即 struct ipc_perm 结构体。该结构体同样由内核管理，用于设置 Sys V IPC 系列通信机制中介质(队列、信号量、共享内存)的访问权限和权限标识，其定义如下：

```
struct ipc_perm {
    key_t           __key;                    //键值
    uid_t           uid;                      //所有者有效用户 id
    gid_t           gid;                      //所属组有效组 id
    uid_t           cuid;                     //创建者有效用户 id
    gid_t           cgid;                     //创建者有效组 id
    unsigned short mode;                      //访问权限
    unsigned short __seq;                     //序列号
};
```

ipc_perm 结构体在 Sys V IPC 系列通信机制调用各自的 get 函数(msgget()、semget()、 shmget())时创建,创建时除序列号外,其他信息都会被初始化;之后该结构体由内核进行管理,除超级用户外,只有创建该结构体的进程可以通过各自的 ctl 函数(msgctl()、semctl()、shmctl())修改 uid、gid 和 mode 信息,其中 mode 信息与 open()函数中的 mode 类似,但 ipc_perm 的 mode 没有执行权限。

8.5 本章小结

本章主要讲解 Linux 系统中进程间的通信机制,包括管道通信和 System V IPC,其中管道通信分为匿名管道通信和命名管道通信;System V IPC 分为消息队列通信、信号量通信与共享内存通信。了解 Linux 进程间的通信方式是学习 Linux 编程的基础,也是学习和实现复杂编程的基石。读者应尽力理解本章内容,掌握其中的接口函数,并且灵活运用本章知识实现 Linux 编程中的进程通信。

8.6 本章习题

一、填空题

1. Linux 系统中使用的进程通信机制包括管道通信、________、________、________以及 socket 通信。

2. 管道采用________方式进行通信,其实质是由________管理的一个缓冲区。

3. 与管道相比,消息队列通信方式更为灵活:它提供有格式的________,无须通信双方额外约定数据传输格式;其中的消息被设定为不同类型,又被分配了不同的优先级;此外消息队列有效降低了读写进程间的________。

4. 在代码中,临界区是指并发进程中与________资源有关的程序段。

5. 在使用 P、V 操作实现进程互斥时,调用________操作相当于申请一个共享资源,调用________相当于归还共享资源的使用权。

二、判断题

1. 匿名管道只能用于父子进程间通信。 ( )

2. 在实现进程互斥时,用一个信号量与一组相关临界资源对应;在实现进程同步时,每一个消息与一个信号量对应。 ( )

3. popen()函数若调用成功,则返回一个 I/O 文件指针。 ( )

4. 消息队列的实质是一个存放消息的链表,该链表由内核维护,内核会决定其回收时机,所以进程中的消息队列使用完毕后无须删除。 ( )

5. 因为共享内存机制的本质是将物理地址与虚拟地址直接进行映射,避免了数据的重复读写,所以内存共享机制的效率相当高。 ( )

三、单选题

1. 下列对匿名管道描述错误的是( )。

A. 采用半双工通信方式

B. 只存在于内存中

C. 有固定的读端和写端

D. 可以使用 lseek()函数修改读写位置

2. 下列关于命名管道的说法错误的是(　　)。

A. 管道中的内容保存在磁盘上

B. 在文件系统中可以通过操作文件的方式查看

C. 可以用于没有亲缘关系的进程间

D. 通过路径名打开

3. 下列进程通信方式中不能实现非亲缘关系进程间通信的是(　　)。

A. 消息队列　　B. 匿名管道　　C. 共享内存　　D. socket

4. 对于整型信号量,在执行一次 P 操作时,信号量的值应(　　)。

A. 不变　　B. 加 1　　C. 减 1　　D. 置 0

5. 制约关系分为直接制约关系和间接制约关系,选出以下关于制约关系的说法中错误的选项。(　　)

A. 直接相互制约的进程间有同步关系,间接相互制约的进程间有互斥关系

B. 产生制约关系的原因是系统中存在临界资源

C. 若计算机中的两个进程需要使用同一台打印机,那么这两个进程间存在同步关系

D. 若能保证进程间互斥地进入自己的临界区,就能实现进程对临界资源的互斥访问

四、简答题

1. 简述使用消息队列实现进程间通信的步骤。

2. 列举出 Linux 系统中常用的进程通信机制,并对每种机制进行简单说明。

3. 某工厂有两个生产车间和一个装配车间,两个生产车间分别生产 A、B 两种零件,装配车间负责组装零件 A、B。两个生产车间每生产一个零件后都要分别将这两个零件送到装配车间的货架 F1、F2 上,装配车间每次在组装零件时都要从货架 F1、F2 上分别取下零件 A 和零件 B。分析题目,写出实现题目描述问题需要定义的信号量并说明每个信号量的功能。

五、编程题

思考父子进程和无亲缘关系的进程是否可以通过打开一个普通文件实现通信,若可以,说明原因并尝试实现代码。

第 9 章 线　程

学习目标

- 了解线程的定义
- 掌握常用的线程操作
- 熟练通过线程属性设置线程状态
- 掌握线程同步的方法

与进程不同，线程(thread)是系统调度分派的最小单位。与进程相比，线程没有独立的地址空间，多个线程共享一段地址空间，因此线程消耗更少的内存资源，线程间通信也更为方便，有时线程也被称为轻量级进程(Light Weight Process，LWP)。本章将会介绍与线程相关的知识，包括线程的概念、线程的生命周期以及与线程相关的系统调用(如创建线程、销毁线程、线程同步)等。

9.1 线程概述

早期的操作系统中并没有线程这一概念，无论是分配资源还是调度分派，都以进程为最小单位。随着计算机技术的发展，人们逐渐发现了进程作为系统调度分派单位时存在的一些弊端。进程是资源的拥有者，使用独立的地址空间，因此当系统切换资源时，内存中进程的数据段、代码段以及堆栈都要被切换，这种情况下无论是时间消耗还是空间消耗都相当大；此外，操作系统允许多个进程并行执行，但由于进程较为庞大，因此多个进程占用的空间是相当可观的。基于以上两点，人们意识到操作系统应调度一个更小的单位，以减少消耗，提高效率，由此线程应运而生。

Linux 系统中的线程借助进程机制实现，线程与进程联系密切。进程可以蜕变成线程，当在一个进程中创建一个线程时，原有的进程就会变成线程，两个线程共用一段地址空间；线程又被称为轻量级进程，线程的 TCB(Thread Control Block，线程控制块)与进程的 PCB 相同，因此也可以将 TCB 视为 PCB；对内核而言，线程与进程没有区别，CPU 会为每个线程与进程分配时间片，并通过 PCB 来调度不同的线程和进程。

Linux 系统中的线程分为三种：内核线程、用户线程和轻量级线程(LWP)。内核线程是内核的分支，每个内核线程可处理一项特定操作。用户线程是完全建立在用户空间的线程，用户线程的创建、调度、销毁等操作都在用户空间完成，是一种低消耗、高效率的线程。轻量级线程是一种用户线程，同时也是内核线程的高级抽象，每一个轻量级线程都需要一个内核线程支持，轻量级线程与内核及 CPU 之间的关系如图 9-1 所示。

一个进程的实体可以分为两大部分：线程集和资源集。线程集是多个线程的集合，每

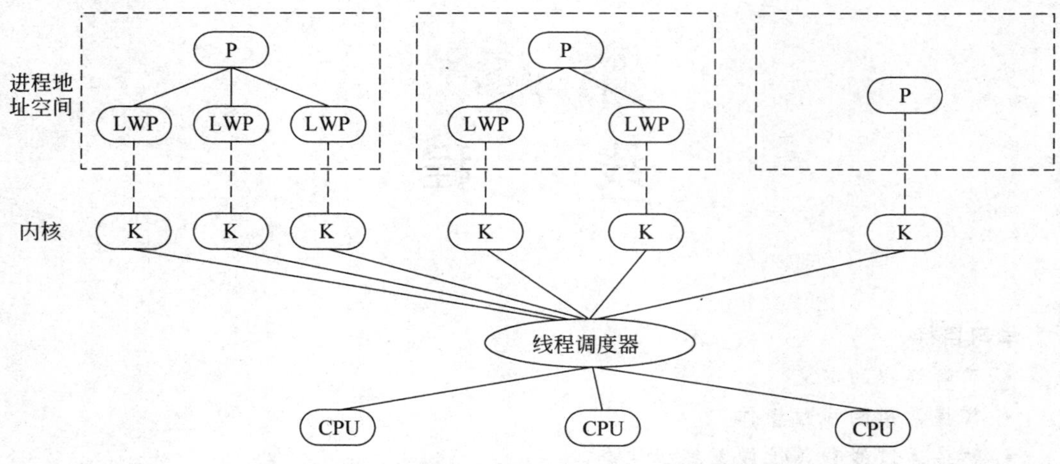

图 9-1　LWP 与内核及 CPU 的关系示意图

个线程都是进程中的动态对象；资源集是进程中线程集共享资源的集合，包括地址空间、打开的文件描述符、用户信息等。一个线程的实体包括程序、数据、TCB 以及少量必不可少的用于保证线程独立运行的资源，当然线程中也包含一部分私有数据，如程序计数器、栈空间及寄存器等。

使用多线程编程时，程序的并发性会得到一定提升。如图 9-1 所示，若系统中的进程是单线程进程，那么进程中的命令只能在一个处理器上顺序执行；而若一个进程细分为多个线程，那么一个进程中的多个线程可以同时在不同的 CPU 上运行，如此可在一定程度上减少程序的执行时间，提高程序的执行效率。

虽然线程与进程联系密切，但它们仍是有区别的，其中最大的区别在于：线程 PCB 中指向内存资源的三级页表相同，而进程 PCB 中指向内存资源的三级页表不同。

由于多个进程 PCB 中的三级页表指向不同的内存资源，因此即便不同的进程使用相同的虚拟地址也不会发生冲突；但一个进程地址空间里多个线程的 PCB 中指向三级页表的指针是相同的：线程 PCB 中的页目录指针指向相同的页目录，页目录对应相同的页表，最终页表又对应磁盘上相同的物理页面；也就是说，多个线程的虚拟地址会被映射到物理磁盘的同一段地址空间。线程间的地址映射关系如图 9-2 所示。

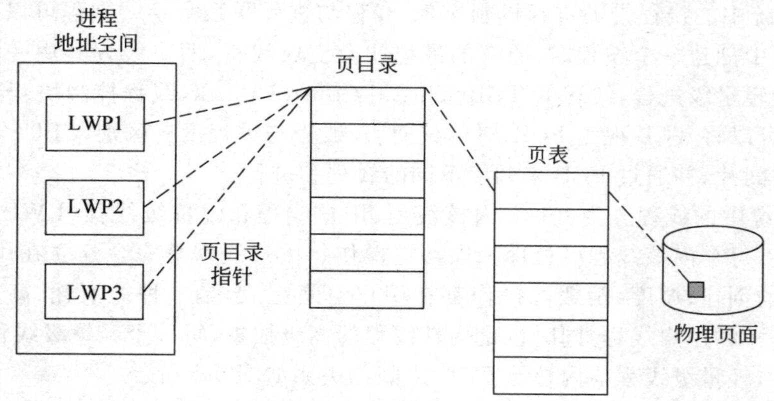

图 9-2　线程间的地址映射

运行在同一个进程地址空间中的多个线程共享虚拟地址空间，进而共享相同的页目录、页表和物理页面，因此线程间的许多数据是共享的，线程不必通过类似进程通信使用的管道、信号量等机制，便能进行通信。但线程的缺点也随之而来。因为多个线程共享一段地址空间，当多个线程同时需要对其中的数据进行访问时，可能会因竞争导致读写错误。因此，正如控制多个进程对共享资源的访问一样，系统同样也应实现对线程间的共享数据的同步。

与进程相比，线程具有开销小、数据通信与共享数据方便等优点，并能在一定程度上提高程序并发性，但它也有不足：因为线程使用的是库函数，所以不够稳定；另外由于线程出现时间较晚，gdb 中没有添加调试线程的方法，线程的调试和编写比较困难，基于同样的原因，线程对信号的支持也比较差。当然，线程的缺点不足以影响线程的使用，下面我们将从线程的操作入手，来学习在编程中使用线程的方法。

9.2　线程操作

早期 Linux 系统中并没有线程这一概念，直到 20 世纪 80 年代，线程才被引入 Linux 系统中，彼时 Linux 操作系统已经相当完善，于是 Linux 系统便借助创建线程的方法来创建进程。除此之外，线程的操作流程也与进程类似，分为创建线程、挂起线程、终止线程以及其他相关操作。为了实现这些操作，Linux 系统中提供了相应的系统调用接口，本节将从创建线程的接口 pthread_create()开始，逐个讲解与线程相关的操作。

9.2.1　创建线程

Linux 系统中创建线程的系统调用接口为 pthread_create()，该函数存在于函数库 pthread.h 中，其声明如下：

```
int pthread_create(pthread_t * thread, const pthread_attr_t * attr,
                   void * (* start_routine)(void *), void * arg);
```

如果调用 pthread_create()函数创建线程成功，会返回 0；若线程创建失败，则直接返回 errno。此外，由于 errno 的值很容易被修改，线程中很少使用 errno 来存储错误码，也不会使用 perror()直接将其打印，而是使用自定义变量接收 errno，再调用 strerror()将获取的错误码转换成错误信息，最后才打印错误信息。

pthread_create()函数中包含 4 个参数：

- 参数 thread 表示待创建线程的线程 id 指针，这是一个传入传出参数，若需要对该线程进行操作，应使用一个 pthread_t * 类型的变量获取该参数；
- 参数 attr 用于设置待创建线程的属性，通常传入 NULL，表示使用线程的默认属性；
- 参数 start_routine 是一个函数指针，指向一个参数为 void * 、返回值也为 void * 的函数，该函数为待创建线程的执行函数，线程创建成功后将会执行该函数中的代码；
- 参数 arg 为要传给线程执行函数的参数。

在线程调用 pthread_create()函数创建出新线程之后，当前线程会从 pthread_create()函数返回并继续向下执行，新线程会执行函数指针 start_routine 所指的函数。若 pthread_create()函数成功返回，新线程的 id 会被写到 thread 参数所指向的内存单元。

需要注意的是，进程 id 的类型 pid_t 实质是一个正整数，在整个系统中都是唯一的；但线程 id 只在当前进程中保证唯一，其类型 pthread_t 并非是一个正整数，且当前进程调用 pthread_create()后获取的 thread 为新线程 id。因此线程 id 不能简单地使用 printf()函数打印，而应使用 Linux 提供的接口函数 pthread_self()来获取。

pthread_self()函数存在于函数库 pthread.h 中，其声明如下：

```
pthread_t pthread_self(void);
```

下面通过一个案例来展示 pthread_create()函数的用法。

案例 9-1：使用 pthread_create()函数创建线程，并使原线程与新线程分别打印自己的线程 id。

```
#include <stdio.h>
#include <stdlib.h>
#include <pthread.h>
#include <unistd.h>
void * tfn(void * arg)
{
    printf("tfn--pid=%d,tid=%lu\n",getpid(),pthread_self());
    return(void* )0;
}
int main()
{
    pthread_t tid;
    printf("main--pid=%d,tid=%lu\n",getpid(),pthread_self());
    int ret=pthread_create(&tid,NULL,tfn,NULL);
    if(ret!=0){
        fprintf(stderr,"pthread_create error:%s\n",strerror(ret));
        exit(1);
    }
    sleep(1);
    return 0;
}
```

若像之前的案例一样，直接使用 gcc 命令编译该案例，会出现以下提示：

```
/tmp/ccyC2hU1.o: In function 'main':
pthread_cre.c:(.text+0x85): undefined reference to 'pthread_create'
collect2: ld returned 1 exit status
```

这是因为 pthread 库不是 Linux 系统默认的库，所以在使用 pthread_create()函数创建线程时应链接静态库 libpthread.a。案例 9-1 的文件名为 pthread_cre.c，如下所示，在 gcc 命令中添加-lpthread，对案例 9-1 进行编译：

```
gcc pthread_cre.c -o pthread_cre -lpthread
```

执行程序，终端打印的信息如下：

```
main--pid=2881,tid=140132338001664
tfn--pid=2881,tid=140132337993472
```

在案例 9-1 的执行结果中，进程 2881 中的两个线程分别打印出了各自的线程 id，由此可知案例 9-1 实现成功。

进程拥有独立的地址空间。当使用 fork()函数创建出新进程后，若其中一个进程要对 fork()之前的数据进行修改，进程中会依据“写时复制”原则，先复制一份该数据到子进程的地址空间，再修改数据。因此即便是全局变量，在进程间也是不共享的。但由于线程间共享地址空间，因此在一个线程中对全局区的数据进行修改，其他线程中访问到的也是修改后的数据。下面通过一个简单案例对此进行验证。

案例 9-2：创建新线程，在新线程中修改原线程中定义在全局区的变量，并在原线程中打印该数据。

```
#include <stdio.h>
#include <pthread.h>
#include <stdlib.h>
#include <unistd.h>
int var=100;
void * tfn(void * arg)
{
    var=200;
    printf("thread\n");
    return NULL;
}
int main(void)
{
    printf("At first var=%d\n", var);
    pthread_t tid;
    pthread_create(&tid, NULL, tfn, NULL);
    sleep(1);
    printf("after pthread_create, var=%d\n", var);
    return 0;
}
```

以上程序的原线程中定义了一个全局变量 var，并赋值为 100；随后在新线程中修改全局变量 var 的值并使原线程沉睡 1 秒，等待原线程执行，确保原线程的打印语句在新进程功能完成后执行；最后在原线程中打印 var 的值。编译案例 9-2，执行程序，终端打印的结果如下：

```
At first var=100
thread
after pthread_create, var=200
```

由打印结果可知，原线程中访问到的变量 var 的值被修改为 200，说明新线程成功修改了原线程中定义的全局变量，线程之间共享全局数据。

9.2.2 线程退出

线程中提供了一个用于单个线程退出的函数——pthread_exit()，该函数位于函数库

pthread.h 中，其声明如下：

```
void pthread_exit(void * retval);
```

在之前的案例中使用的 return 和 exit()虽然也有退出功能，但 return 用于退出函数，使函数返回函数调用处；exit()用于退出进程，若在线程中调用该函数，那么该线程所处的进程也会退出，如此势必会影响进程中线程的执行。为避免这个问题，保证程序中的线程能逐个退出，Linux 系统中又提供了 pthread_exit()函数。

pthread_exit()函数没有返回值，其参数 retval 表示线程的退出状态，通常设置为 NULL。下面通过一个案例来展示 pthread_exit()函数的用法。

案例 9-3：在一个进程中创建 4 个新线程，分别使用 pthread_exit()函数、return、exit()使其中一个线程退出，观察其他线程的执行状况。

```
#include <pthread.h>
#include <stdio.h>
#include <unistd.h>
#include <stdlib.h>
void * tfn(void * arg)
{
    long int i;
    i=(long int)arg;                          //将 void* 类型的 arg 强转为 long int 类型
    if(i==2)
        pthread_exit(NULL);
    sleep(i);                                 //通过 i 来区别每个线程
    printf("I'm %dth thread, Thread_ID=%lu\n", i+1, pthread_self());
    return NULL;
}
int main(int argc, char * argv[])
{
    long int n=5, i;
    pthread_t tid;
    if(argc==2)
        n=atoi(argv[1]);
    for(i=0; i<n; i++){
        //将 i 转换为指针,在 tfn 中再强转回整型
        pthread_create(&tid, NULL, tfn,(void *)i);
    }
    sleep(n);
    printf("I am main, I'm a thread!\n"
           "main_thread_ID=%lu\n", pthread_self());
    return 0;
}
```

编译案例 9-3，执行程序，执行结果如下：

```
I'm 1th thread, Thread_ID=140427927828224
I'm 2th thread, Thread_ID=140427917338368
I'm 4th thread, Thread_ID=140427896358656
I'm 5th thread, Thread_ID=140427885868800
I am main, I'm a thread!
main_thread_ID=140427927836416
```

由执行结果可知，使用 pthread_exit()函数时，只有调用该函数的线程会退出。若将案例 9-3 中的第 10 行代码改为 return;，编译程序，终端打印的信息与案例 9-3 执行结果相同；若将案例 9-3 中的第 10 行代码改为 exit(0);，编译程序，终端打印信息如下：

```
I'm 1th thread, Thread_ID=139918783432448
```

多次执行发现，有时甚至连如上的一行信息都没有打印，这是因为多个线程在系统中是并行执行的，在第 1、2 个线程尚未结束时，第 3 个线程就已经在 CPU 上运行，且由于其中调用了 exit()函数，第 3 个线程在运行到第 10 行代码时会使整个进程退出，因此该进程中的所有线程都无法再被执行。

9.2.3　线程终止

在线程操作中有一个与终止进程的函数 kill()对应的系统调用，即 pthread_cancel()，使用该函数可以通过向指定线程发送 CANCEL 信号，使一个线程强行杀死另外一个线程。pthread_cancel()函数位于函数库 pthread.h 中，其声明如下：

```
int pthread_cancel(pthread_t thread);
```

pthread_cancel()中的参数 thread 为线程 id，若函数调用成功则返回 0，否则返回 errno。使用 pthread_cancel()函数终止的线程其退出码为 PTHREAD_CANCELED，该宏定义在头文件 pthread.h 中，其值为-1。

与进程不同的是，调用 pthread_cancel()函数杀死线程时，需要等待线程到达某个取消点，线程才会成功被终止。类似于单机游戏中只有到达城镇中的存档点时才能执行存档操作，在多线程编程中，只有到达取消点时系统才会检测是否有未响应的取消信号，并对信号进行处理。

所谓取消点即在线程执行过程中会检测是否有未响应取消信号的点，可粗略地认为只要有系统调用(进入内核)发生，就会进入取消点，如在程序中调用 read()、write()、pause()等函数时都会出现取消点。取消点通常伴随阻塞出现，用户也可以在程序中通过调用 pthread_testcancel()函数创造取消点。

下面通过一个案例来展示 pthread_cancel()函数的用法。

案例 9-4：在程序中使用 pthread_cancel()函数使原线程终止指定线程。

```
#include <stdio.h>
#include <unistd.h>
#include <pthread.h>
#include <stdlib.h>
void * tfn(void * arg)
{
    while(1){
        printf("child thread…\n");
        pthread_testcancel();                    //设置取消点
    }
}
int main(void)
{
```

```
    pthread_t tid;
    void * tret=NULL;
    pthread_create(&tid, NULL, tfn, NULL);
    sleep(1);
    pthread_cancel(tid);
    pthread_join(tid, &tret);
    printf("child thread exit code=%ld\n",(long int)tret);
    return 0;
}
```

编译案例 9-4,执行程序,执行结果如下:

```
child thread…
…
child thread…
child thread…child thread…
child thread exit code=-1
```

由执行结果可知,新线程在 1 秒后被原线程终止,新线程的退出码为-1,即 PTHREAD_CANCELED。

pthread_exit()和 pthread_cancel()都是线程机制中提供的用于终止线程的系统调用,pthread_exit()使线程主动退出,pthread_cancel()通过信号使线程被动退出。需要注意的是,由于在线程机制出现之前信号机制已经出现,信号机制在创建时并未将线程考虑在内,线程与信号机制的兼容性略有不足,因此在多线程编程中应尽量避免使用信号,以免出现难以调试的错误。

9.2.4 线程挂起

若将案例 9-3 主函数中的 sleep()所在行删除,编译案例,执行程序,则线程会在输出如下信息后便退出:

```
I am main, I'm a thread!
main_thread_ID=140186242565888
```

这是因为,线程与进程不同,若作为程序入口的原线程退出,系统内部会调用 exit()函数,导致同一进程中的所有线程都退出。因此案例 9-1～9-3 中都使用 sleep()函数使原线程阻塞,保证新线程能够顺利执行。

在进程中,可以使用 wait()、waitpid()将进程挂起,以等待某个子进程结束;而在线程中,则通过 pthread_join()函数挂起线程。pthread_join()函数存在于函数库 pthread. h 中,其函数声明如下:

```
int pthread_join(pthread_t thread, void **retval);
```

调用该函数的线程将会使自己挂起并等待指定线程 thread 结束。需要注意的是,该函数中指定的线程必须与调用该函数的线程处于同一个进程中,且多个线程不能同时挂起等待同一个进程,否则 pthread_join()将会返回错误。

pthread_join()调用成功将返回 0，否则返回 errno。pthread_join()中的参数 thread 表示被等待的线程 id；参数 retval 用于接收 thread 线程执行函数的返回值指针，该指针的值与 thread 线程的终止方式有关：

- 若 thread 线程通过 return 返回，retval 所指的存储单元中存放的是 thread 线程函数的返回值。
- 若 thread 线程被其他线程通过系统调用 pthread_cancel()异常终止，retval 所指向的存储单元中存放的是常量 PTHREAD_CANCELED。
- 若 thread 线程通过自调用 pthread_exit()终止，retval 所指向的存储单元中存放的是 pthread_exit()中的参数 ret_val。
- 若等待 thread 的线程不关心它的终止状态，可以将 retval 的值设置为 NULL。

在使用线程时，一般都使用 pthread_exit()函数将其终止。下面通过一个简单案例来展示含参 pthread_exit()函数的用法。

案例 9-5：使用 pthread_exit()退出线程，为线程设置退出状态并将线程的退出状态输出。

```
1  #include <stdio.h>
2  #include <unistd.h>
3  #include <pthread.h>
4  #include <stdlib.h>
5  typedef struct{
6      int a;
7      int b;
8  } exit_t;
9  void * tfn(void * arg)
10 {
11     exit_t * ret;
12     ret=malloc(sizeof(exit_t));
13     ret->a=100;
14     ret->b=300;
15     pthread_exit((void *)ret);                //线程终止
16     return NULL;                              //线程返回
17 }
18 int main(void)
19 {
20     pthread_t tid;
21     exit_t * retval;
22     pthread_create(&tid, NULL, tfn, NULL);
23     //调用 pthread_join 可以获取线程的退出状态
24     pthread_join(tid,(void * * )&retval);
25     printf("a=%d, b=%d \n", retval->a, retval->b);
26     return 0;
27 }
```

在案例 9-5 创建的新线程中，既调用了 pthread_exit()函数，又设置了关键字 return；在程序的第 24 行中，使用 pthread_join()等待新线程退出并获取线程的退出状态，若第 25 行代码中打印的线程退出状态不为空，说明线程通过 pthread_exit()函数退出。

编译案例 9-5，执行程序，执行结果如下：

```
a=100, b=300
```

由执行结果可知，第 15 行调用的 pthread_exit()函数成功使线程退出，并设置了线程的退出状态。

进程中可以使用 waitpid()函数结合循环结构使原进程等待多个进程退出，线程中的 pthread_join()同样可以与循环结构结合，等待多个线程退出。

案例 9-6：使用 pthread_join()回收多个新线程，并使用 pthread_exit()获取每个线程的退出状态。

```
#include <stdio.h>
#include <stdlib.h>
#include <unistd.h>
#include <pthread.h>
long int var=100;
void * tfn(void * arg)
{
    long int i;
    i=(long int)arg;
    sleep(i);
    if(i ==1){
        var=333;
        printf("var=%d\n", var);
        pthread_exit((void * )var);
    }
    else if(i ==3){
        var=777;
        printf("I'm %dth pthread, pthread_id=%lu\n"
                            " var=%d\n", i+1, pthread_self(), var);
        pthread_exit((void * )var);
    }
    else {
        printf("I'm %dth pthread, pthread_id=%lu\n"
                            " var=%d\n", i+1, pthread_self(), var);
        pthread_exit((void * )var);
    }
    return NULL;
}
int main(void)
{
    pthread_t tid[5];
    long int i;
    int * ret[5];
    for(i=0; i<5; i++)                          //创建新线程
        pthread_create(&tid[i], NULL, tfn,(void * )i);
    for(i=0; i<5; i++){                         //回收新线程
        pthread_join(tid[i],(void * * )&ret[i]);
        printf("-------%d 's ret=%d\n", i,(long int)ret[i]);
```

```
    }
    printf("I'm main pthread tid=%lu\t var=%d\n", pthread_self(), var);
    pthread_exit(NULL);
}
```

编译案例9-6,执行程序,执行结果如下:

```
I'm 1th pthread, pthread_id=140602948568832
var=100
-------0 's ret=100
var=333
-------1 's ret=333
I'm 3th pthread, pthread_id=140602927589120
var=333
-------2 's ret=333
I'm 4th pthread, pthread_id=140602917099264
var=777
-------3 's ret=777
I'm 5th pthread, pthread_id=140602906609408
var=777
-------4 's ret=777
I'm main pthread tid=140602948577024      var=777
```

由执行结果可知,程序中创建的5个新线程都成功退出,案例9-6成功运行。

当然,原线程的退出之所以会导致其他线程退出,是因为原线程执行完毕后,main()函数中会隐式调用exit()函数,而我们知道pthread_exit()函数可以只使调用该函数的线程退出。因此,若在原线程调用return之前调用pthread_exit(),同样可保证其他线程的正常运行。

9.2.5 线程分离

在线程终止后,其他线程会调用pthread_join()函数获取该线程的终止信息,在此之前,该线程会一直保持终止状态,这种状态类似进程中的僵尸态。虽然处于僵尸态的进程中大部分资源都已经被释放,但因为仍有少许资源残留,进程会保持僵尸态一直存在于系统中,所以内核会认为进程仍然存在,僵尸进程无法被回收。线程机制中提供了pthread_detach()函数,对进程的这一不足做了完善。

pthread_detach()函数会将线程从主控线程中分离,这样当线程结束后,它的退出状态不由其他线程获取,而是由该线程自身自动释放。pthread_detach()函数位于函数库pthread.h中,其声明如下:

```
int pthread_detach(pthread_t thread);
```

pthread_detach()函数的参数thread为待分离线程的id,若该函数调用成功则返回0,否则返回errno。需要注意的是,pthread_join()不能终止已处于detach状态的线程,若对处于分离态的线程调用pthread_join()函数,函数将会调用失败并返回EINVAL。

下面通过一个案例来展示pthread_detach()函数的用法。

案例 9-7：使用 pthread_detach()函数分离新线程，使新线程自动回收。

```
1  #include <stdio.h>
2  #include <unistd.h>
3  #include <pthread.h>
4  #include <stdlib.h>
5  #include <string.h>
6  void * tfn(void * arg)
7  {
8      int n=5;
9      while(n--){
10         printf("pthread tfn n=%d\n", n);
11         sleep(1);
12     }
13     return(void * )7;
14 }
15 int main(void)
16 {
17     pthread_t tid;
18     void * ret;
19     pthread_create(&tid, NULL, tfn, NULL);
20     int retvar=pthread_join(tid,(void * * )&ret);
21     pthread_detach(tid);                          //分离新线程
22     if(retvar !=0){
23         fprintf(stderr, "pthread_join error %s\n", strerror(retvar));
24     }
25     else
26     {
27         printf("pthread exit with %ld\n",(long int)ret);
28     }
29     return 0;
30 }
```

编译案例 9-7，执行程序，执行结果如下所示：

```
pthread tfn n=4
pthread tfn n=3
pthread tfn n=2
pthread tfn n=1
pthread tfn n=0
pthread exit with 7
```

结合程序解析结果，对程序进行分析。第 6～14 行代码定义了 tfn()函数。在第 19 行代码中，tfn()函数作为新线程的执行函数被传递给 pthread_create()函数。第 20 行代码调用 pthread_detach()函数将第 19 行代码创建的新线程从当前线程中分离。第 21 行代码调用 prthread_join()函数将新线程挂起，新线程终止后，pthread_join()函数中的参数 ret 将获取线程的终止状态。因为程序中为新线程的执行函数 tfn()设置了返回值"(void *)7"，所以若函数 pthread_join()函数调用成功，pthread_join()函数的参数 ret 将等于 tfn()函数的返回值。

由程序执行结果可以看出，程序执行了第 27 行代码。结合程序分析可知，若 pthread_join()函数调用成功，应打印"(long int)ret"，即长整型数值 7，但执行结果中打印的"(long int)ret"显然不为 7。说明 pthread_join()函数调用失败，由此反证 pthread_detach()函数调用成功,此时新线程已处于分离状态。若新线程有机会执行,在其执行完毕后,会自动释放自身占用的全部资源。

9.3 线程属性

使用 pthread_create()函数创建线程时,可以通过传入参数 attr 来设置线程的属性,该参数是一个 pthread_attr_t 类型的结构体,在调用 pthread_create()之前应先初始化该结构体。pthread_attr_t 结构体的定义如下:

```
typedef struct
{
    int                 etachstate;         //线程的分离状态
    int                 schedpolicy;        //线程调度策略
    struct sched_param  schedparam;         //线程的调度参数
    int                 inheritsched;       //线程的继承性
    int                 scope;              //线程的作用域
    size_t              guardsize;          //线程栈末尾的警戒缓冲区大小
    int                 stackaddr_set;      //线程栈的设置
    void *              stackaddr;          //线程栈的位置
    size_t              stacksize;          //线程栈的大小
} pthread_attr_t;
```

该结构体中成员的值不能直接修改,必须使用函数进行相关操作。初始化线程属性结构体的函数为 pthread_attr_init(),这个函数必须在 pthread_create()之前调用,且线程终止后须通过 pthread_attr_destroy()函数销毁属性资源。

pthread_attr_init()函数与 pthread_attr_destroy()函数都存在于函数库 pthread.h 中,它们的声明分别如下:

```
int pthread_attr_init(pthread_attr_t * attr);
int pthread_attr_destroy(pthread_attr_t * attr);
```

调用 pthread_attr_init()后,线程属性 attr 会被设置为默认值。默认情况下线程处于非绑定、非分离状态,并与父进程共享优先级。若要使用默认状态,将 pthread_create()函数中的参数 attr 设置为 NULL 即可;若要使用自定义属性创建线程,则需要使用 Linux 系统中提供的接口函数去修改程序中 pthread_attr_t 结构体变量各成员的值。这些接口函数都存在于函数库 pthread.h 中,下面将对线程属性结构体中的常用状态及其相关函数分别进行讲解。

1. 线程的分离状态

线程的分离状态决定一个线程终止自身运行的方式,默认情况下线程处于非分离状态,Linux 系统中可以通过 pthread_attr_setdetachstate()函数修改线程属性中的分离状态。此外,Linux 系统还提供了 pthread_attr_getdetachstate()函数用于获取线程的分离状态。这两个函数的声明如下:

```
int pthread_attr_setdetachstate(pthread_attr_t * attr, int detachstate);
int pthread_attr_getdetachstate(pthread_attr_t * attr, int * detachstate);
```

其中参数 attr 表示线程属性，detachstate 表示线程的分离状态属性。调用 set 函数时，若将其参数 detachstate 设置为 PTHREAD_CREATE_DETACHED，线程创建后将以分离状态启动。若函数调用成功则返回 0，否则返回 errno。

2. 线程的调度策略

线程的调度策略决定了系统调用该线程的方法，Linux 系统中的调度策略分为三种：SCHED_OTHER、SCHED_FIFO、SCHED_RR。这三种调度策略的含义分别如下：

- SCHED_OTHER——分时调度策略。
- SCHED_FIFO——实时调度策略，先到先服务。
- SCHED_RR——实时调度策略，按时间片轮询。

以上调度策略中，分时调度策略通过 nice 值和 counter 值决定调度权值，nice 值越小，counter 值越大，被调用的概率越高；实时调度策略通过实时优先级决定调度权值，若线程已准备就绪，除非有优先级相同或更高的线程正在运行，否则该线程很快便会执行。

而实时调度策略 SCHED_FIFO 与 SCHED_RR 的不同在于：调度策略为 SCHED_FIFO 的线程一旦获取 CPU 便会一直运行，除非有优先级更高的任务就绪或主动放弃 CPU；调度策略为 SCHED_RR 的线程则根据时间片轮询，若线程占用 CPU 的时间超过一个时间片，该线程就会失去 CPU 并被置于就绪队列队尾，确保与该线程优先级相同且调度策略为 SCHED_FIFO 或 SCHED_RR 的线程能被公平调度。

Linux 系统中用于设置和获取线程调度策略的函数分别为 pthread_attr_setschedpolicy() 和 pthread_attr_getschedpolicy()，这两个函数的声明分别如下：

```
int pthread_attr_setschedpolicy(pthread_attr_t * attr, int policy);
int pthread_attr_getschedpolicy(pthread_attr_t * attr, int * policy);
```

以上两个函数中的参数 attr 表示线程属性，policy 表示线程的调度策略，policy 的默认值为 SCHED_OTHER，调度策略 SCHED_FIFO 和 SCHED_RR 只对超级用户有效。若函数调用成功则返回 0，否则返回 errno。

3. 线程的调度参数

线程的调度参数是一个 struct sched_param 类型的结构体，该结构体中包含一个成员 sched_priority，该成员是一个整型变量，代表线程的优先级。仅当调度策略为 SCHED_FIFO 或 SCHED_RR 时，成员 sched_priority 才有效。Linux 系统中用于设置和获取调度参数的函数为 pthread_attr_setschedparam()和 pthread_attr_getschedparam()，函数声明分别如下：

```
int pthread_attr_setschedparam(pthread_attr_t * attr,const struct sched_param * param);
int pthread_attr_getschedparam(pthread_attr_t * attr,struct sched_param * param);
```

以上两个函数中的参数 attr 代表线程属性，参数 param 代表线程的调度参数，param 中成员 sched_priority 的默认值为 0。若函数调用成功则返回 0，否则返回 errno。

4. 线程的继承性

线程的继承性决定线程调度策略属性和线程调度参数的来源，其来源有两个：一是从创建该线程的线程属性中继承，二是从线程属性结构体中获取。线程的继承性没有默认值，若要使用该属性，必须对其进行设置。Linux 系统中用来设置和获取线程继承性的函数为 pthread_attr_setinheritsched()和 pthread_attr_getinheritsched()，这两个函数的函数声明分别如下：

```
int pthread_attr_setinheritsched(pthread_attr_t * attr,int inheritsched);
int pthread_attr_getinheritsched(pthread_attr_t * attr,int * inheritsched);
```

其中参数 attr 代表线程属性，参数 inheritsched 代表线程的继承性，该参数的常用取值为 PTHREAD_INHERIT_SCHED 和 PTHREAD_EXPLICIT_SCHED。其中 PTHREAD_INHERIT_SCHED 表示使新线程继承其父线程中的调度策略和调度参数；PTHREAD_EXPLICIT_SCHED 表示使用在 attr 属性中显式设置的调度策略和调度参数。若函数调用成功则返回 0，否则返回 errno。

5. 线程的作用域

线程的作用域控制线程获取资源的范围。Linux 系统中使用 pthread_attr_setscope()函数和 pthread_attr_getscope()函数设置和获取线程的作用域，这两个函数的声明分别如下：

```
int pthread_attr_setscope(pthread_attr_t * attr, int scope);
int pthread_attr_getscope(pthread_attr_t * attr, int * scope);
```

以上两个函数中的参数 attr 代表线程属性；参数 scope 代表线程的作用域，该参数常用的取值为 PTHREAD_SCOPE_PROCESS 和 PTHREAD_SCOPE_SYSTEM，分别表示在进程中竞争资源和在系统层级竞争资源。若函数调用成功则返回 0，否则返回-1。

6. 线程的栈

线程中有属于该线程的栈，用于存储线程的私有数据。用户可以通过 Linux 系统中的系统调用对栈的地址、栈的大小以及栈末尾警戒区的大小等进行设置，其中栈末尾警戒区用于防止栈溢出时栈中数据覆盖附近内存空间中存储的数据。

一般情况下使用默认设置即可，但是当对效率要求较高或者线程调用的函数中局部变量较多、函数调用层次较深时，可以从实际情况出发，修改栈的容量。Linux 系统中用于修改和获取线程栈空间大小的函数为 pthread_attr_setstacksize()和 pthread_attr_getstacksize()，这两个函数的声明分别如下：

```
int pthread_attr_setstacksize(pthread_attr_t * attr, size_t stacksize);
int pthread_attr_getstacksize(pthread_attr_t * attr, size_t * stacksize);
```

以上两个函数中的参数 attr 代表线程属性，参数 stacksize 代表栈空间大小。若函数调用成功则返回 0，否则返回 errno。

Linux 中也提供了用于设置和获取栈地址、栈末尾警戒区大小的函数，它们的函数声明分别如下：

```
int pthread_attr_setstackaddr(pthread_attr_t * attr, void * stackaddr);
int pthread_attr_getstackaddr(pthread_attr_t * attr, void * * stackaddr);
int pthread_attr_setguardsize(pthread_attr_t * attr, size_t guardsize);
int pthread_attr_getguardsize(pthread_attr_t * attr, size_t * guardsize);
```

当改变栈地址属性时，栈警戒区大小通常会被清 0。若函数调用成功则返回 0，否则返回 errno。

此外，Linux 系统中还提供了 pthread_attr_setstack()函数和 pthread_attr_getstack()函数，这两个函数可以在一次调用中设置或获取线程属性中的栈地址与栈容量，它们的函数声明分别如下：

```
int pthread_attr_setstack(pthread_attr_t * attr,void * stackaddr, size_t stacksize);
int pthread_attr_getstack(pthread_attr_t * attr,void * * stackaddr, size_t * stacksize);
```

以上两个函数中的参数 attr、stackaddr、stacksize 分别代表线程属性、栈空间地址、栈空间容量。若函数调用成功则返回 0，否则返回 errno。

以上介绍的几组函数都用于在创建线程前对线程属性进行设置，下面通过一个案例来展示使用线程属性控制线程状态的方法。

案例 9-8：在程序中通过设置线程属性的方式设置线程分离状态和线程内部栈空间容量及栈地址，使程序不断创建线程，耗尽内存空间并打印线程编号。

```
#include <stdio.h>
#include <pthread.h>
#include <string.h>
#include <stdlib.h>
#include <unistd.h>
#define SIZE 0x90000000
void * th_fun(void * arg)
{
    while(1)
        sleep(1);
}
int main()
{
    pthread_t tid;                              //线程 id
    int err, detachstate;
    int i=1;
    pthread_attr_t attr;                        //线程属性
    size_t stacksize;                           //栈容量
    void * stackaddr;                           //栈地址
    pthread_attr_init(&attr);                   //初始化线程属性结构体
    //获取线程栈地址、栈容量
    pthread_attr_getstack(&attr, &stackaddr, &stacksize);
```

```
23      //获取线程分离状态
24      pthread_attr_getdetachstate(&attr, &detachstate);
25      //判断线程分离状态
26      if(detachstate ==PTHREAD_CREATE_DETACHED)
27          printf("thread detached\n");
28      else if(detachstate ==PTHREAD_CREATE_JOINABLE)
29          printf("thread join\n");
30      else
31          printf("thread un known\n");
32      //设置线程分离状态,使线程分离
33      pthread_attr_setdetachstate(&attr, PTHREAD_CREATE_DETACHED);
34      while(1){
35          //在堆上申请内存,指定线程栈的起始地址和大小
36          stackaddr=malloc(SIZE);
37          if(stackaddr ==NULL){
38              perror("malloc");
39              exit(1);
40          }
41          stacksize=SIZE;
42          //设置线程栈地址和栈容量
43          pthread_attr_setstack(&attr, stackaddr, stacksize);
44          //使用自定义属性创建线程
45          err=pthread_create(&tid, &attr, th_fun, NULL);
46          if(err !=0){
47              printf("%s\n", strerror(err));
48              exit(1);
49          }
50          i++;
51          printf("%d\n", i);                    //打印线程编号
52      }
53      pthread_attr_destroy(&attr);              //销毁 attr 资源
54      return 0;
55  }
```

由于系统中栈空间的总容量是有限的,因此系统中可创建的栈的数量与栈的容量成反比。若案例 9-8 中成功设置栈的容量,案例最终输出的栈的编号将会被改变(当然由于系统中不是只有这一个线程,小范围的波动可忽略不计)。

分析案例 9-8,其中第 6 行代码使用宏定义了自定义栈空间的大小;第 14～19 行代码中定义了程序中需要用到的变量;第 20 行代码将线程属性变量 attr 初始化为系统默认值;第 22 行代码通过传参的方式使用 pthread_attr_getstack()函数初始化了变量 stacksize 和 stackaddr;第 24 行代码使用 pthread_attr_getdetachstate()函数获取线程分离状态;第 26～31 行代码对线程属性中的分离状态进行了判断;第 33 行代码将 attr 属性中的成员 etachstate 设置为分离态;第 34～52 行代码在循环中使用自定义的线程属性创建线程,设置线程栈空间地址,不断消耗系统内存空间并打印线程编号;第 53 行代码销毁线程中的 attr 资源。

编译案例 9-8,执行程序,执行结果中最后打印的信息如下:

```
⋮
5456
5457
malloc: Cannot allocate memory
```

修改案例 9-8 中宏 SIZE 的值为 0x10000000，重新编译并执行程序，终端最后打印的信息如下：

```
⋮
7365
7366
Resource temporarily unavailable
```

对比两次执行结果可知，案例 9-8 成功通过设置线程属性修改了线程的状态。

当然用户虽然能修改栈容量，但系统中栈的数量是有限的，因此当栈容量小于某个值时，栈的总数将不会再改变。

9.4 线程同步

线程同步中的“同步”与生活中大家认知的“同步”略有不同，“同”不指同时，其主旨在于协同步调，按预定的先后次序执行线程。

在编程中之所以需要实现线程同步，是因为若不对线程的执行次序加以控制，可能会出现数据混乱。以取款为例进行说明：假设用户 A 在某银行中有 5000 元的存款，某日 A 通过银行卡从 ATM 机中取出 3000 元；与此同时，A 的儿子通过网络支付平台，使用该银行卡支付一笔 2900 元的订单。在这个事例中，银行存款可视为共享资源，ATM 取款和网络支付平台付款可视为两个线程。众所周知，即便不同端的这两个请求同时到达，它们的执行也应有个先后顺序；若允许两件事同时发生，显然会出现错误的结果。

类似于以上事例中所出现的错误被称为“与时间有关的错误”，出现这种错误的原因有三个：

① 多个线程间存在共享资源，这些线程在同一时刻都有对共享资源进行访问的可能。

② 系统中同时存在多个线程，但因为 CPU 对线程的调度是随机的，所以线程的执行顺序无法确定。

③ 线程间缺乏必要的同步机制。

其中第一点由线程的机制决定，第二点则由 CPU 的机制决定，这两点都无法改变。因此若要防止出现混乱，只能从第三点着手，对线程的执行流程加以控制。

分析以上问题可以发现，若要实现线程同步，应满足以下两个条件：

① 在一个线程发起功能调用请求访问共享资源时，若尚未取得结果，则该调用不返回。

② 与此同时，其他线程不能再调用该功能访问共享资源。

同步的目的是避免数据混乱，解决与时间有关的错误。实际上，不仅线程间需要同步，所有“多个控制流共同操作一个共享资源”的情况都需要同步。

Linux 系统中常用于实现线程同步的方式有三种，分别为互斥锁、条件变量与信号量。下面将对这三种方式逐一进行讲解。

9.4.1 互斥锁

使用互斥锁实现线程同步时,系统会为共享资源添加一个称为互斥锁的标记,防止多个线程在同一时刻访问相同的共用资源。互斥锁通常也被称为互斥量(mutex),它相当于一把锁,使用互斥锁可以保证以下 3 点。

① 原子性:如果在一个线程中设置了一个互斥锁,那么在加锁与解锁之间的操作会被锁定为一个原子操作;这些操作要么全部完成,要么一个也不执行。

② 唯一性:如果为一个线程锁定了一个互斥锁,在解除锁定之前,没有其他线程可以锁定这个互斥量。

③ 非繁忙等待:如果一个线程已经锁定了一个互斥锁,此后第二个线程试图锁定该互斥锁,则第二个线程会被挂起;直到第一个线程解除对互斥锁的锁定时,第二个线程才会被唤醒,同时锁定这个互斥锁。

使用互斥锁实现线程同步时主要包含四步:初始化互斥锁、加锁、解锁、销毁锁。Linux 系统中提供了一组与互斥锁相关的系统调用,分别为:pthread_mutex_init()、pthread_mutex_lock()、pthread_mutex_unlock()和 pthread_mutex_destroy()。这 4 个系统调用存在于函数库 pthread.h 中,下面分别对这 4 个接口进行讲解。

(1) pthread_mutex_init()

pthread_mutex_init()函数的功能为初始化互斥锁,该函数的声明如下:

```
int pthread_mutex_init(pthread_mutex_t * restrict mutex,
                       const pthread_mutexattr_t * restrict attr);
```

pthread_mutex_init()函数中的参数 mutex 为一个 pthread_mutex_t * 类型的传入传出参数,关于该参数有以下几个要点:

- pthread_mutex_t 类型的本质是结构体,为简化理解,读者可将其视为整型。
- pthread_mutex_t 类型的变量 mutex 只有两种取值:0 和 1。加锁操作可视为 mutex-1;解锁操作可视为 mutex+1。
- 参数 mutex 之前的 restrict 是一个关键字。该关键字用于限制指针,其功能为告诉编译器,所有修改内存中该指针所指向内容的操作只能通过本指针完成。

函数中的第二个参数 attr 同样是一个传入传出参数,代表互斥量的属性,通常传递 NULL,表示使用默认属性。

若函数 pthread_mutex_init()调用成功则返回 0,否则返回 errno。errno 的常见取值为 EAGAIN 和 EDEADLK,其中 EAGAIN 表示超出互斥锁递归锁定的最大次数,因此无法获取该互斥锁;EDEADLK 表示当前线程已有互斥锁,二次加锁失败。

通过 pthread_mutex_init()函数初始化互斥量又称为动态初始化,一般用于初始化局部变量,示例如下:

```
pthread_mutex_init(&mutex, NULL);
```

此外互斥锁也可以直接使用宏进行初始化,示例如下:

```
pthread_mutex_t muetx=PTHREAD_MUTEX_INITIALIZER;
```

此条语句与以上动态初始化示例语句功能相同。

(2) pthread_mutex_lock()

当在线程中调用 pthread_mutex_lock()函数时，该线程将会锁定指定互斥量。pthread_mutex_lock()函数的声明如下：

```
int pthread_mutex_lock(pthread_mutex_t *mutex);
```

该函数中只有一个参数 mutex，表示待锁定的互斥量。程序中调用该函数后，直至调用 pthread_mutex_unlock()函数之前，此间的代码均被上锁，即在同一时刻只能被一个线程执行。若函数 pthread_mutex_lock()调用成功则返回 0，否则返回 errno。

若需要使用的互斥锁正在被使用，调用 pthread_mutex_lock()函数的线程会进入阻塞。但有些情况下，我们希望线程可以先去执行其他功能，此时需要使用非阻塞的互斥锁。Linux 系统中提供了 pthread_mutex_trylock()函数，该函数的功能为尝试加锁；若锁正在被使用，则不阻塞等待，而是直接返回并返回错误号。pthread_mutex_trylock()函数的声明如下：

```
int pthread_mutex_trylock(pthread_mutex_t *mutex);
```

该函数中的参数 mutex 同样表示待锁定的互斥量；若函数调用成功则返回 0，否则返回 errno。其中常见的 errno 有两个，分别为 EBUSY 和 EAGAIN，它们代表的含义如下。

- EBUSY：参数 mutex 指向的互斥锁已锁定。
- EAGAIN：超过互斥锁递归锁定的最大次数。

(3) pthread_mutex_unlock()

当在线程中调用 pthread_mutex_unlock()函数时，该线程将会为指定互斥量解锁。pthread_mutex_unlock()函数的声明如下：

```
int pthread_mutex_unlock(pthread_mutex_t *mutex);
```

函数中的参数 mutex 表示待解锁的互斥量。若函数 pthread_mutex_unlock()调用成功则返回 0，否则返回 errno。

(4) pthread_mutex_destroy()

互斥锁也是系统中的一种资源，因此使用完毕后应将其释放。当在线程中调用 pthread_mutex_destroy()函数时，该线程将会为指定互斥量解锁。pthread_mutex_destroy()函数的声明如下：

```
int pthread_mutex_destroy(pthread_mutex_t *mutex);
```

函数中的参数 mutex 表示待销毁的互斥量。若函数 pthread_mutex_lock()调用成功则返回 0，否则返回 errno。

下面通过一个案例来展示互斥锁在程序中的用法及功能。

案例 9-9：在原线程和新线程中分别进行打印操作，使原线程分别打印 HELLO、WORLD，新线程分别打印 hello、world。

为使读者能更为直观地理解互斥锁的功能，本案例中将在 pthread_share.c 文件中实现未添加 mutex 的程序，在 pthread_mutex.c 中实现添加互斥锁的程序。pthread_shore.c 文件中的代码如下：

- pthread_share.c——未添加 mutex

```
#include <stdio.h>
#include <pthread.h>
#include <unistd.h>
void * tfn(void * arg)
{
    srand(time(NULL));
    while(1){
        printf("hello ");
        //模拟长时间操作共享资源，导致 CPU 易主，产生与时间有关的错误
        sleep(rand()%3);
        printf("world\n");
        sleep(rand()%3);
    }
    return NULL;
}
int main(void)
{
    pthread_t tid;
    srand(time(NULL));
    pthread_create(&tid, NULL, tfn, NULL);
    while(1){
        printf("HELLO ");
        sleep(rand()%3);
        printf("WORLD\n");
        sleep(rand()%3);
    }
    pthread_join(tid, NULL);
    return 0;
}
```

此段程序为未添加互斥量的程序编译 pthread_share.c 文件，执行程序，执行结果如下：

```
HELLO hello WORLD
HELLO world
hello world
hello WORLD
world
```

观察以上执行结果可知，原线程与新线程中的字符串未能成对打印。

在以上程序中添加互斥量，进行线程同步，将修改后的程序保存在 pthread_mutex.c 文件中，具体代码如下：

- pthread_mutex.c——添加 mutex

```
#include <stdio.h>
#include <string.h>
#include <pthread.h>
```

```
#include <stdlib.h>
#include <unistd.h>
pthread_mutex_t m;                                  //定义互斥锁
void err_thread(int ret, char * str)
{
    if(ret !=0){
        fprintf(stderr, "%s:%s\n", str, strerror(ret));
        pthread_exit(NULL);
    }
}
void * tfn(void * arg)
{
    srand(time(NULL));
    while(1){
        pthread_mutex_lock(&m);                     //加锁:m--
        printf("hello ");
        //模拟长时间操作共享资源,导致 CPU 易主,产生与时间有关的错误
        sleep(rand()%3);
        printf("world\n");
        pthread_mutex_unlock(&m);                   //解锁:m++
        sleep(rand()%3);
    }
    return NULL;
}
int main(void)
{
    pthread_t tid;
    srand(time(NULL));
    int flag =5;
    pthread_mutex_init(&m, NULL);                   //初始化 mutex:m=1
    int ret=pthread_create(&tid, NULL, tfn, NULL);
    err_thread(ret, "pthread_create error");
        while(flag--){
        pthread_mutex_lock(&m);                     //加锁:m--
        printf("HELLO ");
        sleep(rand()%3);
        printf("WORLD\n");
        pthread_mutex_unlock(&m);                   //解锁:m++
        sleep(rand()%3);
    }
    pthread_cancel(tid);
    pthread_join(tid, NULL);
    pthread_mutex_destroy(&m);
    return 0;
}
```

在 pthread_mutex.c 中,终端即为共享资源,原线程和新线程在临界区代码中都需要向终端打印数据。为了使两个线程输出的字符串能够匹配,互斥锁将程序中两次访问终端的一段代码绑定为原子操作,因此在获取互斥锁的线程完成两次打印操作前,其他线程无法获取终端。编译 pthread_mutex.c,执行程序,执行结果如下:

```
HELLO WORLD
HELLO WORLD
hello world
HELLO WORLD
HELLO WORLD
```

观察执行结果可知，原线程与新线程中的字符串成对输出，线程加锁成功。

9.4.2　条件变量

使用条件变量控制线程同步时，线程访问共享资源的前提是程序中设置的条件变量得到满足。条件变量不会对共享资源加锁，但也会使线程阻塞。若条件变量规定的条件不满足，线程就会进入阻塞状态直到条件满足。

条件变量往往与互斥锁搭配使用，在线程需要访问共享资源时，会先绑定一个互斥锁，然后检测条件变量。若条件变量满足，线程就继续执行并在资源访问完成后解开互斥锁；若条件变量不满足，线程将解开互斥锁，进入阻塞状态，等待条件变量状况发生改变。一般条件变量的状态由其他非阻塞态的线程改变，条件变量满足后处于阻塞状态的线程将被唤醒，这些线程再次争夺互斥锁，对条件变量状况进行测试。

综上所述，条件变量的使用分为以下 4 个步骤：

① 初始化条件变量。

② 等待条件变量满足。

③ 唤醒阻塞线程。

④ 释放条件变量。

针对以上步骤，Linux 系统中提供了一组与条件变量相关的系统调用，此组系统调用都存在于函数库 pthread.h 中，下面将对这些系统调用进行讲解。

(1) 初始化条件变量

Linux 系统中用于初始化条件变量的函数为 pthread_cond_init()，其声明如下：

```
int pthread_cond_init(pthread_cond_t * restrict cond,
                    const pthread_condattr_t * restrict attr);
```

函数 pthread_cond_init()中的参数 cond 代表条件变量，本质是一个指向 pthread_cond_t 类型的结构体指针，pthread_cond_t 是 Linux 系统中定义的条件变量类型。参数 attr 代表条件变量的属性，通常设置为 NULL，表示使用默认属性初始化条件变量，其默认值为 PTHREAD_PROCESS_PRIVATE，表示当前进程中的线程共用此条件变量；也可将 attr 设置为 PTHREAD_PROCESS_SHARED，表示多个进程间的线程共用条件变量。

若函数 pthread 调用成功则返回 0，否则返回-1 并设置 errno。

除使用函数 pthread_cond_init()动态初始化条件变量外，也可以使用如下语句以静态方法初始化条件变量：

```
pthread_cond_t cond=PTHREAD_COND_INITIALIZER;
```

静态初始化条件变量的方式与将 attr 参数初始化为 NULL 的 pthread_cond_init()函

数等效,但是不进行错误检查。

(2) 阻塞等待条件变量

Linux 系统中一般通过 pthread_cond_wait()函数使线程进入阻塞状态,等待一个条件变量,其声明如下:

```
int pthread_cond_wait(pthread_cond_t * restrict cond,pthread_mutex_t * restrict mutex);
```

函数 pthread_cond_wait()中的参数 cond 代表条件变量;参数 mutex 代表与当前线程绑定的互斥锁。若该函数调用成功则返回 0,否则返回-1 并设置 errno。

pthread_cond_wait()类似于互斥锁中的函数 pthread_mutex_lock(),但其功能更为丰富,它的工作机制如下:

① 阻塞等待条件变量 cond 满足。

② 解除已绑定的互斥锁(类似于 pthread_mutex_unlock())。

③ 当线程被唤醒时,pthread_cond_wait()函数返回,该函数同时会解除线程阻塞并使线程重新申请绑定互斥锁。

以上工作机制中的前两条为一个原子操作;需要注意到最后一条,最后一条机制表明:当线程被唤醒后,仍需要重新绑定互斥锁。这是因为,“线程被唤醒”及“绑定互斥锁”并不是一个原子操作,条件变量满足后也许会有多个处于运行态的线程出现并竞争互斥锁。极有可能在线程 B 绑定互斥锁之前,线程 A 已经执行了以下操作:获取互斥锁→修改条件变量→解除互斥锁,此时线程 B 即便获取到互斥锁,条件变量仍不满足,而应继续阻塞等待。综上所述,再次检测条件变量的状况是极有必要的。

如图 9-3 展示了条件变量机制控制程序逻辑流程的示意图。

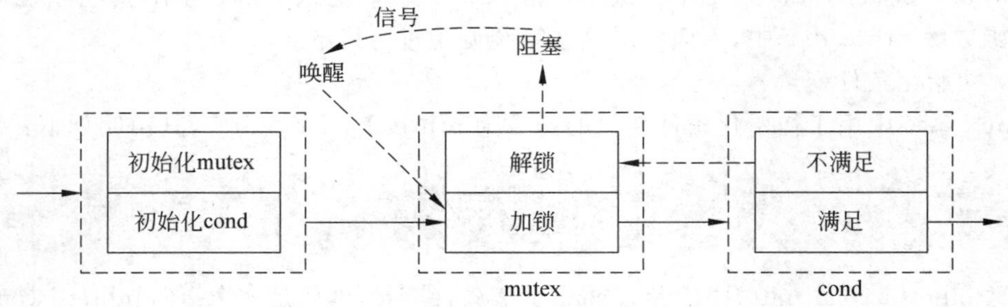

图 9-3 条件变量控制流程示意图

除 pthread_cond_wait()外,pthread_cond_timedwait()也能使线程阻塞等待条件变量;不同的是,该函数可以指定线程的阻塞时长,若等待超时,该函数便会返回。函数 pthread_cond_timedwait()存在于函数库 pthread.h 中,其声明如下:

```
int pthread_cond_timedwait(pthread_cond_t * restrict cond,
                pthread_mutex_t * restrict mutex,const struct timespec * restrict abstime);
```

函数 pthread_cond_timedwait()中的参数 cond 代表条件变量;参数 mutex 代表互斥锁,参数 abstime 代表绝对时间,用于设置等待时长,该参数是一个传入参数,本质是一个 struct timespec 类型的结构体指针,该结构体的定义如下:

```
struct timespec {
    time_t tv_sec;                              //秒
    long   tv_nsec;                             //纳秒
}
```

（3）唤醒条件变量

pthread_cond_signal()函数会在条件变量满足之后，以信号的形式唤醒阻塞在该条件变量上的一个线程。处于阻塞状态中的线程的唤醒顺序由调度策略决定。pthread_cond_signal()函数存在于函数库 pthread.h 中，其声明如下：

```
int pthread_cond_signal(pthread_cond_t * cond);
```

函数 pthread_cond_signal()中的参数 cond 代表条件变量，若该函数调用成功则返回 0，否则返回-1 并设置 errno。

pthread_cond_broadcast()函数同样唤醒阻塞在指定条件变量上的线程，不同的是，该函数会以广播的形式唤醒阻塞在该条件变量上的所有线程。pthread_cond_broadcast()函数存在于函数库 pthread.h 中，其声明如下：

```
int pthread_cond_broadcast(pthread_cond_t * cond);
```

函数 pthread_cond_broadcast()中的参数 cond 代表条件变量，若该函数调用成功则返回 0，否则返回-1 并设置 errno。

（4）销毁条件变量

pthread_cond_destroy()函数用于销毁条件变量，该函数的声明如下：

```
int pthread_cond_destroy(pthread_cond_t * cond);
```

需要注意的是，只有当没有线程在等待参数 cond 指定的条件变量时，才可以销毁条件变量，否则该函数会返回 EBUSY。

下面通过一个案例来展示使用条件变量实现线程同步的方法。

案例 9-10：生产者-消费者模型是线程同步中的一个经典案例。假设有两个线程，这两个线程同时操作一个共享资源（一般称为“汇聚”）。其中一个模拟生产者行为，生产共享资源，当容器存满时，生产者无法向其中放入产品；另一个线程模拟消费者行为，消费共享资源，当产品数量为 0 时，消费者无法获取产品，应阻塞等待。显然，为防止数据混乱，每次只能由生产者或消费者中的一个操作共享资源。本案例要求使用程序实现简单的生产者-消费者模型（可假设容器无限大）。

案例实现如下：

```
#include <stdio.h>
#include <stdlib.h>
#include <unistd.h>
#include <pthread.h>
struct msg {
    struct msg * next;
```

```
    int num;
};
struct msg * head;
pthread_cond_t has_product=PTHREAD_COND_INITIALIZER;//初始化条件变量
pthread_mutex_t lock=PTHREAD_MUTEX_INITIALIZER;     //初始化互斥锁
//消费者
void * consumer(void * p)
{
    struct msg * mp;
    for(;;){
        pthread_mutex_lock(&lock);                   //加锁
        //若头结点为空,表明产品数量为 0,消费者无法消费产品
        while(head==NULL){
            pthread_cond_wait(&has_product, &lock);  //阻塞等待并解锁
        }
        mp=head;
        head=mp->next;                               //模拟消费一个产品
        pthread_mutex_unlock(&lock);
        printf("-Consume ---%d\n", mp->num);
        free(mp);
        sleep(rand()%5);
    }
}
//生产者
void * producer(void * p)
{
    struct msg * mp;
    while(1){
        mp=malloc(sizeof(struct msg));
        mp->num=rand()%1000+1;                       //模拟生产一个产品
        printf("-Produce ---%d\n", mp->num);
        pthread_mutex_lock(&lock);                   //加锁
        mp->next=head;                               //插入结点(添加产品)
        head=mp;
        pthread_mutex_unlock(&lock);                 //解锁
        pthread_cond_signal(&has_product);           //唤醒等待在该条件变量上的一个线程
        sleep(rand()%5);
    }
}
int main(int argc, char * argv[])
{
    pthread_t pid, cid;
    srand(time(NULL));
    //创建生产者、消费者线程
    pthread_create(&pid, NULL, producer, NULL);
    pthread_create(&cid, NULL, consumer, NULL);
    //回收线程
    pthread_join(pid, NULL);
    pthread_join(cid, NULL);
    return 0;
}
```

案例 9-10 中的第 5～8 行代码定义了一个链表结点，用于存储生产者线程创建的资源；第 9 行代码定义了链表的头结点，该链表是一个全局变量，因此是所有线程都可访问的公有资源；第 10、11 两行分别定义并初始化了互斥锁与条件变量；第 13～29 行代码中的函数 consumer()用于模拟消费者的行为；第 31～45 行代码中的函数 producer()用于模拟生产者的行为；第 46～57 行代码为主程序，主要用于创建生产者、消费者线程，以及执行线程的回收工作。

由于本案例中未对容器容量进行限制，因此生产者只要能获取互斥锁，便能成功生产产品；但对消费者来说，总需要先有产品才能消费，因此无论案例执行多少次，第一行打印的总是生产者信息。编译案例 9-10，执行程序，执行结果如下：

```
-Produce ---950
-Consume ---950
-Produce ---741
-Produce ---16
-Produce ---136
-Produce ---196
-Consume ---196
-Produce ---697
-Consume ---697
-Consume ---136
…
```

观察程序执行结果可知案例 9-10 实现成功。

在生产者-消费者模型中，生产者、消费者线程除受互斥锁限制而不能同时操作共享资源外，还受到条件变量的限制：对生产者线程而言，若共享资源区已满，生产者便无法向其中放入数据；对消费者线程而言，若共享资源区为空，消费者便无法从其中获取数据。

若在实现生产者-消费者模型时，创建了多个消费者线程且程序中只使用互斥锁限制线程，那么不但生产者与消费者之间会竞争互斥锁，不同的消费者同样会竞争互斥锁；而添加条件变量后，只有在满足读取条件时，消费者之间才会产生竞争关系。由此可知，相比互斥锁，条件变量有效减少了线程间的竞争。读者可自行修改案例 9-10 代码，观察程序执行结果，对此进行验证。

9.4.3　信号量

互斥锁初值为 1，只能有两个值，加锁则为-1，解锁则为 1。互斥锁唯一且非空闲等待的特性使得线程由并行执行变为了串行执行，削弱了线程的并发性。假设多个线程需要共享的资源不唯一，例如打印店中的多台计算机连接了多台打印机，每台计算机能通过任意一台打印机打印文件，那么在进行打印任务时，“共享资源”(即打印机)显然有多个。若此时仍要使用互斥锁来锁定共享资源，则需要创建多个互斥锁，且需要使每个线程尝试申请互斥锁，这显然比较麻烦。

多线程编程中使用信号量机制解决这一问题。线程中的信号量是互斥锁的升级，其初值不再设置为 1，而是设置为 N。多线程中使用到的信号量与进程通信中讲解的信号量在本质上没有区别。使用信号量实现线程同步时，线程在访问共享资源时会根据操作类型执行 P/V 操作：若有线程申请访问共享资源，系统会执行 P 操作使共享资源计数减 1；若有线程释放共享资源，系统会执行 V 操作使共享资源计数加 1。

相对互斥锁而言，信号量既能保证同步，防止数据混乱，又能避免影响线程并发性。

信号量的使用也分为 4 个步骤：

① 初始化信号量。

② 阻塞等待信号量。

③ 唤醒阻塞线程。

④ 释放信号量。

针对以上步骤，Linux 系统中提供了一组与线程同步机制中信号量操作相关的函数，这些函数都存在于函数库 semaphore.h 中。下面将对这些函数接口逐一进行讲解。

(1) sem_init()

sem_init()函数的声明如下：

```
int sem_init(sem_t * sem, int pshared, unsigned int value);
```

其中参数 sem 为指向信号量变量的指针。参数 pshared 用于控制信号量的作用范围，其取值通常为 0 与非 0：当 pshared 被设置为 0 时，信号量将会被放在进程中所有线程可见的地址内，由进程中的线程共享；当 pshared 被设置为非 0 值时，信号量将会被放置在共享内存区域，由所有进程共享。参数 value 用于设置信号量 sem 的初值。

若函数 sem_init()执行成功则返回 0，否则返回-1 并设置 errno。

(2) sem_wait()

sem_wait()函数的声明如下：

```
int sem_wait(sem_t * sem);
```

其中参数 sem 为指向信号量变量的指针。sem_wait()函数对应 P 操作，若调用成功，则会使信号量 sem 的值减 1 并返回 0；若调用失败，则返回-1 并设置 errno。

sem_wait()与互斥锁中的系统调用 pthread_mutex_lock()类似，当 sem 为 0(即共享资源耗尽)时，若再有线程调用该函数申请资源，则该线程会进入阻塞，直至有其他线程释放资源为止。若不希望线程在申请资源时因资源不足进入阻塞状态，可以使用 sem_trywait()函数尝试去为线程申请资源，该函数与互斥锁中的 pthread_mutex_trylock()类似，若资源申请不成功会立即返回。

(3) sem_post()

sem_post()函数的声明如下：

```
int sem_post(sem_t * sem);
```

其中参数 sem 为指向信号量变量的指针。sem_init()函数对应 V 操作，若调用成功，则会使信号量 sem 的值加 1 并返回 0；若调用失败，则返回-1 并设置 errno。

(4) sem_destroy()

与互斥锁类似，信号量也是一种系统资源，使用完毕之后应主动回收。Linux 系统中用于回收信号量的函数为 sem_destroy()，其声明如下：

```
int sem_destroy(sem_t * sem);
```

sem_destroy()中的参数 sem 为指向信号量变量的指针。若函数调用成功,则会使信号量 sem 的值加 1 并返回 0;若调用失败,则返回-1 并设置 errno。

除以上几个函数外,线程中另有一个常用的系统调用,即 sem_getvalue()。sem_getvalue()的功能为获取系统中当前信号量的值,其函数声明如下：

```
int sem_getvalue(sem_t * sem, int * sval);
```

其中参数 sem 为指向信号量变量的指针;参数 sval 为一个传入指针,用于获取信号量的值。在程序中调用该函数后,信号量 sem 的值会被存储在参数 sval 中。

当信号量的初值被设置为 1 时,信号量与互斥锁的功能相同,因此互斥锁也是信号量的一种。下面通过一个案例来展示使用信号量控制线程同步的方式。

案例 9-11：本案例也来实现一个生产者-消费者模型,但对生产者进行限制：若容器已满,生产者不能生产,需要等待消费者消费。案例实现如下：

```
#include <stdlib.h>
#include <unistd.h>
#include <pthread.h>
#include <stdio.h>
#include <semaphore.h>
#define NUM 5
int queue[NUM];                                  //全局数组实现环形队列
sem_t blank_number, product_number;              //空格子信号量,产品信号量
void * producer(void * arg)
{
    int i=0;
    while(1){
        sem_wait(&blank_number);                 //生产者将空格子数减 1,若为 0 则阻塞等待
        queue[i]=rand()%1000+1;                  //生产一个产品
        printf("----Produce---%d\n", queue[i]);
        sem_post(&product_number);               //将产品数加 1
        i=(i+1)%NUM;                             //借助下标实现环形
        sleep(rand()%1);
    }
}
void * consumer(void * arg)
{
    int i=0;
    while(1){
        sem_wait(&product_number);               //消费者将产品数减 1,为 0 则阻塞等待
        printf("-Consume---%d      %lu\n", queue[i], pthread_self());
        queue[i]=0;                              //消费一个产品
        sem_post(&blank_number);                 //消费掉以后,将空格子数加 1
        i=(i+1)%NUM;
        sleep(rand()%1);
    }
}
```

```
int main(int argc, char * argv[])
{
    pthread_t pid, cid;
    sem_init(&blank_number, 0, NUM);          //初始化空格子信号量为 5
    sem_init(&product_number, 0, 0);          //初始化产品数信号量为 0
    pthread_create(&pid, NULL, producer, NULL);
    pthread_create(&cid, NULL, consumer, NULL);
    pthread_create(&cid, NULL, consumer, NULL);
    pthread_join(pid, NULL);
    pthread_join(cid, NULL);
    sem_destroy(&blank_number);
    sem_destroy(&product_number);
    return 0;
}
```

以上程序中定义了空格子信号量和产品数信号量，并使用这两个信号量来控制生产者和消费者的执行：若程序中的队列存满，空格子信号量值为 0，此时生产者线程停止生产数据并向消费者线程发送信号，提醒消费者线程读取数据；若程序中队列为空，产品数信号量为 0，此时消费者无法获取数据，便会向生产者线程发送信号，提醒生产者线程生产数据。

编译案例 9-11，执行程序，执行结果如下：

```
----Produce---510
----Produce---361
----Produce---175
----Produce---454
----Produce---764
-Consume---175      139641890612992
-Consume---454      139641890612992
-Consume---764      139641890612992
-Consume---764      139641880123136
-Consume---510      139641890612992
```

由程序执行结果可知，案例实现成功。

9.5 本章小结

本章主要讲解了 Linux 系统中与线程相关的知识，包括线程概述、线程相关操作、线程属性及线程同步，其中线程操作包括创建线程、退出线程、终止线程、回收线程等；线程同步包括互斥锁、条件变量、信号量三种方式。线程是 Linux 编程基础中非常重要的一项内容，掌握线程的概念与相关操作是学习 Linux 系统中线程的基础。

9.6 本章习题

一、填空题

1. 一个线程的实体包括________、________、TCB 以及少量必不可少的用于保证线程运行________的资源。当然，线程中也包含一部分私有数据，如程序计数器、________及________等。

2. pthread 库不是 Linux 系统默认的库，因此在使用 pthread_create()函数创建线程时应链接静态库 libpthread.a。若当前有一个包含了 pthread 库且文件名为 pthread_cre.c 的库，使用 GCC 将其编译并将可执行文件命名为 pthread_cre 的命令为____________。

3. 线程中用于退出单个线程的函数为________。

4. Linux 系统中用于实现线程的方法有三种，分别为________、________和________。

5. 使用互斥锁实现线程同步时，可以保证线程的原子性、________和________。

二、判断题

1. 线程是最小的资源分配单位。（　　）

2. 多个线程的虚拟地址会被映射到物理磁盘的同一段地址空间。（　　）

3. 父子进程中的全局变量是不共享的，但父子线程中的全局变量是共享的。（　　）

4. 在线程中可以通过 pthread_exit()、exit()函数以及 return 关键字退出线程，但这三种方式对其他线程的影响不同。若存在于同一进程空间中的某个线程调用了 exit()函数，那这个进程空间中的所有线程都会退出。（　　）

5. 若不要求线程的执行顺序且新线程已被设置为分离态，则同一进程空间中的主线程可以不等待其他线程，在任务完成后直接 return 退出。（　　）

三、单选题

1. 下面关于线程操作的叙述中，正确的是（　　）。

   A. pthread_join()函数用于将一个线程添加到指定线程组中，线程组通过主线程的线程 id 确定

   B. pthread_deatch()函数用于将线程从主控线程中分离，处于分离态的线程可自主回收线程资源

   C. pthread_exit()函数用于退出线程，该函数的功能与进程中 exit()函数的功能相同

   D. 在线程中调用 pthread_cancel()函数终止线程，线程会立刻被杀死

2. 下列哪个选项不是多线程中出现“与时间有关的错误”的原因？（　　）

   A. 线程的调度顺序是随机的

   B. 多个线程共享同一个进程地址空间

   C. 线程处于分离状态

   D. 线程间缺乏必要的同步机制

3. 下列哪个选项不是使用互斥锁的代码段具有的特性？（　　）

   A. 非繁忙等待　　B. 原子性

   C. 唯一性　　D. 条件满足方可生效

4. 下列哪个选项不是使用条件变量的必备步骤？（　　）

   A. 等待条件变量满足　　B. 唤醒阻塞进程

   C. 对要操作的资源进行加锁　　D. 释放条件变量

5. 在调用 pthread_cancel()函数后线程并不会立刻终止,只有当取消点出现时,线程的终止请求才会被处理。选出下列 4 个选项中不会产生取消点的选项。(　　)

A. fread()　　B. write()

C. pause()　　D. pthread_testcancel()

四、简答题

1. 简述线程和进程的区别与联系。

2. 在使用条件变量与互斥锁控制进程同步时,初始化 mutex 和 cond 后要先对共享资源进行加锁,之后对条件变量进行判断。若条件变量不满足,则需要解锁并阻塞等待信号唤醒线程。之后若线程被唤醒,则需要再次加锁,判断条件变量状态。问:为什么在线程因条件变量满足被唤醒后,要重新加锁并再次判断条件变量的状态?

五、编程题

创建两个线程,实现两个线程轮流数数的功能。

第10章 socket编程

学习目标

- 熟悉计算机网络体系结构
- 掌握 socket 通信流程
- 了解网络编程相关知识
- 熟练使用 socket 编程接口实现网络通信
- 熟悉 socket 本地通信

当今社会是信息化社会，信息的传播离不开网络。随着计算机与因特网的发展和普及，网络已渗入到社会生活的各行各业，大到操作系统，小到手机应用，都与网络息息相关。Linux 系统也与网络密不可分，无论是服务器开发，还是嵌入式应用等领域，都需要通过网络进行数据传递。Linux 网络编程一般通过 socket(套接字)接口实现，本章将以 socket 编程为主，结合计算机网络基础知识，讲解 Linux 系统中实现网络编程的方法。

10.1 计算机网络概述

自 20 世纪 90 年代起，计算机网络得到飞速发展，成为继电信网络、有线电视网络之后的世界级大型网络；到如今，人类的生活、工作、学习、娱乐与交流等都已离不开计算机网络。计算机网络中最为知名的是起源于美国的因特网，因特网俨然已成为当今世界上最大的国际性计算机网络。

计算机网络是网络的一种，网络由若干个结点和连接这些结点的链路组成，网络中的结点可以是计算机、交换机或路由器等。可以笼统地认为以计算机为结点的网络便是计算机网络，但计算机网络并非单纯地实现计算机的物理连接，还需在计算机上安装必需的软件，才能使计算机之间通过网络进行通信。实际上，"计算机之间通过网络进行通信"并不准确；确切地说，通过网络进行通信的不是具体的计算机，而是存在于计算机中的进程。

为了保证通信能顺利进行且进行交互的进程能获取准确、有效的数据信息，进行通信的双方必须遵循一系列事先约定好的规则，这些规则即是网络协议。

10.1.1 协议与体系结构

网络间的通信需要经历复杂的过程，一段复杂过程中的各项操作可能会出现各种各样的结果，为复杂的过程制定的协议也会非常复杂。因此，人们考虑按照复杂过程中各项工作的性质，将需要实现的工作进行分层并为每一层中的操作制定协议。对网络间的通信过程所划分的层次通常被称为计算机网络的体系结构。

较为常见的体系结构为 OSI（Open System Interconnect，开放式系统互联）和 TCP/IP（Transmission Control Protocol/Internet Protocol，传输控制协议/互联网协议）。

OSI 由国际标准化组织（ISO）制定，共分为七层，由上而下依次为应用层、表示层、会话层、传输层、网络层、数据链路层和物理层。虽然 OSI 由 ISO 制定，但其实用性较差，并未得到广泛应用。

在 OSI 诞生时，因特网已实现了全世界的基本覆盖，因此市面上应用最广泛的体系结构为因特网中使用的 TCP/IP 体系结构；该结构包含四层，分别为应用层、传输层、网际层和网络接口层。

计算机网络中通常采用一种包含五层协议的体系结构来讲解各层之间的功能与联系，该体系结构结合了 OSI 和 TCP/IP 的优点，分为应用层、传输层、网络层、数据链路层和物理层。

以上三种体系结构中各层的对应关系如图 10-1 所示。

OSI	TCP/IP	五层协议
7 应用层	应用层	5 应用层
6 表示层		
5 会话层		
4 传输层	传输层	4 传输层
3 网络层	网际层	3 网络层
2 数据链路层	网络接口层	2 数据链路层
1 物理层		1 物理层

图 10-1 计算机网络体系结构

五层协议体系结构中各层的功能分别如下：

1. 应用层

应用层为应用进程提供服务，定义了应用进程间通信和交互的规则。不同的网络应用会采用不同的应用层协议，最常见的有支持万维网应用的 HTTP 协议、支持电子邮件的 SMTP 协议等。

2. 传输层

传输层为应用进程提供连接服务，实现连接两端进程的会话。该层定义了两个端到端的协议：TCP 协议和 UDP 协议；这两个协议都使用端口号区分同一台计算机中的不同进程，使用端点为不同计算机中的进程建立连接。端口号在一台计算机中唯一，它是一个 16 位整数；端点由主机地址和端口组成，端点能唯一确定计算机网络中某一台计算机上的某个进程。

(1) TCP 协议

TCP 协议即传输控制协议（Transmission Control Protocol），使用该协议的传输层会接收由应用层传输来的、使用8 位字节表示的数据流。然后根据协议规则，将数据流分为多个报文段并为每个报文段添加本层的控制信息，生成传递给网络层的数据单元。

TCP 协议是一种面向连接的、可靠的、基于字节流的传输协议。在传递数据之前，收发双方会先通过一种被称为“三次握手”的协商机制使通信双方建立连接，为数据传输做好准备。为了防止报文段丢失，TCP 会给每个数据段一个序号，接收端应按序号顺序接收数据。若接收端正常接收到报文段，便会向发送端发送一个确认信息；若发送端在一定的时延后未接收到确认信息，便假设报文段已丢失并重新向接收端发送对应报文段。此外，TCP 协议中还定义了一个校验和函数，用于检测发送和接收的数据，防止产生数据错误。

通信结束后，通信双方经过“四次挥手”关闭连接。由于 TCP 连接是全双工的，因此每个方向必须单独关闭连接，即连接的一端需要先发送关闭信息到另一端；当关闭信息发送后，发送关闭信息的一端不会再发送信息，但另一端仍可向该端发送信息。

(2) UDP 协议

UDP 协议即用户数据报协议(User Datagram Protocol)。使用 UDP 协议的传输层中传输的数据是按 UDP 协议封装成的数据报，每个数据报的前 8 个字节用来存储报头信息，其余字节用来存储需要传输的数据。

UDP 是一种无连接的传输层协议。因为 UDP 的收发双方并不存在连接关系，按照 UDP 协议传输数据时，发送方使用套接字文件发送数据报给接收方，之后可立即使用同一个套接字发送其他数据报给另一个接收方；同样地，接收方也可以通过相同的套接字接收由多个发送方发来的数据。

UDP 不对数据报进行编号，它不保证接收方以正确的顺序接收到完整的数据，但 UDP 会将数据报的长度随数据发送给接收方。虽然 UDP 面向无连接的通信，不能像 TCP 一样很好地保证数据的完整性和正确性，但它处理速度快，耗费资源少，因此在对数据完整性要求低、对传输效率要求高的应用中一般使用 UDP 协议传输数据。

3. 网络层

网络层为分组交换网上的不同主机提供通信服务。在进行通信时，将从传输层获取的报文段或数据报封装成分组或包，通常将分组或包称为数据报。又因网络层的常用协议为 IP 协议，因此 TCP/IP 体系结构中通常将网络层中的数据报称为 IP 数据报。网络层是计算机网络体系结构的核心。

IP 协议的两个基本功能为寻址和分段。传输层的数据封装完成后并没有直接发送到接收方，而是先递达网络层。之后网络层再在原数据报前添加 IP 首部，封装成 IP 数据报并解析数据报中的目的地址，为其选择传输路径，将数据报发送到接收方。IP 协议中这种选择道路的功能也被称为路由功能。此外，IP 协议可重新组装数据报，改变数据报的大小，以适应不同网络对包大小的要求。

IP 协议不提供端到端或结点到结点的确认，只检测报头中的校验码，不提供可靠的传输服务。

4. 数据链路层

数据链路层可简称为链路层，该层将从网络层获取的 IP 数据报组装成帧，在网络结点之间以帧为单位传输数据。基于不同协议的帧有不同的格式。

5. 物理层

物理层以比特为单位传输数据，该层定义了与网络相关的硬件的规范，如表示 0、1 电压的电压数值、硬件连接方式等。

虽然各层使用的协议互不相同，但协议通常都由如下 3 个部分组成：

- 待交互数据的结构和格式。
- 进行交互的方式，包括数据的类型、对数据的处理动作等。
- 事件实现顺序的说明。

一组完整的协议不仅需要考虑通信双方在正常情况下的动作，还应考虑到通信时可能出现的异常，并对异常情况下通信双方的动作做出规定。TCP 和 IP 都是协议，但当出现 TCP/IP 时，一般不单指这两个协议，而是指因特网所使用的整个 TCP/IP 协议族。TCP、IP 协议是 TCP/IP 协议族中两个最重要的协议。其实除传输层和网络层外，应用层和数据链路层也都会在从上层接收到的数据报中添加控制信息。若接收双方通过同一个路由器连接，那么数据在传输过程中的变化将如图 10-2 所示。

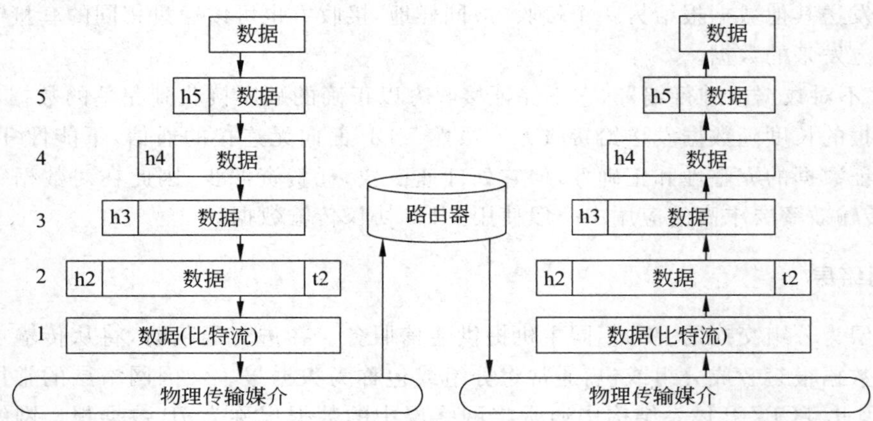

图 10-2 数据传输过程

其中第 2 层的链路层不单会为数据报添加头部，还会添加尾部控制信息。由图 10-2 可知，当两个应用程序进行通信且发送端进程会发送数据给进程 B 时，数据在传输过程中将会发生以下变化：

① 来自应用程序 1 的数据首先递达应用层，经应用层协议在其头部添加相应的控制信息后，该数据被传向传输层。

② 传输层接收到来自应用层的信息，经 TCP/UDP 协议添加 TCP 首部或 UDP 首部后，作为数据段或数据报被传送到网络层。

③ 网络层接收到来自传输层的数据段或数据报，为其添加 IP 首部并封装为 IP 数据报，传送到链路层。

④ 链路层接收到来自网络层的 IP 数据报，在其头尾分别添加头、尾控制信息，封装成帧数据，传递到物理层。

⑤ 物理层接收到来自链路层的帧数据，将其转换为由 0、1 代码组成的比特流，传送到物理传输媒介。

⑥ 物理传输媒介中的比特流经路由转发，递达应用程序 2 所在的物理传输媒介中。之后 TCP/IP 协议族中的协议先将比特流格式的数据转换为数据帧，并依次去除链路层、网络层、传输层和应用层添加的头部控制信息。最后将实际的数据递送给应用程序 2，至此两个进程成功通过网络实现数据传递。

由以上数据传输过程可知，体系结构中各层的实现建立在其下一层所提供的服务上，并向其上层提供服务。各层之间的关系如图 10-3 所示。

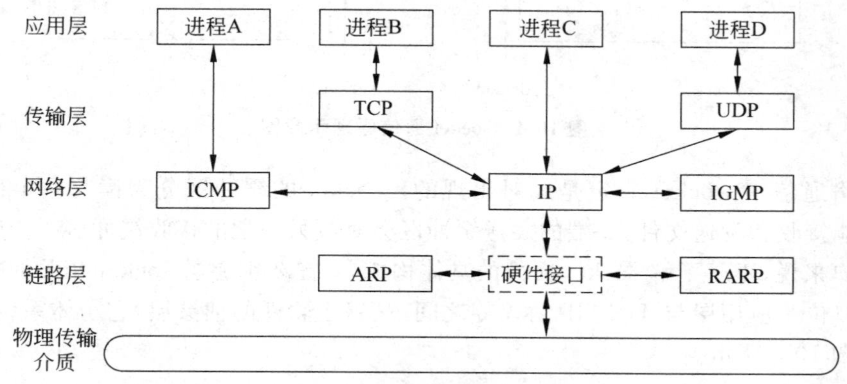

图 10-3 体系结构关系示意图

其中 ICMP、IGMP、ARP 为网络层协议，RARP 为链路层的协议。

10.1.2 网络结构模式

网络结构模式分为两种：一种为客户机/服务器模式（即 C/S 模式），此种模式需要在进行通信的两端分别架设客户机和服务器；另一种为浏览器/服务器模式（即 B/S 模式），是 WEB（World Wide Web）兴起后的一种网络结构模式，客户机只需要安装浏览器，便可与服务器进行交互。

C/S 结构可利用两端硬件环境的优势，将任务合理地分配到客户机端和服务器端。其中客户端负责与用户交互，服务器端用于接收从客户端传来的用户请求并向客户端发送处理结果。C/S 结构有效降低了服务器端开销，目前大多数应用软件都采用 C/S 形式的网络结构。

B/S 只需要架设服务器端。对用户而言，只需要有浏览器，便能访问服务器，实现零安装和零维护，大大降低了对客户端环境的要求。

10.2 socket 编程基础

在 Linux 系统中，socket 可用于表示进程间进行网络通信时使用的特殊文件类型，也可用于表示 socket 编程中的一系列接口。socket 本意为“插座”，常被称为套接字。当使用 socket 进行通信时，进程会先生成一个 socket 文件，之后再通过 socket 文件进行数据传递。

Linux 系统中将 socket 具体化为一种文件只是为了给用户提供与操作普通文件相同的接口，使用户可以通过文件描述符来引用和操作套接字。实际上，socket 的本质为内存缓冲区形成的伪文件，与管道本质类似，不同的是，socket 多用于与网络相关的进程通信。

在 TCP/IP 协议族中，使用 IP 地址和端口号可以唯一标识网络中的一个进程；socket 通信原理如图 10-4 所示。

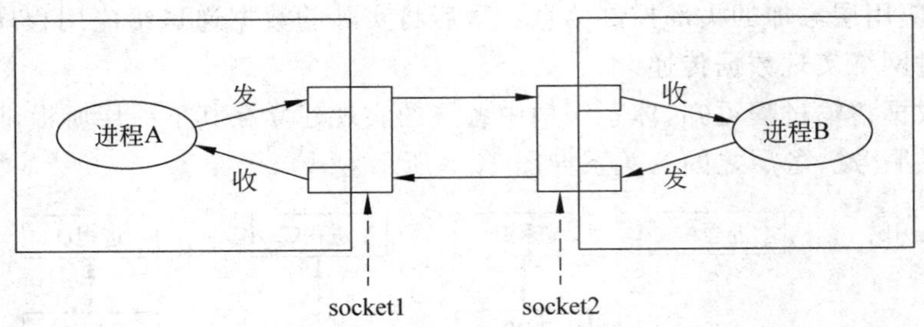

图 10-4　socket 通信原理示意图

在网络通信中，socket 一定是成对出现的。socket 的缓冲区分为读写两个部分，每个 socket 都能接收和发送文件，一端的发送缓冲区会对应另一端的接收缓冲区。

对用户来说，不必了解 socket 文件的具体构成，只需要掌握与 socket 相关的接口即可。socket 接口位于应用层与 TCP/IP 协议族之间，是基于软件的抽象层，它与体系结构中各层的关系如图 10-5 所示。

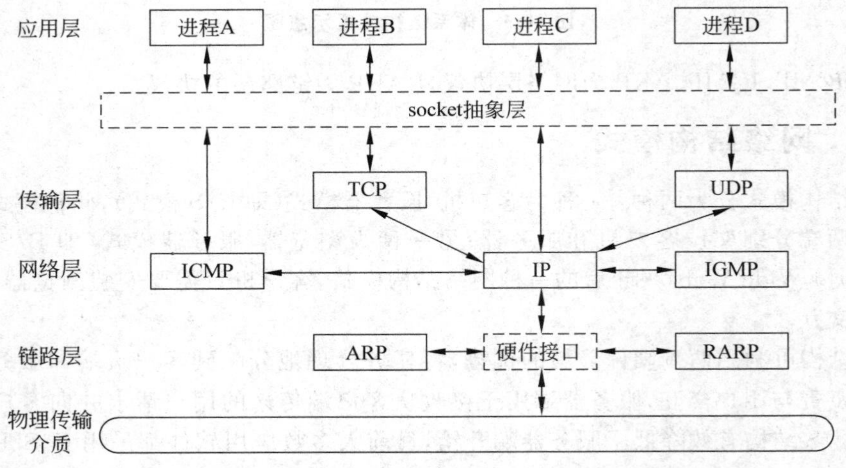

图 10-5　socket 抽象层与体系结构的关系示意图

由图 10-4 可知，socket 抽象层隐藏了协议的细节。用户不必了解 TCP/IP 协议的具体实现，只需要掌握 socket 编程接口，便能实现基于网络的进程通信。

10.2.1　socket 编程接口

Linux 系统中常用的 socket 网络编程接口有 socket()、bind()、listen()、accept()、connect()、send()、recv()、close()。其中 connect()与 send()为客户端专用接口，bind()、listen()、accept()及 recv()为服务器端专用接口，socket()与 close()则由服务器与客户端共用。

下面将对这些接口逐一进行讲解。

(1) socket()

socket()函数用于创建套接字，也可以说 socket()函数用于打开网络通信端口。该函数类似于文件操作中的 open()函数，若调用成功，返回一个文件描述符，之后应用程序可以采用 socket 通信中的读写函数在网络中收发数据。socket()函数存在于函数库 sys/socket.h 中，其声明如下：

```
int socket(int domain, int type, int protocol);
```

socket()函数中的第 1 个参数 domain 用于指定通信域，选择通信时的地址族，其常用设置为 AF_INET 和 AF_UNIX，这些地址族都在头文件 sys/socket.h 中定义。其中 AF_INET 针对因特网，使用 IPv4 格式的 IP 地址，以此参数建立的 socket 可与远程的通信端连接并进行通信；AF_UNIX 则针对本地进程，以此参数建立的 socket 可在本地系统进程间进行通信。

第 2 个参数 type 用于指定 socket 的类型，其常用取值分别为 SOCK_STREAM、SOCK_DGRAM、SOCK_RAW。其中 SOCK_STREAM 表示套接字使用 TCP 协议，提供按顺序、可靠、双向、面向连接且基于比特流的通信；SOCK_DGRAM 表示套接字使用 UDP 协议，提供定长、不可靠、无连接且基于数据报的通信；SOCK_RAW 表示套接字使用 ICMP 协议，提供单一的网络访问，一般用于开发人员需要自行设置数据报格式或参数时。

第 3 个参数 protocol 一般设置为 0，表示使用默认协议。

socket()函数若调用失败会返回-1 并设置 errno。

(2) bind()

bind()函数用于服务器端。服务器的网络地址和端口号通常固定不变，客户端程序得知服务器程序的地址和端口号后，可主动向服务器请求连接。因此服务器需要调用 bind()函数进行地址绑定。bind()函数存在于函数库 sys/socket.h 中，其声明如下：

```
int bind(int sockfd, const struct sockaddr * addr,socklen_t addrlen);
```

bind()函数中的参数 sockfd 指代 socket 文件的文件描述符，一般由 socket()函数返回；参数 addr 指代服务器的通信地址，其本质为 struct sockaddr 结构体类型的指针。struct sockaddr 结构体的定义如下：

```
struct sockaddr {
    sa_family_t sa_family;
    char        sa_data[14];
}
```

该结构体中的成员 sa_data[]表示进程地址。

bind()函数中的第三个参数 addrlen 表示参数 addr 的长度。实际上 addr 参数可接受多种类型的结构体，而这些结构体的长度各不相同，因此需要使用参数 addrlen 额外指定结构体长度。例如亦可使用以下语句，定义一个 struct sockaddr_in 类型的结构体：

```
struct sockaddr_in servaddr;                    //结构体定义
bzero(&servaddr, sizeof(servaddr));             //结构体清 0
```

```
servaddr.sin_family=AF_INET;                        //设置地址类型为 AF_INET
servaddr.sin_addr.s_addr=htonl(INADDR_ANY);         //设置网络地址为 INADDR_ANY
servaddr.sin_port=htons(85);                        //设置端口号为 85
```

bind()若调用成功,则返回 0;否则返回-1 并设置 errno。

(3) listen()

listen()函数仍用于服务器端,其功能为使已绑定的 socket 等待监听客户端的连接请求,并设置服务器同时可建立的连接数量。listen()函数存在于函数库 sys/socket.h 中,其声明如下:

```
int listen(int sockfd, int backlog);
```

listen()函数中的参数 sockfd 表示 socket 文件描述符;参数 backlog 用于设置请求队列的最大长度。典型的服务器可同时服务于多个客户端,当有客户端发起连接请求时,服务器调用的 accept()函数将返回并接受这个连接;若发起连接请求的客户端过多,服务器来不及处理,尚未建立连接的客户端就会处于等待连接状态。listen()函数中的参数 backlog 便用于限制建立的连接数量。

listen()函数若调用成功则返回 0;否则返回-1 并设置 errno。

(4) accept()

accept()函数在 listen()函数之后使用,其功能为等待处理客户端的连接请求。当传输层使用 TCP 协议时,服务器与客户端在创建连接前,先经过通过"三次握手"机制测试连接,"三次握手"完成后,客户端被加入已完成连接队列,服务器调用 accept()函数时从该队列中获取客户端信息,处理连接请求;若已完成连接队列为空,accept()函数便会使服务器程序进入阻塞状态。accept()函数存在于函数库 sys/socket.h 中,其声明如下:

```
int accept(int sockfd, struct sockaddr * addr, socklen_t * addrlen);
```

accept()函数的参数 sockfd 为 listen()函数返回的监听套接字。参数 addr 是一个传出参数,表示客户端的地址,当该参数设置为 NULL 时,表示不关心客户端的地址。参数 addrlen 是一个传入传出参数,传入时为函数调用时提供参数 addr 的长度,传出时为客户端地址结构体的实际长度。accept()函数的返回值也是一个套接字,该套接字用于与本次通信的客户端进行数据交互。

(5) connect()

connect()函数用于客户端,该函数的功能为向服务器发起连接请求。connect()函数存在于函数库 sys/socket.h 中,其声明如下:

```
int connect(int sockfd, const struct sockaddr * addr,socklen_t addrlen);
```

connect()函数的参数与 bind()函数中参数的形式一致,区别在于 bind()中的参数为客户端进程地址,且都表示服务器的地址。connect()函数调用成功则返回 0,否则返回-1 并设置 errno。

(6) send()

send()函数用于向处于连接状态的套接字中发送数据,该函数存在于函数库 sys/

socket.h 中,其声明如下:

```
ssize_t send(int sockfd, const void * buf, size_t len, int flags);
```

send()函数中的参数 sockfd 表示要发送数据的 socket 文件描述符;参数 buf 为指向要发送数据的缓冲区指针;参数 len 表示缓冲区 buf 中数据的长度;参数 flags 表示调用的执行方式(阻塞/非阻塞),当 flags 设置为 0 时,可使用之前学习的 write()函数替代 send()函数。

除以上两个函数外,Linux 系统中还提供了 sendto()函数和 sendmsg()函数。这两个函数不但能发送数据给已建立连接的进程,还可向未连接的进程发送数据。sendto()和 sendmsg()函数都存在于函数库 sys/socket.h 中,它们的函数声明分别如下:

```
ssize_t sendto(int sockfd, const void * buf, size_t len, int flags,
                const struct sockaddr * dest_addr, socklen_t addrlen);
ssize_t sendmsg(int sockfd, const struct msghdr * msg, int flags);
```

sendto()函数中的前 4 个参数与 send()函数的参数相同,之后的参数 dest_addr 和 addrlen 分别用于设置接收数据进程的地址和地址的长度;sendmsg()函数中的第二个参数 msg 为 struct msghdr 类型的结构体指针,该参数用于传入目标进程的地址、地址的长度等信息。

若 sendto()函数和 sendmsg()函数向已连接的进程中发送信息,则忽略参数 dest_addr、addrlen 和 msg 结构体中用于传递地址的成员。此时若参数 dest_addr 和 addrlen 不为 NULL,则可能会返回错误 EISCONN 或 0。

send()函数、sendto()函数及 sendmsg()函数若调用成功都返回 0,否则返回-1 并设置 errno。

需要注意的是,以上函数调用成功并不表示接收端一定会接收到发送的数据。

(7) recv()

recv()函数用于从已连接的套接字中接收信息,该函数存在于函数库 sys/socket.h 中,其声明如下:

```
ssize_t recv(int sockfd, void * buf, size_t len, int flags);
```

该函数的参数列表与 send()函数的参数列表形式相同,代表的含义也基本对应,只是其参数 sockfd 表示用于接收数据的 socket 文件描述符。

此外,read()函数、recvfrom()函数和 recvmsg()函数也可用于接收信息。read()函数在文件管理中已有讲述,另两个函数的功能与 sendto()、sendmsg()相对,此处不再详细讲解。

函数 recv()、recvfrom()、recvmsg()若调用成功则返回读到的字节数,否则返回-1 并设置 errno。

(8) close()

close()函数用于释放系统分配给套接字的资源,该函数即文件操作中常用于关闭文件的函数,存在于函数库 unistd.h 中,其声明如下:

```
int close(int fd);
```

close()函数中的参数 fd 为文件描述符,当其用于 socket 编程中时,需要传入 socket 文件描述符。该函数调用成功则返回 0,否则返回-1 并设置 errno。

10.2.2　socket 通信流程

根据进程在网络通信中使用的协议,可将 socket 通信方式分为两种:一种是面向连接、基于 TCP 协议的通信;另一种是面向无连接、基于 UDP 协议的通信。

以上两种通信方式都使用 10.2.1 节中讲解的编程接口实现,这两种通信方式的流程大致相同,区别在于面向连接的通信需要进行连接。

当使用面向连接的方式进行通信时,服务器和客户机先各自创建 socket 文件,服务器端调用 bind()函数绑定服务器端口地址。之后服务器端通过接口 listen()设置可建立连接的数量。若客户端需要与服务器端进行交互,客户端会调用 connect()函数,向已知的服务器地址端口发送连接请求并阻塞等待服务器应答。服务器监听到连接请求后,会调用 accept()函数试图进行连接。若服务器端连接的进程数量未达到最大连接数,便成功建立连接,此后客户端解除阻塞,两端可正常进行通信;否则服务器忽略本次连接请求。最后当通信完成之后,双方各自调用 close()函数,关闭 socket 文件,释放资源。

当使用面向无连接的方式进行通信时,服务器和客户机同样先各自创建自己的 socket 文件,再由服务器端调用 bind()函数绑定服务器端口地址。之后通信双方可直接开始通信,需要注意的是,因为服务器和客户机并未建立连接,所以客户端每次向服务器发送数据时,都要额外指定服务器的端口地址。同样地,若服务器需要向客户端发送数据,服务器也需要额外指定客户端的端口地址。通信结束之后,通信双方需调用 close()函数,关闭 socket 文件,释放资源。

如图 10-6(a)和图 10-6(b)所示,分别为两种通信方式的流程示意图。

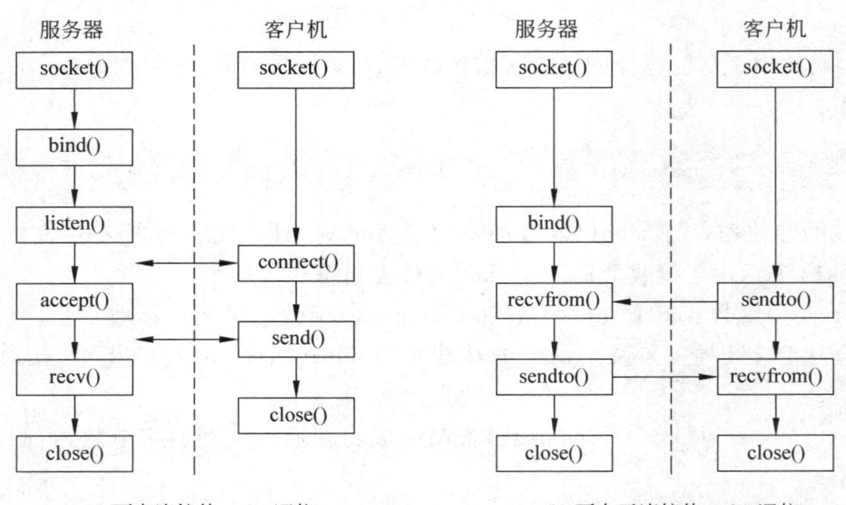

图 10-6　通信流程示意图

无论是面向连接的通信还是面向非连接的通信，进行通信的双方都可以发送和接收数据。

10.2.3　网络编程相关知识

1. 网络字节序

将数据的高字节保存在内存的低地址，将数据的低字节保存在内存的高地址，这种存放方式称为大端模式；相反地，若将数据的高字节保存在内存的高地址，将数据的低字节保存在内存的低地址，则这种存放方式称为小端模式。磁盘文件中的多字节数据相对于文件中的偏移地址有大端、小端之分，内存中的多字节数据相对于内存地址也有大端、小端之分；同样地，网络数据流同样有大端、小端之分。

发送端主机在发送数据时，通常将发送缓冲区中的数据按内存地址从低到高的顺序依次发出；接收端主机从网络上接收数据时，会将从网络上接收到的数据按内存地址从低到高的顺序依次保存。因此，网络数据流的地址应这样规定：先发出的数据占据低地址，后发出的数据占据高地址。

TCP/IP 协议规定，网络数据流应采用大端模式存储，即低地址存储高字节。举例说明：假设从网络端获取了一个 16 位的数据 0x1121，即十进制的 4385，那么发送端主机在发送该数据时，会先发送低地址的数据 0x21，再发送高地址的数据 0x11；假设接收端为此数据分配的地址为 0 和 1，高字节的数据 0x11 将被存放到低地址 0 所对应的空间，低字节的数据 0x21 将被存放到高地址 1 所对应的空间。

但是，若发送端主机采用小端模式存储，那么这 16 位的数据会被解释为 0x2111，即十进制的 8465，这显然是不正确的。因此，为了保证网络程序的可移植性，使同样的代码可以在大端和小端设备上都能正常编译并运行，发送端的主机在将数据填充到发送缓冲区之前需要先进行字节序转换。

Linux 系统中提供了一些用于字节序转换的函数，这些函数存在于函数库 arpa/inet.h 中，它们的定义如下：

```
uint32_t htonl(uint32_t hostlong);
uint16_t htons(uint16_t hostshort);
uint32_t ntohl(uint32_t netlong);
uint16_t ntohs(uint16_t netshort);
```

以上函数的函数名中的 h 代表主机 host，n 代表网络 network，l 代表 32 位长整型，s 表示 16 位短整型。其中 htonl()将无符号整数参数 hostlong 从主机字节序转换为网络字节序；htons()函数将无符号短整型参数 hostshort 从主机字节序转换为网络字节序。需要注意的是，若主机使用大端模式，则这些函数不作转换，将参数原样返回；也就是说，只有主机使用小端模式时，参数的字节顺序才会被修改。

2. IP 地址转换函数

常见的 IP 地址格式类似 192.168.10.1，这是一个标准的 IPv4 格式的地址，但这种格式是为了方便用户对其进行操作。若要使计算机能够识别，需要先将其由文本格式转换为二进制格式。

早期 Linux 系统中常使用以下函数来转换 IP 地址：

```
int inet_aton(const char * cp, struct in_addr * inp);
in_addr_t inet_addr(const char * cp);
char * inet_ntoa(struct in_addr in);
```

但以上函数只能处理 IPv4 的 IP 地址，且它们都是不可重入函数。如今 Linux 编程中常用 inet_pton()和 inet_ntop()来转换 IP 地址，这两个函数不但能转换 IPv4 格式的地址 in_addr，还能转换 IPv6 格式的地址 in_addr6。它们存在于函数库 arpa/inet.h 中，函数定义如下：

```
int inet_pton(int af, const char * src, void * dst);
const char * inet_ntop(int af, const void * src, char * dst, socklen_t size);
```

函数 inet_pton()会先将字符串 src 转换为 af 地址族中的网络地址结构，进而将转换后的网络地址结构存储到参数 dst 所指的缓冲区中，其中参数 af 的值必须是 AF_INET 或 AF_INET6。

函数 inet_ntop()会将 af 地址族中的网络地址结构 src 转换为字符串，再将获得的地址字符串存储到参数 dst 所指的缓冲区中。

以上两个函数需要转换 IPv4 和 IPv6 这两种形式的地址，因此用来传递地址的参数类型为 void *。

3. sockaddr 数据结构

IPv4 和 IPv6 的地址格式定义在 netinet/in.h 中：IPv4 地址用结构体 sockaddr_in 表示，该结构体中包含 16 位的端口号和 32 位的 IP 地址；IPv6 地址用结构体 sockaddr_in6 表示，该结构体中包含 16 位的端口号、128 位的 IP 地址和一些控制字段。UNIX Domain Socket 的地址格式定义在 sys/un.h 中，用结构体 sock_addr_un 表示。

各种 socket 地址结构体的开头都是相同的，前 16 位表示整个结构体的长度(并不是所有 UNIX 的实现都有长度字段，如 Linux 就没有)，后 16 位表示地址类型。IPv4、IPv6 和 UNIX Domain Socket 的地址类型分别定义为常数 AF_INET、AF_INET6、AF_UNIX。这样，只要取得某种 sockaddr 结构体的首地址，不需要知道具体是哪种类型的 sockaddr 结构体，就可以根据地址类型字段确定结构体中的内容。也因为如此，socket API 可以接收各种类型的 sockaddr 结构体指针作为参数，例如 bind()、accept()、connect()等函数，这些函数的参数应该设计成 void * 类型以便接收各种类型的指针。但是 sock API 的实现早于 ANSI C 标准化，那时还没有 void * 类型，因此这些函数的参数都用 struct sockaddr * 类型表示，在传递参数之前要进行强制类型转换，例如：

```
struct sockaddr_in servaddr;
bind(listen_fd,(struct sockaddr * )&servaddr, sizeof(servaddr));
```

10.3 socket 网络编程实例

经过前面两个小节的学习，读者应已经掌握 socket 编程中的常用接口，以及基于 TCP 协议和 UDP 协议的网络通信流程。本节我们将结合前面学习的知识，通过两个实例来展示 socket 网络编程的实现方法。

10.3.1 基于 TCP 的网络通信

在创建 socket 时，若将 socket()函数中的参数 type 设置为 SOCK_STREAM，程序将采用 TCP 传输协议，先使通信双方建立连接，再以数据段的形式传输数据。

案例 10-1：实现基于 TCP 协议的网络通信，其中：客户端的功能是从终端获取一个字符串发送给服务器，然后接收服务器返回的字符串并打印；服务器的功能是接收从客户端发来的字符，将每个字符转换为大写再返回给客户端。

服务端程序存储在文件 tcpserver.c 中，客户端程序存储在文件 tcpclient.c 中。案例实现如下：

（1）tcpserver.c——服务器端程序

```
#include <stdio.h>
#include <stdlib.h>
#include <string.h>
#include <unistd.h>
#include <sys/socket.h>
#include <netinet/in.h>
#include <arpa/inet.h>
#define MAXLINE 80                                  //最大数据长度
#define SERV_PORT 6666                              //服务器端口号
int main(void)
{
    struct sockaddr_in servaddr, cliaddr;       //定义服务器与客户端地址结构体
    socklen_t cliaddr_len;                      //客户端地址长度
    int listenfd, connfd;
    char buf[MAXLINE];
    char str[INET_ADDRSTRLEN];
    int i, n;
    //创建服务器端套接字文件
    listenfd=socket(AF_INET, SOCK_STREAM, 0);
    //初始化服务器端口地址
    bzero(&servaddr, sizeof(servaddr));         //将服务器端口地址清 0
    servaddr.sin_family=AF_INET;
    servaddr.sin_addr.s_addr=htonl(INADDR_ANY);
    servaddr.sin_port=htons(SERV_PORT);
    //将套接字文件与服务器端口地址绑定
    bind(listenfd,(struct sockaddr *)&servaddr, sizeof(servaddr));
    //监听，并设置最大连接数为 20
    listen(listenfd, 20);
    printf("Accepting connections…\n");
    //接收客户端数据，并处理请求
```

```
    while(1){
        cliaddr_len=sizeof(cliaddr);
        connfd =accept(listenfd,(struct sockaddr *)&cliaddr,&cliaddr_len);
        n=recv(connfd, buf, MAXLINE,0);
        printf("received from %s at PORT %d\n",
        inet_ntop(AF_INET, &cliaddr.sin_addr, str, sizeof(str)),
        ntohs(cliaddr.sin_port));
        for(i=0; i<n; i++)
            buf[i]=toupper(buf[i]);
        send(connfd, buf, n,0);
        //关闭连接
        close(connfd);
    }
    return 0;
}
```

（2）tcpclient.c——客户端程序

```
#include <stdio.h>
#include <stdlib.h>
#include <string.h>
#include <unistd.h>
#include <sys/socket.h>
#include <netinet/in.h>
#define MAXLINE 80
#define SERV_PORT 6666
int main(int argc, char *argv[])
{
    struct sockaddr_in servaddr;                    //定义服务器地址结构体
    char buf[MAXLINE];
    int sockfd, n;
    char *str;
    if(argc !=2){
        fputs("usage: ./client message\n", stderr);
        exit(1);
    }
    str=argv[1];
    //创建客户端套接字文件
    sockfd=socket(AF_INET, SOCK_STREAM, 0);
    //初始化服务器端口地址
    bzero(&servaddr, sizeof(servaddr));
    servaddr.sin_family=AF_INET;
    inet_pton(AF_INET, "127.0.0.1", &servaddr.sin_addr);
    servaddr.sin_port=htons(SERV_PORT);
    //请求连接
    connect(sockfd,(struct sockaddr *)&servaddr, sizeof(servaddr));
    //发送数据
    send(sockfd, str, strlen(str),0);
    //接收服务器返回的数据
    n=recv(sockfd, buf, MAXLINE,0);
```

```
    printf("Response from server:\n");
    //将服务器返回的数据打印到终端
    write(STDOUT_FILENO, buf, n);
    //关闭连接
    close(sockfd);
    return 0;
}
```

编译以上两段代码，打开两个终端窗口，先执行服务器端程序，再执行客户端程序，同时输入需要转换的字符串。服务器端和客户端对应的终端中分别打印如下信息：

服务器端：

```
Accepting connections …
received from 127.0.0.1 at PORT 41957
received from 127.0.0.1 at PORT 41958
```

客户端：

```
[itheima@localhost ~]$./tcpclient hello
Response from server:
HELLO[itheima@localhost ~]$./tcpclient helloworld
Response from server:
HELLOWORLD[itheima@localhost ~]$
```

由程序执行结果可知，服务器成功将客户端发来的字符串转换成大写，案例实现成功。

10.3.2　基于 UDP 的网络通信

在创建 socket 时，若将 socket()函数中的参数 type 设置为 SOCK_DGRAM，程序将采用 UDP 传输协议，以数据包的形式传输数据。

案例 10-2：实现基于 UDP 的网络通信，其中：客户端的功能是从终端获取一个字符串发送给服务器，接收服务器返回的字符串并打印；服务器的功能是接收从客户端发来的字符，将每个字符转换为大写再返回给客户端。

服务器程序保存在文件 udpserver.c 中，客户端程序保存在 udpclient.c 中。案例实现如下：

(1) udpserver.c——服务器端

```
#include <string.h>
#include <netinet/in.h>
#include <stdio.h>
#include <unistd.h>
#include <strings.h>
#include <arpa/inet.h>
#include <ctype.h>
#define MAXLINE 80                              //最大数据长度
#define SERV_PORT 6666                          //服务器端口号
int main(void)
{
    struct sockaddr_in servaddr, cliaddr;       //定义服务器与客户端地址结构体
```

```
    socklen_t cliaddr_len;                          //客户端地址长度
    int sockfd;                                     //服务器 socket 文件描述符
    char buf[MAXLINE];
    char str[INET_ADDRSTRLEN];
    int i, n;
    sockfd=socket(AF_INET, SOCK_DGRAM, 0);     //创建服务器端套接字文件
    //初始化服务器端口地址
    bzero(&servaddr, sizeof(servaddr));         //地址结构体清 0
    servaddr.sin_family=AF_INET;                //指定协议族
    servaddr.sin_addr.s_addr=htonl(INADDR_ANY);
    servaddr.sin_port=htons(SERV_PORT);         //指定端口号
    //绑定服务器端口地址
    bind(sockfd,(struct sockaddr *)&servaddr, sizeof(servaddr));
    printf("Accepting connections …\n");
    //数据传输
    while(1){
        cliaddr_len=sizeof(cliaddr);
        //接收数据
        n=recvfrom(sockfd,buf,MAXLINE,0,(struct sockaddr *)&cliaddr,
                     &cliaddr_len);
        if(n ==-1)
            perror("recvfrom error");
        printf("received from %s at PORT %d\n",
                inet_ntop(AF_INET, &cliaddr.sin_addr, str, sizeof(str)),
                ntohs(cliaddr.sin_port));
        //服务器端操作,小写转大写
        for(i=0; i<n; i++)
            buf[i]=toupper(buf[i]);
        n =sendto(sockfd, buf,n,0,(struct sockaddr *)&cliaddr,
                    sizeof(cliaddr));
        if(n ==-1)
            perror("sendto error");
    }
    close(sockfd);
    return 0;
}
```

(2) udpclient. c——客户端

```
#include <stdio.h>
#include <string.h>
#include <unistd.h>
#include <netinet/in.h>
#include <arpa/inet.h>
#include <strings.h>
#include <ctype.h>
#define MAXLINE 80
#define SERV_PORT 6666
int main(int argc, char * argv[])
{
```

```
    struct sockaddr_in servaddr;
    int sockfd, n;
    char buf[MAXLINE];
    sockfd=socket(AF_INET, SOCK_DGRAM, 0);
    bzero(&servaddr, sizeof(servaddr));
    servaddr.sin_family=AF_INET;
    inet_pton(AF_INET, "127.0.0.1", &servaddr.sin_addr);
    servaddr.sin_port=htons(SERV_PORT);
    //发送数据到服务器
    while(fgets(buf, MAXLINE, stdin)!=NULL){
        n =sendto(sockfd, buf, strlen(buf),0,(struct sockaddr * )&servaddr,
                sizeof(servaddr));
        if(n ==-1)
            perror("sendto error");
        //接收服务器返回的数据
        n=recvfrom(sockfd, buf, MAXLINE, 0, NULL, 0);
        if(n ==-1)
            perror("recvfrom error");
        //将接收到的数据打印到终端
        write(STDOUT_FILENO, buf, n);
    }
    close(sockfd);
    return 0;
}
```

编译以上两段代码，打开两个终端窗口，先执行服务器端程序，再执行客户端程序，同时输入需要转换的字符串。服务器端和客户端对应的终端中分别打印如下信息：

服务器端：

```
Accepting connections …
received from 127.0.0.1 at PORT 33059
received from 127.0.0.1 at PORT 33059
```

客户端：

```
hello
HELLO
world
WORLD
```

由程序执行结果可知，服务器成功将客户端发来的字符串转换成大写，案例运行成功。

10.4　socket 本地通信

socket 原本是为网络通信设计的，但后来在 socket 框架的基础上发展出了一种 IPC（进程通信）机制，即 UNIX Domain Socket，专门用来实现使用 socket 实现的本地进程通信。其实 socket 原本便能实现本地通信功能，但使用 Domain 机制时，数据不需要再通过网络协议族，也无须进行拆包、计算校验和以及应答等网络通信中涉及的一系列操作，只需要将应用层的数据从本地的一个进程拷贝到另一个进程。因此相对借助网络通信机制实现的 socket 本地通信来说,Domain 本地通信的效率和数据的准确性都得到了保障。下面就来讲解使用 Domain 实现本地通信的方式。

使用 socket 实现本地通信时,同样需要先创建 socket 文件,再以 socket 为媒介,实现数据传递。socket 本地通信中也通过 socket()函数来创建套接字文件,该函数的原型如下:

```
int socket(int domain, int type, int protocol);
```

其中,参数 domain 指定通信域,对于本地通信,其值必须被置为 AF_UNIX;参数 type 指定套接字类型,本地套接字通信中的套接字类型仍可被设置为表示流式套接字通信的 SOCK_STREAM 或表示数据报式套接字通信的 SOCK_DGRAM;参数 protocol 指定具体协议,通常被设置为 0;返回值为创建的套接字描述符。

根据 socket()函数中参数 type 的类型,本地通信的方式也分为面向连接和面向非连接这两种。当使用 SOCK_STREAM 作为 type 参数的值时,本地通信的流程和使用的接口与基于 TCP 协议的网络通信模型相同,其大致流程如下:

① 调用 socket()函数为通信双方进程创建各自的 socket 文件。

② 定义并初始化服务器端进程的地址,并使用 bind()函数将其与服务器端进程绑定。

③ 调用 listen()函数监听客户端进程请求。

④ 客户端调用 connect()函数,根据已明确的服务器进程地址向服务器发送请求。

⑤ 服务器端调用 accept()函数,处理客户端进程的请求。若客户端与服务器端进程成功建立连接,则双方进程可开始通信。

⑥ 通信双方以数据流的形式通过已创建的连接互相发送和接收数据,进行通信。

⑦ 待通信结束后,通信双方各自调用 close()函数关闭连接。

与 socket 网络通信不同的是,在本地通信中用到的套接字的结构体类型为 socket sockaddr_un。

使用 SOCK_DGRAM 作为 type 参数值时,本地通信的流程和用到的接口与基于 UDP 协议的网络通信相同,用户可根据图 10-6 自行推演,此处不再赘述。值得一提的是,使用数据报实现 socket 本地通信的双方在理论上虽仍有可能出现信息丢失、数据包次序错乱等问题,但由于其不必再经过多层复杂的协议,这种情况出现的概率相对网络中的数据报通信要低得多。

此外,基于数据流的本地套接字通信连接时间非常短,且通信双方在建立连接后可直接交互数据,因此在 socket 本地通信中,基于数据报的本地套接字应用场合相对少得多。本节将以基于流的本地套接字通信为例,来展示 socket 本地通信的实现方法。

案例 10-3:使用 socket 实现本地进程间通信。

服务器程序存储在文件 dmserver. c 中,客户端程序存储在文件 dmclient. c 中。具体实现如下:

(1) dmserver. c——服务器

```
#include <stdlib.h>
#include <stdio.h>
#include <stddef.h>
#include <sys/socket.h>
#include <sys/un.h>
```

```
#include <sys/types.h>
#include <sys/stat.h>
#include <unistd.h>
#include <errno.h>
#define QLEN 10
//创建服务器进程,成功返回 0,出错返回小于 0 的 errno
int serv_listen(const char * name)
{
    int fd, len, err, rval;
    struct sockaddr_un un;
    //创建本地 domain 套接字
    if((fd=socket(AF_UNIX, SOCK_STREAM, 0))<0)
        return(-1);
    //删除套接字文件,避免因文件存在导致 bind()绑定失败
    unlink(name);
    //初始化套接字结构体地址
    memset(&un, 0, sizeof(un));
    un.sun_family=AF_UNIX;
    strcpy(un.sun_path, name);
    len=offsetof(struct sockaddr_un, sun_path)+strlen(name);
    if(bind(fd,(struct sockaddr * )&un, len)<0){
        rval=-2;
        goto errout;
    }
    if(listen(fd, QLEN)<0){                              //告知内核这是一个服务器进程
        rval=-3;
        goto errout;
    }
    return(fd);
errout:
    err=errno;
    close(fd);
    errno=err;
    return(rval);
}
int serv_accept(int listenfd, uid_t * uidptr)
{
    int clifd, len, err, rval;
    time_t staletime;
    struct sockaddr_un un;
    struct stat statbuf;
    len=sizeof(un);
    if((clifd=accept(listenfd,(struct sockaddr * )&un, &len))<0)
        return(-1);
    //从调用地址获取客户端的 uid
    len -=offsetof(struct sockaddr_un, sun_path);      //获取路径名长度
    un.sun_path[len]=0;                                 //为路径名字符串添加终止符
    if(stat(un.sun_path, &statbuf)<0){
        rval=-2;
        goto errout;
```

```
    }
    if(S_ISSOCK(statbuf.st_mode)==0){
        rval=-3;                                  //若返回值为-3,说明这不是一个 socket 文件
        goto errout;
    }
    if(uidptr !=NULL)
        *uidptr=statbuf.st_uid;                   //返回 uid 的调用者指针
    //到此成功获取路径名
    unlink(un.sun_path);
    return(clifd);
errout:
    err=errno;
    close(clifd);
    errno=err;
    return(rval);
}
int main(void)
{
    int lfd, cfd, n, i;
    uid_t cuid;
    char buf[1024];
    lfd=serv_listen("foo.socket");
    if(lfd<0){
        switch(lfd){
            case -3:perror("listen"); break;
            case -2:perror("bind"); break;
            case -1:perror("socket"); break;
        }
        exit(-1);
    }
    cfd=serv_accept(lfd, &cuid);
    if(cfd<0){
        switch(cfd){
            case -3:perror("not a socket"); break;
            case -2:perror("a bad filename"); break;
            case -1:perror("accept"); break;
        }
        exit(-1);
    }
    while(1){
r_again:
        n=read(cfd, buf, 1024);
        if(n ==-1){
        if(errno ==EINTR)
         goto r_again;
     }
     else if(n ==0){
         printf("the other side has been closed.\n");
         break;
     }
```

```
    for(i=0; i<n; i++)
        buf[i]=toupper(buf[i]);
        write(cfd, buf, n);
    }
    close(cfd);
    close(lfd);
    return 0;
}
```

(2) dmclient. c——客户端

```
#include <stdio.h>
#include <stdlib.h>
#include <stddef.h>
#include <sys/stat.h>
#include <fcntl.h>
#include <unistd.h>
#include <sys/socket.h>
#include <sys/un.h>
#include <errno.h>
#define CLI_PATH "/var/tmp/" /* +5 for pid=14 chars */
//创建客户端进程,成功返回 0,出错返回小于 0 的 errno
int cli_conn(const char *name)
{
    int fd, len, err, rval;
    struct sockaddr_un un;
    //创建本地套接字 domain
    if((fd=socket(AF_UNIX, SOCK_STREAM, 0))<0)
        return(-1);
    //使用自定义地址填充 socket 地址结构体
    memset(&un, 0, sizeof(un));
    un.sun_family=AF_UNIX;
    sprintf(un.sun_path, "%s%05d", CLI_PATH, getpid());
    len=offsetof(struct sockaddr_un, sun_path)+strlen(un.sun_path);
    unlink(un.sun_path);                        //避免因文件已存在导致的 bind()失败
    if(bind(fd, (struct sockaddr *)&un, len)<0){
        rval=-2;
        goto errout;
    }
    //使用服务器进程地址填充 socket 地址结构体
    memset(&un, 0, sizeof(un));
    un.sun_family=AF_UNIX;
    strcpy(un.sun_path, name);
    len=offsetof(struct sockaddr_un, sun_path)+strlen(name);
    if(connect(fd, (struct sockaddr *)&un, len)<0){
        rval=-4;
        goto errout;
    }
    return(fd);
    errout:
```

```
    err=errno;
    close(fd);
    errno=err;
    return(rval);
}
int main(void)
{
    int fd, n;
    char buf[1024];
    fd=cli_conn("foo.socket");                //套接字文件为 foo.socket
    if(fd<0){                                 //容错处理
        switch(fd){
            case -4:perror("connect"); break;
            case -3:perror("listen"); break;
            case -2:perror("bind"); break;
            case -1:perror("socket"); break;
        }
        exit(-1);
    }
    while(fgets(buf, sizeof(buf), stdin)!=NULL){
        write(fd, buf, strlen(buf));
        n=read(fd, buf, sizeof(buf));
        write(STDOUT_FILENO, buf, n);
    }
    close(fd);
    return 0;
}
```

编译以上两段代码，打开两个终端窗口，先执行服务器端程序，再执行客户端程序，同时输入需要转换的字符串。客户端对应的终端中打印的信息如下：

```
hello
HELLO
world
WORLD
```

当关闭客户端后，服务器端对应的终端打印的信息如下：

```
the other side has been closed.
```

由程序执行结果可知，服务器成功将客户端发来的字符串转换成大写，案例实现成功。

脚下留心：出错处理函数的封装

本章的案例功能简单，且几乎未对系统调用函数设置容错处理，但容错处理是优质程序中必不可少的内容。因为在函数调用过程中，可能会因各种可控或不可测因素而出现各种各样的错误，所以为使程序更为严谨，应在程序中添加容错处理代码；同时也为了使程序的主体结构更为清晰，可将功能函数与函数的错误处理功能封装到一个新的函数中。

下面将对网络编程中的常用接口及 read()、write()等函数进行再次封装，为其添加出错处理功能，并将这些新函数的声明和定义分别保存在文件 wrap.h 和文件 wrap.c 中。

（1）wrap.h——出错处理函数头文件

```
#ifndef __WRAP_H_
#define __WRAP_H_
void perr_exit(const char * s);
int Accept(int fd, struct sockaddr * sa, socklen_t * salenptr);
void Bind(int fd, const struct sockaddr * sa, socklen_t salen);
void Connect(int fd, const struct sockaddr * sa, socklen_t salen);
void Listen(int fd, int backlog);
int Socket(int family, int type, int protocol);
ssize_t Read(int fd, void * ptr, size_t nbytes);
ssize_t Write(int fd, const void * ptr, size_t nbytes);
void Close(int fd);
ssize_t Readn(int fd, void * vptr, size_t n);
ssize_t Writen(int fd, const void * vptr, size_t n);
static ssize_t my_read(int fd, char * ptr);
ssize_t Readline(int fd, void * vptr, size_t maxlen);
#endif
```

（2）wrap.c——出错处理函数实现

```
#include <stdlib.h>
#include <errno.h>
#include <sys/socket.h>
//socket()
int Socket(int family, int type, int protocol)
{
    int n;
    if((n=socket(family, type, protocol))<0) //若 socket 调用失败
        perr_exit("socket error");
    return n;
}
//bind()
void Bind(int fd, const struct sockaddr * sa, socklen_t salen)
{
    if(bind(fd, sa, salen)<0)                    //若 bind()调用失败
        perr_exit("bind error");
}
//listen()
void Listen(int fd, int backlog)
{
    if(listen(fd, backlog)<0)                    //若 listen()调用失败
        perr_exit("listen error");
}
//connect()
void Connect(int fd, const struct sockaddr * sa, socklen_t salen)
{
    if(connect(fd, sa, salen)<0)                 //若 connect()调用失败
        perr_exit("connect error");
```

```
}
//accept()
int Accept(int fd, struct sockaddr * sa, socklen_t * salenptr)
{
    int n;
again:
    if((n=accept(fd, sa, salenptr))<0){         //若 accept()调用失败
        if((errno ==ECONNABORTED)||(errno ==EINTR))
            goto again;
        else
            perr_exit("accept error");
    }
    return n;
}
//close()
void Close(int fd)
{
    if(close(fd)==-1)                           //关闭 socket 失败
        perr_exit("close error");
}
//read()
ssize_t Read(int fd, void * ptr, size_t nbytes)
{
    ssize_t n;
again:
    if((n=read(fd, ptr, nbytes))==-1){          //读取数据失败
        if(errno ==EINTR)
            goto again;                         //重读 fd
        else
            return -1;
    }
    return n;
}
//write()
ssize_t Write(int fd, const void * ptr, size_t nbytes)
{
    ssize_t n;
again:
    if((n=write(fd, ptr, nbytes))==-1){         //写数据出错
        if(errno ==EINTR)
            goto again;                         //重新写入
        else
            return -1;
    }
    return n;
}
void perr_exit(const char * s)
{
    perror(s);
    exit(1);
}
```

10.5　本章小结

本章主要讲解了使用 socket 机制实现网络间进程和本地进程通信的方式，并给出了基于 TCP 协议和 UDP 协议的网络端通信实例，以及基于 TCP 协议的本地通信实例。通过本章的学习，读者应能掌握并熟练应用 socket 网络编程接口、掌握基于 TCP 和 UDP 的通信流程，并将这些知识应用到实际编程中。

10.6　本章习题

一、填空题

1. 计算机网络中常用的体系结构是五层协议体系结构，包括________、________、________、________和物理层。

2. IP 协议的两个基本功能为________和________。

3. UDP 协议和 TCP 协议都是作用于________的协议。UDP 是面向________的、不可靠的、基于________的通信协议；TCP 是面向________的、可靠的、基于________的传输协议。

4. socket()函数用于创建________，该函数类似于文件操作中的 open()函数，若调用成功，该函数也返回一个________。

5. 在使用 TCP/IP 协议的计算机网络中，若网络端向采用小端模式存储的主机中发送一个十六进制的数据 0x3409，那么该数据在内存中的存储形式为________。

二、判断题

1. socket 只能用于网络通信。（　）

2. 大端序表示高位字节存储在高地址。（　）

3. 无论是基于 TCP 还是基于 UDP 的网络通信，服务器端都需要调用 bind()函数与端口号绑定。（　）

4. 网络通信中通过接收到的数据报中携带的端口号来确定数据包应交给哪个进程处理。（　）

5. listen()函数用于监听已建立起连接的客户端端口的状态。（　）

三、单选题

1. 以下不属于 socket 类型的是：（　）

　A. 网络套接字　　　B. 数据报套接字

　C. 流式套接字　　　D. 原始套接字

2. 在实现基于 TCP 的网络应用程序时，服务器端正确的处理流程是：（　）

　A. socket()->bind()->listen()->connect()->read()/write()->close()

　B. socket()->bind()->listen()->read()/write()->close()

C. socket()->connect()->read()/write()->close()

D. socket->bind()->listen()->accept()->read()/write()->close()

3. 从以下各选项中,选出用于阻塞等待客户端连接请求的函数。(　　)

A. listen()　　B. accept()　　C. connect()　　D. bind()

4. 下列关于同步/异步、阻塞/非阻塞的说法中,正确的是(　　)

① 同步指在函数调用结束时便立刻获取到函数返回结果。

② 异步指在函数调用时先获取状态信息,而函数调用结果可以延迟获取。

③ 阻塞指在调用函数时,若一时无法获取数据,将当前线程挂起,直到得到结果后才返回。

④ 非阻塞指在调用函数时,若一时无法获取数据,不挂起线程,而是立刻返回。

A. ①②③④　　B. ②③④　　C. ①②③　　D. ②③

四、简答题

分别画出基于TCP协议和基于UDP协议进行网络通信时客户端和服务器端的通信流程图。

五、编程题

编写C/S模式的程序,实现客户端与服务器端的通信。要求服务器端可接收由客户端发送的数据并对数据进行计算,将计算的结果返回到客户端,再由客户端打印到终端。

第 11 章 高并发服务器

学习目标

- 了解各种服务器模型
- 熟悉使用 select 搭建并发服务器的方法
- 熟悉使用 epoll 搭建并发服务器的方法

在基于 TCP 协议的网络通信中，服务器应能同时与多个客户端进程进行连接，但测试第 10 章的案例会发现，在打开一个客户端后，第二个客户端可能无法连接到服务器。这是因为，服务器与客户端中使用的诸多 I/O 函数（如 read()、write()、send()、recv()等）都以阻塞方式被调用。当这些函数被调用时，若进程一时无法获取需要的数据，则调用函数的进程将会阻塞；而在服务器进程阻塞期间，若有客户端发起请求，服务器无法做出回应。

假如调用非阻塞的函数，系统会采用轮询的方式，逐个访问已连接的客户端，判断数据是否已经就绪；若数据已就绪，便进行下一步处理。但这种方式只适用于进程数量较少的系统中，当使用服务器的进程数量较多时，轮询时长可能会远远超过处理请求所耗时长，服务器进程的效率将会非常低。

综上所述，为提高服务器效率，服务器应能同时被多个客户端进程使用且能处理多个用户请求。可同时处理多个客户端请求的服务器称为并发服务器，实际上，我们在生活、应用中接触到的服务器都能实现并发功能。

最基础的并发服务器为多进程并发服务器和多线程并发服务器，本章将从这两种服务器入手，讲解搭建并发服务器的方法。

11.1　多进程并发服务器

在多进程并发服务器中，若有用户请求到达，服务器将会调用 fork()函数，创建一个子进程。之后父进程将继续调用 accept()，而子进程则去处理用户请求。下面将通过案例来展示使用多进程并发服务器实现网络通信的方法，并结合案例对多进程并发服务器进行分析。

案例 11-1：搭建多进程并发服务器，使服务器端可接收多个客户端的数据并将接收到的数据转换为大写，返回到客户端；使客户端可向服务器发送数据，并将服务器返回的数据打印到终端。

服务器程序保存在文件 fserver. c 中，客户端程序保存在文件 fclient. c 中。案例实现如下：

（1）fserver.c——服务器

```
#include <arpa/inet.h>
#include <signal.h>
#include <sys/wait.h>
#include <sys/types.h>
#include "wrap.h"
#define MAXLINE 80                              //缓冲数组大小
#define SERV_PORT 8000                          //端口号
//子进程回收函数
void do_sigchild(int num)
{
    while(waitpid(0, NULL, WNOHANG)>0);
}
int main()
{
    struct sockaddr_in servaddr, cliaddr;
    socklen_t cliaddr_len;
    int listenfd, connfd;
    char buf[MAXLINE];
    char str[INET_ADDRSTRLEN];
    int i, n;
    pid_t pid;
    struct sigaction newact;
    newact.sa_handler=do_sigchild;
    sigaction(SIGCHLD, &newact, NULL);          //信号捕获与处理(回收子进程)
    listenfd=Socket(AF_INET, SOCK_STREAM, 0);
    //设置服务器端口地址
    bzero(&servaddr, sizeof(servaddr));
    servaddr.sin_family=AF_INET;
    servaddr.sin_addr.s_addr=htonl(INADDR_ANY);
    servaddr.sin_port=htons(SERV_PORT);
    //使服务器与端口绑定
    Bind(listenfd,(struct sockaddr *)&servaddr, sizeof(servaddr));
    Listen(listenfd, 20);
    printf("Accepting connections …\n");
    while(1){
        cliaddr_len=sizeof(cliaddr);
        connfd=Accept(listenfd,(struct sockaddr *)&cliaddr,&cliaddr_len);
        pid=fork();                             //创建子进程
        if(pid ==0){
            //子进程处理客户端请求
            Close(listenfd);
            while(1){
                n=Read(connfd, buf, MAXLINE);
                if(n ==0){
                    printf("the other side has been closed.\n");
                    break;
                }
                //打印客户端端口信息
                printf("received from %s at PORT %d\n",
                    inet_ntop(AF_INET,&cliaddr.sin_addr,str,sizeof(str)),
                        ntohs(cliaddr.sin_port));
                for(i=0; i<n; i++)
```

```
53                  buf[i]=toupper(buf[i]);
54              Write(connfd, buf, n);
55          }
56          Close(connfd);
57          return 0;
58      }
59      else if(pid>0){
60          Close(connfd);
61      }
62      else
63          perr_exit("fork");
64  }
65  Close(listenfd);
66  return 0;
67 }
```

服务器进程中的核心业务代码为第 35～64 行。对用户而言，服务器需要一直保持运转，以便能及时与客户端连接，处理客户端请求。因此，服务器的 accept 功能应处于 while 循环中。当服务器通过 Accept()成功与客户端连接后，服务器创建子进程，将请求处理功能交予子进程。需要注意的是，此时父子进程打开了相同的文件描述符，因此在父进程中应调用 Close()函数关闭由 Accept()函数获取的文件描述符。

在进程机制中，子进程由父进程回收。通过对前面章节的学习，我们知道可以通过调用 wait()、waitpid()函数或使用信号机制来回收子进程。其中 wait()函数用于等待回收子进程，若没有子进程终止，父进程将会阻塞，此时服务器将无法接收客户端请求，此种方式显然不合适；若使用信号，子进程终止时产生的 SIGCHLD 信号会使父进程中断，进而使服务器的稳定性受到影响，因此信号机制也不适用。

程序 fserver.c 中选用 waitpid()实现子进程的回收及资源释放。waitpid()函数采用非阻塞方式回收子进程，调用 waitpid()函数不会使父进程阻塞，且当其第一个参数 pid 被设置为 0 时，可回收进程组中所有已终止的子进程。因此可搭配信号捕获函数 sigaction()，捕获子进程终止时产生的 SIGCHLD 信号，在空闲时刻回收所有已终止的子进程。当然，若服务器中的子进程较多，也可创建一个子进程专门回收服务器中的其他子进程，以保证服务器的性能。

(2) fclient.c——客户端

```
#include <stdio.h>
#include <string.h>
#include <unistd.h>
#include <netinet/in.h>
#include "wrap.h"
#define MAXLINE 80                                  //缓冲数组大小
#define SERV_PORT 8000                              //端口号
int main()
{
    struct sockaddr_in servaddr;
    char buf[MAXLINE];
```

```
    int sockfd, n;
    sockfd=Socket(AF_INET, SOCK_STREAM, 0);
    bzero(&servaddr, sizeof(servaddr));
    servaddr.sin_family=AF_INET;
    inet_pton(AF_INET, "127.0.0.1", &servaddr.sin_addr);
    servaddr.sin_port=htons(SERV_PORT);
    Connect(sockfd, (struct sockaddr * )&servaddr, sizeof(servaddr));
    while(fgets(buf, MAXLINE, stdin)!=NULL){
        Write(sockfd, buf, strlen(buf));
        n=Read(sockfd, buf, MAXLINE);
        if(n ==0)
            printf("the other side has been closed.\n");
        else
            Write(STDOUT_FILENO, buf, n);
    }
    Close(sockfd);
    return 0;
}
```

分别使用以下语句编译服务器端程序与客户端程序：

```
gcc fserver.c wrap.c -o server
gcc fclient.c wrap.c -o client
```

程序编译完成后，先执行服务器程序，打开服务器，之后在一个终端运行客户端程序（记为客户端 1）并在该终端中输入客户端需要发送的数据。此时客户端 1 与服务器端中打印的信息分别如下。

客户端 1：

```
hello
HELLO
```

服务器端：

```
Accepting connections …
received from 127.0.0.1 at PORT 60315
```

打开新的终端，在该终端中再次运行客户端程序（记为客户端 2）并输入要发送的数据，此时客户端 2 与服务器端中打印的信息分别如下。

客户端 2：

```
itheima
ITHEIMA
```

服务器端：

```
Accepting connections …
received from 127.0.0.1 at PORT 60315
received from 127.0.0.1 at PORT 60316
```

由以上程序执行结果可知，服务器端进程可以同时处理多个客户端请求，多进程并发服务器实现成功。

相比第 10 章中搭建的服务器，多进程并发服务器不但提升了服务器的效率，还有较高的稳定性。若有处理请求的子进程因异常终止，服务器中其他进程的状态不会受到该进程的影响。需要注意的是，Linux 系统中每个进程可打开的文件描述符数量是有限的(1024 个)。受文件描述符的限制，多进程并发服务器同时最多能创建 1000 多个连接；且系统的内存空间有限，若系统中同时存在的进程数量过多，可能会耗尽系统内存，因此多进程并发服务器不适用于对连接数量要求较高的项目。

11.2　多线程并发服务器

考虑到每个进程可打开的文件描述符数量有限且进程占用资源较多，系统中进程的数量又受到内存大小的限制，若想在保证服务器效率的前提下降低服务器的消耗，可利用多线程机制搭建并发服务器。

多线程并发服务器与多进程并发服务器类似，不同的是当有请求到达时，服务器进程会创建一个子线程并使子线程处理客户端请求。

下面通过一个案例来展示使用多线程并发服务器实现网络通信的方法。

案例 11-2：搭建多线程并发服务器，使服务器端可接收多个客户端的数据并将接收到的数据转换为大写，返回到客户端；使客户端可向服务器发送数据，并将服务器返回的数据打印到终端。

服务器程序存储在文件 pserver. c 中，客户端程序存储在文件 pclient. c 中。案例实现如下：

(1) pserver. c——服务器

```
#include <stdio.h>
#include <string.h>
#include <netinet/in.h>
#include <arpa/inet.h>
#include <pthread.h>
#include "wrap.h"
#define MAXLINE 80                                    //缓冲数组大小
#define SERV_PORT 8000                                //端口号
struct s_info {
    struct sockaddr_in cliaddr;
    int connfd;
};
//请求处理函数
void * do_work(void * arg)
{
    int n, i;
    struct s_info * ts= (struct s_info* )arg;
    char buf[MAXLINE];
    char str[INET_ADDRSTRLEN];
    //使子线程处于分离态,保证子线程资源可被回收
    pthread_detach(pthread_self());
```

```
22      while(1){
23          n=Read(ts->connfd, buf, MAXLINE);
24          if(n==0){
25              printf("the other side has been closed.\n");
26              break;
27          }
28          printf("received from %s at PORT %d\n",
29              inet_ntop(AF_INET,&(*ts).cliaddr.sin_addr, str, sizeof(str)),
30              ntohs((*ts).cliaddr.sin_port));
31          for(i=0; i<n; i++)
32              buf[i]=toupper(buf[i]);
33          Write(ts->connfd, buf, n);
34      }
35      Close(ts->connfd);
36  }
37  int main(void)
38  {
39      struct sockaddr_in servaddr, cliaddr;
40      socklen_t cliaddr_len;
41      int listenfd, connfd;
42      int i=0;
43      pthread_t tid;
44      struct s_info ts[383];
45      listenfd=Socket(AF_INET, SOCK_STREAM, 0);
46      bzero(&servaddr, sizeof(servaddr));
47      servaddr.sin_family=AF_INET;
48      servaddr.sin_addr.s_addr=htonl(INADDR_ANY);
49      servaddr.sin_port=htons(SERV_PORT);
50      Bind(listenfd,(struct sockaddr *)&servaddr, sizeof(servaddr));
51      Listen(listenfd, 20);
52      printf("Accepting connections …\n");
53      while(1){
54          cliaddr_len=sizeof(cliaddr);
55          connfd=Accept(listenfd,(struct sockaddr *)&cliaddr,&cliaddr_len);
56          ts[i].cliaddr=cliaddr;
57          ts[i].connfd=connfd;
58          //创建子线程,处理客户端请求
59          pthread_create(&tid, NULL, do_work,(void*)&ts[i]);
60          i++;
61      }
62      return 0;
63  }
```

与多进程并发服务器相同，服务器中的子线程在终止之后也应被回收，但线程与信号兼容性较差，因此在程序 pserver.c 的第 21 行代码中将子线程设置为分离态，使子线程在终止后主动释放资源。

(2) pclient.c——客户端

```
#include <stdio.h>
#include <string.h>
```

```
#include <unistd.h>
#include <netinet/in.h>
#include "wrap.h"
#define MAXLINE 80                                  //缓冲数组大小
#define SERV_PORT 8000                              //端口号
int main(int argc, char * argv[])
{
    struct sockaddr_in servaddr;
    char buf[MAXLINE];
    int sockfd, n;
    sockfd=Socket(AF_INET, SOCK_STREAM, 0);
    bzero(&servaddr, sizeof(servaddr));
    servaddr.sin_family=AF_INET;
    inet_pton(AF_INET, "127.0.0.1", &servaddr.sin_addr);
    servaddr.sin_port=htons(SERV_PORT);
    Connect(sockfd,(struct sockaddr * )&servaddr, sizeof(servaddr));
    while(fgets(buf, MAXLINE, stdin)!=NULL){
        Write(sockfd, buf, strlen(buf));
        n=Read(sockfd, buf, MAXLINE);
        if(n ==0)
            printf("the other side has been closed.\n");
        else
            Write(STDOUT_FILENO, buf, n);
    }
    Close(sockfd);
    return 0;
}
```

分别使用以下语句编译服务器端程序和客户端程序：

```
gcc pserver.c wrap.c -o server -lpthread
gcc pclient.c wrap.c -o client -lpthread
```

程序编译完成后，先执行服务器程序，打开服务器，之后在一个终端运行客户端程序（记为客户端 1）并在该终端中输入客户端需要发送的数据。此时客户端 1 与服务器端中打印的信息分别如下。

客户端 1：

```
hello
HELLO
```

服务器端：

```
Accepting connections …
received from 127.0.0.1 at PORT 60315
```

打开新的终端，在该终端中再次运行客户端程序（记为客户端 2）并输入要发送的数据，此时客户端 2 与服务器端中打印的信息分别如下。

客户端 2：

```
itcast
ITCAST
```

服务器端：

```
Accepting connections …
received from 127.0.0.1 at PORT 37694
received from 127.0.0.1 at PORT 37695
```

由以上程序执行结果可知，服务器端进程可以同时处理不止一个客户端请求，多线程并发服务器实现成功。

同进程相比，线程共享进程空间中打开的文件描述符，因此多线程并发服务器中主线程在创建子线程后，无须关闭文件描述符；且线程占用的空间资源大大减少，因此内存对多线程并发服务器的限制也被降低。但相比而言，多线程并发服务器的稳定性较差，因此读者在搭建服务器时，应从需求出发，选择更为合适的服务器。

11.3 I/O 多路转接服务器

多进程和多线程并发服务器都以阻塞的方式实现读写，若客户端的数据尚未就绪，处理请求的子进程或子线程将会进入阻塞状态，等待数据到达；若采用非阻塞的方式，服务器端便需要检查 I/O 调用的返回结果，根据返回结果决定后续操作。非阻塞方式需要采用轮询机制检测客户端程序 I/O 接口中数据的状态，阻塞方式需要阻塞等待数据，显然这两种类型的服务器仍须优化。

为进一步提升服务器效率，人们提出了一种被称为 I/O 多路转接的模型。其中“多路”指待连接到服务器的多个客户端程序，而“转接”则是指在服务器主线与各分支之间设置一个“岗位”，由该岗位实现监控多路连接中数据状态的功能。若某路连接中数据就绪，就通知服务器，使主程序对该路请求作出处理。与多进程和多线程并发服务器相比，I/O 多路转接服务器实现了 I/O 多路复用，系统不必创建多进程或多线程，也不必维护多个进程或线程，因此大大降低了系统开销。

Linux 系统中提供了 select()、poll()和 epoll()函数来实现 I/O 多路转接，下面将对这几种机制进行详细讲解与演示。

11.3.1 select

使用 select 搭建的 I/O 多路转接服务器是一种基于非阻塞的服务器：当有客户端连接请求到达时，accept 会返回一个文件描述符，该文件描述符会被存储到由 select 监控的文件描述符表中。每个文件描述符对应的文件都可进行 I/O 操作，因此 select 可通过监控表中各个文件描述符来获取对应的客户端 I/O 状态。若每路程序中都没有数据到达，线程将阻塞在 select 上；否则 select 将已就绪客户端程序的数量返回到服务器。基于 select 的通信模型如图 11-1 所示。

Linux 系统的 select 机制中提供了一个名为 select 的系统调用，该函数存在于函数库 sys/select.h 中，用于监视客户端 I/O 接口的状态，其声明如下：

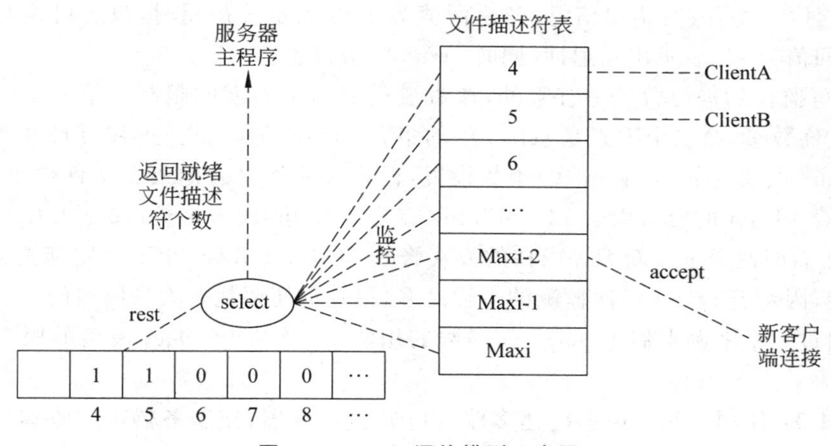

图 11-1 select 通信模型示意图

```
int select(int nfds, fd_set * readfds, fd_set * writefds,
           fd_set * exceptfds, struct timeval * timeout);
```

select()函数中的参数 nfds 用来设置 select 监控的文件描述符的范围,需要设置为文件描述符最大值加 1。参数 readfds、writefds、exceptfds 分别用于表示可读取数据的文件描述符集、可写入数据的文件描述符集以及发生异常的文件描述符集,它们都为传入传出参数,其参数类型 fd_set 实质为长整型。这些集合中的每一位都对应一个文件描述符的状态,若集合参数被设置为 NULL,表示不关心文件的对应状态。Linux 系统中提供了一系列用于操作文件描述符集的函数,这些函数的定义与功能如表 11-1 所示。

表 11-1 文件描述符集的操作函数

函数声明	函数功能
void FD_CLR(int fd,fd_set * set);	将集合中的文件描述符 fd 清除(将 fd 位置为 0)
int FD_ISSET(int fd,fd_set * set);	测试文件描述符 fd 是否存在于集合中,若存在则返回非 0
void FD_SET(int fd,fd_set * set);	将文件描述符 fd 添加到集合中(将 fd 位置为 1)
void FD_ZERO(fd_set * set);	清除集合中所有的文件描述符(所有位置 0)

参数 timeout 为 struct timeval 结构体类型的指针,该结构体的定义如下:

```
struct timeval{
    long tv_sec;
    long tv_user;
}
```

参数 timeout 用于设置 select 的阻塞时长,其取值有如下几种情况:

- 若 timeout=NULL,表示永远等待。
- 若 timeout>0,表示等待固定时长。
- 若 timeout=0,select 将在检查过指定文件描述符后立即返回(轮询)。

select()函数的返回值有三种:若返回值大于 0,表示已就绪文件描述符的数量,此种情况下某些文件可读写或有错误信息；若返回值等于0，表示等待超时，没有可读写或错误的文件；若返回值为-1，表示出错返回，同时 errno 将被设置。

select 可监控的进程数量是有限的，该数量受到两个因素的限制。第一个因素是进程可打开的文件数量，第二个因素是 select 中的集合 fd_set 的容量。进程可打开文件的上限可通过 ulimit -n 命令或 setrlimit()函数设置，但系统所能打开的最大文件数也是有限的；select 中集合 fd_set 的容量由宏 FD_SETSIZE(定义在 linux/posix_types. h 中)指定，一般为1024。然而即便通过重新编译内核的方式修改 FD_SETSIZE，也不一定能提升 select 服务器的性能，因为若 select 一次监测的进程过多，单轮询便要耗费大量的时间。

下面通过一个案例来展示 select()函数的用法，以及基于 select 模型的服务器的搭建方法。

案例 11-3：使用 select 模型搭建多路 I/O 转接服务器，使服务器可接收客户端数据并将接收到的数据转换为大写，返回到客户端；使客户端可向服务器发送数据，并将服务器返回的数据打印到终端。

服务器程序存储在文件 select_s. c 中，客户程序存储在文件 select_c. c 中。案例实现如下：

(1) select_s. c——服务器

```
#include <stdio.h>
#include <string.h>
#include <stdlib.h>
#include <netinet/in.h>
#include <arpa/inet.h>
#include "wrap.h"
#define MAXLINE 80                              //缓冲数组大小
#define SERV_PORT 8000                          //端口号
int main()
{
    int i, maxi, maxfd, listenfd, connfd, sockfd;
    int nready, client[FD_SETSIZE];             //FD_SETSIZE 默认为 1024
    ssize_t n;
    fd_set rset, allset;
    char buf[MAXLINE];
    char str[INET_ADDRSTRLEN];                  //#define INET_ADDRSTRLEN 16
    socklen_t cliaddr_len;
    struct sockaddr_in cliaddr, servaddr;
    listenfd=Socket(AF_INET, SOCK_STREAM, 0);
    bzero(&servaddr, sizeof(servaddr));
    servaddr.sin_family=AF_INET;
    servaddr.sin_addr.s_addr=htonl(INADDR_ANY);
    servaddr.sin_port=htons(SERV_PORT);
    Bind(listenfd,(struct sockaddr *)&servaddr, sizeof(servaddr));
    Listen(listenfd, 20);                       //默认最大 128
    maxfd=listenfd;
    maxi=-1;
    //初始化监控列表
    for(i=0; i<FD_SETSIZE; i++)
        client[i]=-1;                           //使用-1 初始化 client[]中元素
```

```
    FD_ZERO(&allset);
    FD_SET(listenfd, &allset);                    //将 listenfd 添加到文件描述符集中
    //循环监测处于连接状态的进程的文件描述符
    for(;;){
        //使用变量 rset 获取文件描述符集合
        rset=allset;
        //记录就绪进程数量
        nready=select(maxfd+1, &rset, NULL, NULL, NULL);
        if(nready<0)
            perr_exit("select error");
        if(FD_ISSET(listenfd,&rset)){           //有新连接请求到达则进行连接并处理连接请求
            cliaddr_len=sizeof(cliaddr);
            connfd=Accept(listenfd,(struct sockaddr *)&cliaddr,
                                    &cliaddr_len);
            printf("received from %s at PORT %d\n",
                inet_ntop(AF_INET, &cliaddr.sin_addr, str, sizeof(str)),
                ntohs(cliaddr.sin_port));
            for(i=0; i<FD_SETSIZE; i++)
            if(client[i]<0){
                client[i]=connfd;                 //将文件描述符 connfd 保存到 client[]中
                break;
            }
            if(i ==FD_SETSIZE){                   //判断连接数是否已达上限
                fputs("too many clients\n", stderr);
                exit(1);
            }
            FD_SET(connfd, &allset);              //添加新文件描述符到监控信号集中
            if(connfd>maxfd)                      //更新最大文件描述符
                maxfd=connfd;
            if(i>maxi)                            //更新 client[]最大下标值
                maxi=i;
            //若无文件描述符就绪,便返回 select,继续阻塞监测剩余的文件描述符
            if(--nready ==0)
                continue;
        }
        //遍历文件描述符集,处理已就绪的文件描述符
        for(i=0; i <=maxi; i++){
            if((sockfd=client[i])<0)
                continue;
            if(FD_ISSET(sockfd, &rset)){
                //n=0,client 就绪但未读到数据,表示 client 将关闭连接
                if((n=Read(sockfd, buf, MAXLINE))==0){
                    //关闭服务器端连接
                    Close(sockfd);
                    FD_CLR(sockfd, &allset);  //清除集合中对应的文件描述符
                    client[i]=-1;
                }
                else {                            //处理获取的数据
                    int j;
                    for(j=0; j<n; j++)
```

```
                    buf[j]=toupper(buf[j]);
                Write(sockfd, buf, n);
            }
            if(--nready ==0)
                break;
        }
    }
}
Close(listenfd);
return 0;
}
```

（2）select_c.c——客户端

```
#include <stdio.h>
#include <string.h>
#include <unistd.h>
#include <netinet/in.h>
#include "wrap.h"
#define MAXLINE 80                                  //缓冲数组大小
#define SERV_PORT 8000                              //端口号
int main()
{
    struct sockaddr_in servaddr;
    char buf[MAXLINE];
    int sockfd, n;
    sockfd=Socket(AF_INET, SOCK_STREAM, 0);
    bzero(&servaddr, sizeof(servaddr));
    servaddr.sin_family=AF_INET;
    inet_pton(AF_INET, "127.0.0.1", &servaddr.sin_addr);
    servaddr.sin_port=htons(SERV_PORT);
    Connect(sockfd,(struct sockaddr *)&servaddr, sizeof(servaddr));
    while(fgets(buf, MAXLINE, stdin)!=NULL){
        Write(sockfd, buf, strlen(buf));
        n=Read(sockfd, buf, MAXLINE);
        if(n ==0)
            printf("the other side has been closed.\n");
        else
            Write(STDOUT_FILENO, buf, n);
    }
    Close(sockfd);
    return 0;
}
```

分别使用以下语句编译服务器端程序与客户端程序：

```
gcc select_s.c wrap.c -o server
gcc select_c.c wrap.c -o client
```

程序编译完成后，先执行服务器程序，打开服务器，之后在一个终端运行客户端程序（记为客户端 1）并在该终端中输入客户端需要发送的数据。此时客户端 1 与服务器端中打印的信息分别如下。

客户端 1：

```
hello
HELLO
```

服务器端：

```
received from 127.0.0.1 at PORT 60315
```

打开新的终端，在该终端中再次运行客户端程序（记为客户端 2）并输入要发送的数据，此时客户端 2 与服务器端中打印的信息分别如下。

客户端 2：

```
itheima
ITHEIMA
```

服务器端：

```
received from 127.0.0.1 at PORT 41897
received from 127.0.0.1 at PORT 41898
```

由程序执行结果可知，案例 11-3 实现成功。

11.3.2　poll

poll 机制的工作原理及流程与 select 类似，但 poll 可监控的进程数量不受 select 中第二个因素（fd_set 集合容量）的限制，用户可在程序中自行设置被监测的文件描述符集的容量。当然 poll 在阻塞模式下也采用轮询的方式监测文件描述符集，因此应合理设置 poll 中监控进程的数量。poll 机制主要通过 poll()函数实现，下面对 poll()函数进行讲解。

poll()函数存在于函数库 poll.h 中，其声明如下：

```
int poll(struct pollfd * fds, nfds_t nfds, int timeout);
```

poll()函数中的参数 fds 是一个 struct pollfd 类型的指针，主要用于传入被监测的多个文件描述符，其数据类型 struct pollfd 的定义如下：

```
struct pollfd{
    int fd;                                   //文件描述符
    short events;                             //等待的事件
    short revents;                            //实际发生的事件
}
```

该结构体中的成员 fd 表示文件描述符，当将 fd 设置为-1 时，表示取消对该文件描述符的监测；成员 events 用于设置程序等待的事件，该值由用户主动设置；成员 revents 用于设置文件描述符的操作结果对应的事件，该值在函数返回时被设置。poll 可能涉及的事件及其对应的宏如表 11-2 所示。

表 11-2 poll 事件相关宏及其说明

事　　件	事件说明
POLLIN	文件描述符中有数据可读(包括普通数据或优先数据)
POLLRDNORM	文件描述符中有普通数据可读
POLLRDBAND	文件描述符中有优先数据可读
POLLPRI	文件描述符中有高优先级数据可读
POLLOUT	文件描述符中有数据可写(包括普通数据或优先数据)
POLLWRNORM	文件描述符中可写入普通数据
POLLWRBAND	文件描述符中可写入优先数据
POLLERR	发生错误事件
POLLHUP	发生挂起事件
POLLNVAL	非法请求

poll()函数中的参数 nfds 等同于 select()函数中的参数 nfds,用来设置 pollt 监控的文件描述符的范围,须设置为文件描述符最大值加 1;参数 timeout 与 select()函数中的参数 timeout 一样,都用于设置阻塞时长,但其取值略有差异。poll()函数中参数 timeout 的取值及其对应含义如下:

- 当 timeout=-1 时,poll()函数阻塞等待。
- 当 timeout=0 时,poll()函数将立即返回,以轮询的方式监测文件描述符表。
- 当 timeout>0 时,等待指定时长(单位为毫秒,若当前系统时间精度不够毫秒,则向上取值)。

poll()函数若调用成功将返回就绪文件描述符数量;若等待超时,将返回 0,表示没有已就绪的文件描述符;若调用出错,将返回-1 并设置 errno。

案例 11-4:使用 poll 模型搭建多路 I/O 转接服务器,使服务器可接收客户端数据并将接收到的数据转换为大写,写回客户端;使客户端可向服务器发送数据,并将服务器返回的数据打印到终端。

服务器程序存储在文件 poll_s.c 中,客户端程序存储在文件 poll_c.c 中。案例实现如下:

(1) poll_s.c——服务器

```
#include <stdio.h>
#include <stdlib.h>
#include <string.h>
#include <netinet/in.h>
#include <arpa/inet.h>
#include <poll.h>
#include <errno.h>
#include "wrap.h"
#define MAXLINE 80                          //缓冲数组大小
#define SERV_PORT 8000                      //端口号
#define OPEN_MAX 1024                       //最大打开文件描述符数量
```

```
int main()
{
    int i, j, maxi, listenfd, connfd, sockfd;
    int nready;
    ssize_t n;
    char buf[MAXLINE], str[INET_ADDRSTRLEN];
    socklen_t clilen;
    struct pollfd client[OPEN_MAX];              //文件描述符与事件集合
    struct sockaddr_in cliaddr, servaddr;
    listenfd=Socket(AF_INET, SOCK_STREAM, 0);
    bzero(&servaddr, sizeof(servaddr));
    servaddr.sin_family=AF_INET;
    servaddr.sin_addr.s_addr=htonl(INADDR_ANY);
    servaddr.sin_port=htons(SERV_PORT);
    Bind(listenfd,(struct sockaddr *)&servaddr, sizeof(servaddr));
    Listen(listenfd, 20);
    //初始化poll()的参数fds
    client[0].fd=listenfd;
    client[0].events=POLLRDNORM;                 //设置listenfd监听普通读事件
    for(i=1; i<OPEN_MAX; i++)
        client[i].fd=-1;                         //将client[]中其余元素的fd成员初始化为-1
    maxi=0;                                      //记录client[]数组有效元素中的最大元素下标
    //使用poll()机制循环检测文件描述符集合
    for(;;){
        nready=poll(client, maxi+1, -1);         //阻塞等待请求到达
        //通过listenfd状态判断是否有客户端连接请求,如有则建立连接
        if(client[0].revents & POLLRDNORM){
            clilen=sizeof(cliaddr);
            connfd=Accept(listenfd,(struct sockaddr *)&cliaddr,&clilen);
            printf("received from %s at PORT %d\n",
                inet_ntop(AF_INET, &cliaddr.sin_addr, str, sizeof(str)),
                ntohs(cliaddr.sin_port));
            //将accept返回的connfd存放到client[]中的空闲位置
            for(i=1; i<OPEN_MAX; i++){
                if(client[i].fd<0){
                    client[i].fd=connfd;
                    break;
                }
            }
            if(i ==OPEN_MAX)
                perr_exit("too many clients");
            client[i].events=POLLRDNORM;         //设置刚刚返回的connfd,监控读事件
            if(i>maxi)                           //更新client[]中的最大元素下标
                maxi=i;
            if(--nready <=0)                     //若无就绪事件,回到poll阻塞
                continue;
        }
        //检测client[],处理有就绪事件的文件描述符
        for(i=1; i <=maxi; i++){
            if((sockfd=client[i].fd)<0)
```

```
                continue;
            if(client[i].revents &(POLLRDNORM | POLLERR)){
                if((n=Read(sockfd, buf, MAXLINE))<0){
                    //比较 errno,若为 RST 则表示连接中断
                    if(errno ==ECONNRESET){
                        printf("client[%d] aborted connection\n", i);
                        Close(sockfd);
                        client[i].fd=-1;
                    }
                    else
                        perr_exit("read error");
                }
                else if(n ==0){                     //连接由客户端关闭
                    printf("client[%d] closed connection\n", i);
                    Close(sockfd);
                    client[i].fd=-1;
                }
                else {                              //若成功读取数据,则对数据进行操作
                    for(j=0; j<n; j++)
                        buf[j]=toupper(buf[j]);
                    Writen(sockfd, buf, n);
                }
                //当就绪文件描述符数量为 0 时,终止循环
                if(--nready <=0)
                    break;
            }
        }
    }
    return 0;
}
```

(2) poll_c. c——客户端

```
#include <stdio.h>
#include <string.h>
#include <unistd.h>
#include <netinet/in.h>
#include "wrap.h"
#define MAXLINE 80                                  //缓冲数组大小
#define SERV_PORT 8000                              //端口号
int main()
{
    struct sockaddr_in servaddr;
    char buf[MAXLINE];
    int sockfd, n;
    sockfd=Socket(AF_INET, SOCK_STREAM, 0);
    bzero(&servaddr, sizeof(servaddr));
    servaddr.sin_family=AF_INET;
    inet_pton(AF_INET, "127.0.0.1", &servaddr.sin_addr);
    servaddr.sin_port=htons(SERV_PORT);
```

```
    Connect(sockfd,(struct sockaddr * )&servaddr, sizeof(servaddr));
    while(fgets(buf, MAXLINE, stdin)!=NULL){
        Write(sockfd, buf, strlen(buf));
        n=Read(sockfd, buf, MAXLINE);
        if(n ==0)
            printf("the other side has been closed.\n");
        else
            Write(STDOUT_FILENO, buf, n);
    }
    Close(sockfd);
    return 0;
}
```

分别使用以下语句编译服务器端程序与客户端程序：

```
gcc poll_s.c wrap.c -o server
gcc poll_c.c wrap.c -o client
```

程序编译完成后，先执行服务器程序，打开服务器，之后在一个终端运行客户端程序（记为客户端 1）并在该终端中输入客户端需要发送的数据。此时客户端 1 与服务器端中打印的信息分别如下。

客户端 1：

```
hello
HELLO
```

服务器端：

```
received from 127.0.0.1 at PORT 60315
```

打开新的终端，在该终端中再次运行客户端程序（记为客户端 2）并输入要发送的数据，此时客户端 2 与服务器端中打印的信息分别如下。

客户端 2：

```
itheima
ITHEIMA
```

服务器端：

```
received from 127.0.0.1 at PORT 53187
received from 127.0.0.1 at PORT 53191
```

由程序执行结果可知，案例 11-4 实现成功。

11.3.3　epoll

网页逐渐替代了纸质媒体，成为人们获取信息的主要渠道，每时每刻都有许多人在通过网页获取每日的最新资讯。从网页的角度出发，虽然连接的数量可能非常多，但并非每路连接都时时在与服务器交互信息。换言之，对某个网页的服务器来说，多路连接中活跃用户的数量可能远远小于连接的总数。

假如使用 select 或 poll 模型搭建此种类型的服务器，对服务器而言，大部分的时间都浪费在毫无意义的轮询中，真正处理请求的时间反而少之又少。

Linux 系统中通常使用 epoll 模型搭建这种活跃连接较少的服务器，相比 select/poll 的主动查询，epoll 模型采用基于事件的通知方式，事先为建立连接的文件描述符注册事件。一旦该文件描述符就绪，内核会采用类似 callback 的回调机制，将文件描述符加入 epoll 的指定的文件描述符集中。之后进程再根据该集合中文件描述符的数量，对客户端请求逐一进行处理。

虽然 epoll 机制中返回的同样是就绪文件描述符的数量，但 epoll 中的文件描述符集只存储了就绪的文件描述符，服务器进程无须再扫描所有已连接的文件描述符；且 epoll 机制使用内存映射机制(类似共享内存)，不必再将内核中的文件描述符集复制到内存空间；此外，epoll 机制不受进程可打开最大文件描述符数量的限制(只与系统内存有关)，可连接远超过默认 FD_SETSIZE 的进程。

Linux 系统中提供了几个与实现 epoll 机制相关的系统调用——epoll_create()、epoll_ctl()和 epoll_wait()，下面将对这些系统调用逐一进行讲解。

(1) epoll_create()

epoll_create()函数用于创建一个 epoll 句柄，并请求内核为该实例后期须存储的文件描述符及对应事件预先分配存储空间。该函数存在于函数库 sys/poll.h 中，其声明如下：

```
int epoll_create(int size);
```

函数中的参数 size 为在该 epoll 中可监听的文件描述符的最大个数。若该函数调用成功，将返回一个用于引用 epoll 的句柄；若调用失败，则返回-1 并设置 errno。

当所有与该 epoll 相关的文件描述符都关闭后，内核会销毁 epoll 实例并释放相关资源，但若该函数返回的 epoll 句柄不再被使用，用户应主动调用 close()函数将其关闭。

(2) epoll_ctl()

epoll_ctl()是 epoll 的事件注册函数，用于将文件描述符添加到 epoll 的文件描述符集中或从集合中删除指定文件描述符。该函数存在于函数库 sys/poll.h 中，其声明如下：

```
int epoll_ctl(int epfd, int op, int fd, struct epoll_event * event);
```

epoll_ctl()函数中的参数 epfd 为函数 epoll_create()返回的 epoll 句柄；参数 op 表示 epoll_ctl()的动作，该动作的取值由三个宏指定，这些宏及其含义分别如下：

- EPOLL_CTL_ADD 表示 epoll_ctl()将会在 epfd 中为新 fd 注册事件。
- EPOLL_CTL_MOD 表示 epoll_ctl()将会修改已注册的 fd 监听事件。
- EPOLL_CTL_DEL 表示 epoll_ctl()将会删除 epfd 中监听的 fd。

epoll_ctl()函数的参数 fd 用于指定待操作的文件描述符；参数 event 用于设定要监听的事件，该参数是一个 struct epoll_event 类型的指针，用于传入一个 struct epoll_event 结构体类型的数组。该结构体的定义如下：

```
struct epoll_event {
    __uint32_t   events;                           //epoll 事件
    epoll_data_t data;                             //用户数据变量
};
```

struct epoll_event 结构体中的成员 events 表示要监控的事件，该成员可以是由一些单一事件组成的位集。这些单一事件由一组宏表示，宏及其含义分别如下：

- EPOLLIN 表示监控文件描述符 fd 的读事件（包括 socket 正常关闭）。
- EPOLLOUT 表示监控 fd 的写事件。
- EPOLLPRI 表示监控 fd 的紧急可读事件（有优先数据到达时触发）。
- EPOLLERR 表示监控 fd 的错误事件。
- EPOLLHUP 表示监控 fd 的挂断事件。
- EPOLLET 表示将 epoll 设置为边缘触发模式。
- EPOLLONESHOT 表示只监听一次事件，当此次事件监听完成后，若要再次监听该 fd，需要将其再次添加到 epoll 队列中。

struct epoll_event 结构体成员 data 的数据类型是共用体 epoll_data_t，其类型定义如下：

```
typedef union epoll_data {
    void        *ptr;
    int          fd;
    __uint32_t   u32;
    __uint64_t   u64;
} epoll_data_t;
```

可根据程序需要选择不同的成员，后续的案例中将以 fd 为例进行示范。

epoll_ctl()函数调用成功时会返回 0；若调用失败，则返回 -1 并设置 errno。不同于 select/poll 机制在监听事件时才确定事件的类型，epoll 机制在连接建立后便会指定要监控的事件。

（3）epoll_wait()

epoll_wait()函数用于等待 epoll 句柄 epfd 中所监控事件的发生，当有一个或多个事件发生或等待超时后，epoll_wait()返回。该函数存在于函数库 sys/epoll.h 中，其声明如下：

```
int epoll_wait(int epfd, struct epoll_event *events,int maxevents, int timeout);
```

epoll_wait()函数中的参数 epfd 为 epoll_create()函数返回的句柄；参数 events 指向发生 epoll_create()调用时系统事先预备的空间，当有监听的事件发生时，内核会将该事件复制到此段空间中；参数 maxevents 表示 events 的大小，该值不能超过调用 epoll_create()时所传参数 size 的大小；参数 timeout 的单位为毫秒，用于设置 epoll_wait()的工作方式：若设置为 0 则立即返回，设置为 -1 则使 epoll 无限期等待，设置为大于 0 的值表示 epoll 等待一定的时长。

若 epoll_wait()函数调用成功，返回就绪文件描述符的数量；若等待超时后并无就绪文件描述符则返回 0；若调用失败则返回 -1 并设置 errno。

经过以上讲解，相信读者已对 epoll 的工作机制及相关函数有了一定了解。下面通过一个具体案例来实现基于 epoll 模型的服务器，并在该案例中展示 epoll 相关函数的使用方法。

案例 11-5：使用 epoll 模型搭建多路 I/O 转接服务器，服务器可接收客户端数据并将接收到的数据转换为大写，写回客户端；客户端可向服务器发送数据，并将服务器返回的数据打印到终端。

服务器程序存储在文件 epoll_s. c 中，客户端程序存储在文件 epoll_c. c 中。案例实现如下：

（1）epoll_s. c——服务器端

```
#include <stdio.h>
#include <stdlib.h>
#include <string.h>
#include <netinet/in.h>
#include <arpa/inet.h>
#include <sys/epoll.h>
#include <errno.h>
#include "wrap.h"
#define MAXLINE 80                              //缓冲数组大小
#define SERV_PORT 8000                          //端口号
#define OPEN_MAX 1024                           //最大打开文件描述符数量
int main()
{
    int i, j, maxi, listenfd, connfd, sockfd;
    int nready, efd, res;
    ssize_t n;
    char buf[MAXLINE], str[INET_ADDRSTRLEN];
    socklen_t clilen;
    int client[OPEN_MAX];
    struct sockaddr_in cliaddr, servaddr;
    struct epoll_event tep, ep[OPEN_MAX];
    listenfd=Socket(AF_INET, SOCK_STREAM, 0);
    bzero(&servaddr, sizeof(servaddr));
    servaddr.sin_family=AF_INET;
    servaddr.sin_addr.s_addr=htonl(INADDR_ANY);
    servaddr.sin_port=htons(SERV_PORT);
    Bind(listenfd,(struct sockaddr *)&servaddr, sizeof(servaddr));
    Listen(listenfd, 20);
    //初始化 client 集合
    for(i=0; i<OPEN_MAX; i++)
        client[i]=-1;
    maxi=-1;                                    //初始化 maxi
    efd=epoll_create(OPEN_MAX);                 //创建 epoll 句柄
    if(efd ==-1)
        perr_exit("epoll_create");
    //初始化 tep
    tep.events=EPOLLIN;
    tep.data.fd=listenfd;
```

```
    //为服务器进程注册事件(listenfd)
    res=epoll_ctl(efd, EPOLL_CTL_ADD, listenfd, &tep);
    if(res ==-1)
        perr_exit("epoll_ctl");
    for(;;){
        nready=epoll_wait(efd, ep, OPEN_MAX, -1);     //阻塞监听
        if(nready ==-1)
            perr_exit("epoll_wait");
        //处理就绪事件
        for(i=0; i<nready; i++){
            if(!(ep[i].events & EPOLLIN))
                continue;
            //若 fd 为 listenfd,表示有连接请求到达
            if(ep[i].data.fd ==listenfd){
                clilen=sizeof(cliaddr);
                connfd=Accept(listenfd,(struct sockaddr *)&cliaddr,
                                        &clilen);
                printf("received from %s at PORT %d\n", inet_ntop(AF_INET,
                        &cliaddr.sin_addr, str, sizeof(str)),
                ntohs(cliaddr.sin_port));      //字节序转换
                //将 accept 获取的文件描述符保存到 client[]数组中
                for(j=0; j<OPEN_MAX; j++)
                if(client[j]<0){
                    client[j]=connfd;
                    break;
                }
                if(j ==OPEN_MAX)
                    perr_exit("too many clients");
                if(j>maxi)
                    maxi=j;                     //更新最大文件描述符
                tep.events=EPOLLIN;
                tep.data.fd=connfd;
                //为新建立连接的进程注册事件
                res=epoll_ctl(efd, EPOLL_CTL_ADD, connfd, &tep);
                if(res ==-1)
                    perr_exit("epoll_ctl");
            }
            else {                              //若 fd 不等于 listenfd,表示就绪的是各路连接
                sockfd=ep[i].data.fd;
                n=Read(sockfd, buf, MAXLINE);
                if(n ==0){                      //若读取的字符个数为 0 表示对应客户端进程将关闭连接
                    for(j=0; j <=maxi; j++){
                        if(client[j] ==sockfd){
                            client[j]=-1;
                            break;
                        }
                    }
                    //取消监听
                    res=epoll_ctl(efd, EPOLL_CTL_DEL, sockfd, NULL);
                    if(res ==-1)
```

```
                    perr_exit("epoll_ctl");
                Close(sockfd);              //服务器端关闭连接
                printf("client[%d] closed connection\n", j);
            }
            else {
                for(j=0; j<n; j++)
                    buf[j]=toupper(buf[j]);
                Writen(sockfd, buf, n);
            }
        }
    }
}
    close(listenfd);
    close(efd);
    return 0;
}
```

（2）epoll_c. c——客户端

```
#include <stdio.h>
#include <string.h>
#include <unistd.h>
#include <netinet/in.h>
#include "wrap.h"
#define MAXLINE 80                          //缓冲数组大小
#define SERV_PORT 8000                      //端口号
int main()
{
    struct sockaddr_in servaddr;
    char buf[MAXLINE];
    int sockfd, n;
    sockfd=Socket(AF_INET, SOCK_STREAM, 0);
    bzero(&servaddr, sizeof(servaddr));
    servaddr.sin_family=AF_INET;
    inet_pton(AF_INET, "127.0.0.1", &servaddr.sin_addr);
    servaddr.sin_port=htons(SERV_PORT);
    Connect(sockfd,(struct sockaddr *)&servaddr, sizeof(servaddr));
    while(fgets(buf, MAXLINE, stdin)!=NULL){
        Write(sockfd, buf, strlen(buf));
        n=Read(sockfd, buf, MAXLINE);
        if(n==0)
            printf("the other side has been closed.\n");
        else
            Write(STDOUT_FILENO, buf, n);
    }
    Close(sockfd);
    return 0;
}
```

分别使用以下语句编译服务器端程序与客户端程序：

```
gcc epoll_s.c wrap.c -o server
gcc epoll_c.c wrap.c -o client
```

程序编译完成后，先执行服务器程序，打开服务器，之后在一个终端运行客户端程序（记为客户端 1）并在该终端中输入客户端需要发送的数据。此时客户端 1 与服务器端中打印的信息分别如下。

客户端 1：

```
hello
HELLO
```

服务器端：

```
received from 127.0.0.1 at PORT 41936
```

打开新的终端，在该终端中再次运行客户端程序（记为客户端 2）并输入要发送的数据，此时客户端 2 与服务器端中打印的信息分别如下。

客户端 2：

```
itheima
ITHEIMA
```

服务器端：

```
received from 127.0.0.1 at PORT 41936
received from 127.0.0.1 at PORT 41937
```

由以上执行结果可知，案例 11-5 实现成功。

11.4　epoll 的工作模式

epoll 有两种工作模式，分别为边缘触发（Edge Triggered，ET）模式和水平触发（Level Triggered，LT）模式。

所谓边缘触发，是指只有当文件描述符就绪时会触发通知，即便此次通知后系统执行 I/O 操作只读取了部分数据，文件描述符中仍有数据剩余，也不会再有通知递达。直到该文件描述符从当前的就绪态变为非就绪态，再由非就绪态再次变为就绪态，才会触发第二次通知。此外，接收缓冲区大小为 5 字节。也就是说 ET 模式下若只进行一次 I/O 操作，每次只能接收到 5 字节的数据。因此系统在收到就绪通知后，应尽量多次地执行 I/O 操作，直到无法再读出数据为止。

而水平触发与边缘触发有所不同，即便就绪通知已发送，内核仍会多次检测文件描述符状态；只要文件描述符为就绪态，内核就会继续发送通知。

epoll 的工作模式在调用注册函数 epoll_ctl() 时确定，由该函数中参数 event 的成员 events 指定。默认情况下 epoll 的工作模式为水平触发，若要将其设置为边缘触发模式，须使用宏 EPOLLET 对 event 进行设置，具体示例如下。

```
event.events=EPOLLIN|EPOLLET;
```

之后需要在循环中不断调用，保证将文件描述符中的数据全部读出。

案例 11-5 中的 epoll 便工作在水平模式下。为帮助读者理解，下面给出具体案例，来展示 epoll 在边缘触发模式下如何实现双端通信。ET 模式只能工作在非阻塞模式下，否则单纯使用 epoll(单进程)将无法同时处理多个文件描述符。因此在实现案例之前，需要先掌握设置文件描述符状态的方法，Linux 系统中可使用 fcntl()函数来设置文件描述符的属性。

fcntl()函数是 Linux 中的一个系统调用，其功能为获取或修改已打开文件的属性。该函数存在于函数库 fcntl. h 中，其声明如下：

```
int fcntl(int fd, int cmd, … /* arg */);
```

其中参数 fd 为被操作的文件描述符；cmd 为操作 fd 的命令(具体取值可参见 Linux 的 man page)；之后的 arg 用来接收命令 cmd 所需使用的参数，该值可为空。

若要通过 fcntl()设置文件描述符状态，通常先使用该函数获取 fd 的当前状态，再对获取的值进行位操作，最后调用 fcntl()将操作的结果重新写回文件描述符。如下为修改文件描述符阻塞状态的方法：

```
flag=fcntl(fd, F_GETFL);                    //宏 F_GETEL 表示获取文件描述符相关属性
flag |=O_NONBLOCK;
fcntl(fd, F_SETFL, flag);                   //使用新属性设置文件描述符
```

下面给出 ET 下 epoll 服务器的实现。

案例 11-6：搭建工作在边缘触发模式的 epoll 服务器，使服务器可接收并处理客户端发送的数据。

服务器程序存储在文件 epollet_s. c 中，具体实现如下：

```
#include <stdio.h>
#include <string.h>
#include <netinet/in.h>
#include <arpa/inet.h>
#include <sys/wait.h>
#include <sys/types.h>
#include <sys/epoll.h>
#include <unistd.h>
#include <fcntl.h>
#define MAXLINE 10
#define SERV_PORT 8000
int main(void)
{
    struct sockaddr_in servaddr, cliaddr;
    socklen_t cliaddr_len;
    int listenfd, connfd;
    char buf[MAXLINE];
    char str[INET_ADDRSTRLEN];
    int i, efd, flag;
```

```
    listenfd=socket(AF_INET, SOCK_STREAM, 0);
    bzero(&servaddr, sizeof(servaddr));
    servaddr.sin_family=AF_INET;
    servaddr.sin_addr.s_addr=htonl(INADDR_ANY);
    servaddr.sin_port=htons(SERV_PORT);
    bind(listenfd,(struct sockaddr * )&servaddr, sizeof(servaddr));
    listen(listenfd, 20);
    struct epoll_event event;
    struct epoll_event resevent[10];
    int res, len;
    efd=epoll_create(10);
    //设置 epoll 为 ET 模式
    event.events=EPOLLIN | EPOLLET;
    printf("Accepting connections …\n");
    cliaddr_len=sizeof(cliaddr);
    connfd=accept(listenfd,(struct sockaddr * )&cliaddr, &cliaddr_len);
    printf("received from %s at PORT %d\n",
        inet_ntop(AF_INET, &cliaddr.sin_addr, str, sizeof(str)),
        ntohs(cliaddr.sin_port));
    flag=fcntl(connfd, F_GETFL);
    flag |=O_NONBLOCK;
    fcntl(connfd, F_SETFL, flag);
    event.data.fd=connfd;
    epoll_ctl(efd, EPOLL_CTL_ADD, connfd, &event);
    //获取数据
    while(1){
        printf("epoll_wait begin\n");
        res=epoll_wait(efd, resevent, 10, -1);
        printf("epoll_wait end res %d\n", res);
        if(resevent[0].data.fd ==connfd){
            while((len=read(connfd, buf, MAXLINE / 2))>0)
                write(STDOUT_FILENO, buf, len);
        }
    }
    return 0;
}
```

该案例中的客户端程序与案例 11-5 相同，此处不再重复给出。

编译程序，分别在不同终端打开服务器和客户端，服务器和客户端中的信息分别如下。

服务器：

```
Accepting connections …
received from 127.0.0.1 at PORT 60806
epoll_wait begin
epoll_wait end res 1
hello world
epoll_wait begin
```

客户端：

```
hello world
```

由程序执行结果可知，案例实现成功。

需要注意的是，若将服务器端第 50 行代码中的 while 修改为 if，则服务器端的打印结果如下：

```
Accepting connections …
received from 127.0.0.1 at PORT 60806
epoll_wait begin
epoll_wait end res 1
helloepoll_wait begin
```

由此可知，ET 下的 epoll 服务器每次只能读取 5 字节的字符。

多学一招：线程池

多进程/多线程可单独使用，也可与 11.3 节中讲解的 I/O 多路转接服务器结合。通过转接机制监控客户端程序状态，通过多进程/多线程处理用户请求，以期减少资源消耗，提升服务器效率。

然而大多数网络端服务器都有一个特点，即单位时间内须处理的连接请求数目虽然巨大，但处理时间却是极短的。因此，若使用通过多进程/多线程机制结合 I/O 多路转接机制搭建的服务器，便需要每时每刻不停地创建、销毁进程或线程。虽说相对进程，线程消耗的资源已相当少，但诸多线程同时创建和销毁，其开销仍是不可忽视的。Linux 系统中通过线程池机制克服这些问题。

所谓线程池，简单来说，就是一个用来放置线程的“池子”。线程池的实现原理如下：当服务器程序启动后，预先在其中创建一定数量的线程并将这些线程依次加入队列中。在没有客户端请求抵达时，线程队列中的线程都处于阻塞状态，此时这些线程只占用一些内存，但不占用 CPU。若随后有用户请求到达，由线程池从线程队列中选出一个空闲线程并将用户请求传给选出的线程，由该线程完成用户请求。用户请求处理完毕，该线程并不退出，而是再次被加入线程队列中，等待下一次任务。此外，若线程队列中处于阻塞状态的线程较多，为节约资源，线程池会自动销毁一部分线程；若线程队列中所有线程都有任务执行，线程池会自动创建一定数量的新线程，以提高服务器效率。

11.5 本章小结

本章主要讲解了 Linux 系统中服务器的搭建方法，包括多线程、多进程、I/O 多路转接服务器的搭建，并讲解了 epoll 的工作模式以及线程池的实现原理。通过本章的学习，读者应理解各种服务器的工作原理，掌握在 Linux 系统中搭建服务器的方法，为不同场景选择适用服务器并能独立自主搭建多种服务器模型。

11.6 本章习题

一、填空题

1. Linux 系统中最基本的服务器为多进程并发服务器和多线程并发服务器，但非阻塞的多线程/多进程服务器采用________的方式，若连接的客户端过多，服务器的效率将会非常低。

2. I/O 多路转接服务器以多进程/多线程服务器为基础，Linux 系统中较为常用的 I/O 多路转接服务器模型有________、________和________。

3. 高并发服务器的原理是，当有客户端请求到达时，服务器________处理请求，________继续监听客户端请求。

4. select 模型可监听的客户端的数量受到________和________的限制。

5. epoll 模型有两种工作模式，即________模式和________模式。

二、判断题

1. epoll 模型的工作模式分为边缘触发和水平触发两种。边缘触发模式下，只有当文件描述符就绪时会触发通知；水平触发模式下，即便就绪通知已送达，内核仍会多次检测文件描述符状态，只要文件描述符为就绪态，内核就会继续发送通知。 (   )

2. 线程池是一个用来放置线程的"池子"，使用线程池可降低不断创建和销毁线程带来的消耗。 (   )

3. 多进程并发服务器中可连接客户端的数量受打开文件描述符数量的限制，不适用于对连接数量要求较高的项目。 (   )

4. poll 机制的工作原理及流程与 select 类似，同样地，它们都受到进程可打开文件描述符数量以及 fd_set 集合容量的限制。 (   )

5. epoll 的工作模式在调用注册函数 epoll_ctl()时确定，由该函数中参数 event 的成员 events 指定，默认情况下 epoll 为边缘触发模式。 (   )

三、单选题

1. epoll 的工作模式在调用注册函数 epoll_ctl()时由参数 event 的成员 events 指定，下列哪个选项可将 epoll 设置为水平触发模式？(   )

A. event.events=EPOLLIN|EPOLLET;

B. event.events=EPOLLIN EPOLLLT;

C. event.events=EPOLLLT|EPOLLET;

D. 以上选项都不正确

2. 下列选项中哪个函数可以修改文件描述符的属性？(   )

A. fcntl()　　B. socket()　　C. bind()　　D. read()

3. 当 select()函数的返回值为 1 时，表示什么含义？(   )

A. 表示当前已就绪文件描述符的数量为 1

B. 表示有错误信息，此时 errno 将被设置

C. 表示等待超时，没有可读写的文件

D. 以上选项都不正确

4. 下列关于 epoll 模型的说法，错误的是(　　)。

A. epoll 模型采用基于事件的通知方式，事先为建立连接的文件描述符注册事件

B. epoll 中的文件描述符集只存储就绪的文件描述符

C. epoll 模型适用于连接数较多且活跃连接也多的服务器中

D. 当有文件描述符就绪时，内核会采用类似 callback 的回调机制，将文件描述符加入指定的文件描述符集中

5. 下列哪个选项不是 epoll_ctl()函数中会用到的宏？(　　)

A. EPOLL_CTL_ADD　　B. EPOLL_CTL_MOV

C. EPOLL_CTL_MOD　　D. EPOLL_CTL_DEL

四、简答题

1. 简述基于 select 模型的 I/O 多路转接服务器的工作原理。

2. 简述 epoll 的工作模式。

五、编程题

编写 C/S 模式的程序，实现客户端与服务器端的通信。要求服务器端可同时接收多个客户端发送的数据并对这些数据分别进行计算，将计算的结果返回到对应客户端，再由客户端打印到终端。